CARL LINDE

AUS MEINEM LEBEN UND VON MEINER ARBEIT

Carl Linde

Carl Linde

Aus meinem Leben und von meiner Arbeit

EINFÜHRUNG VON HERMANN LINDE

KLASSIKER DER TECHNIK

VDI VERLAG

CIP-Kurztitelaufnahme der Deutschen Bibliothek

Linde, Carl:
Aus meinem Leben und von meiner Arbeit / Carl Linde.
– Unveränderter Nachdruck d. 1916 erschienenen Aufzeichnungen, jedoch mit 36 Bildtafeln u. e. Anh. „Ausgewählte Briefe C. Lindes zwischen 1861 und 1910", Neuaufl. –
Düsseldorf: VDI-Verlag, 1984.
(Klassiker der Technik)
Frühere Aufl. im Oldenbourg-Verl., München
ISBN 3-18-400654-9

Reprint der Ausgabe von 1916, jedoch mit 36 Bildtafeln und einem Anhang: „Ausgewählte Briefe C. Lindes zwischen 1861 und 1910".

Die Reihe „Klassiker der Technik" wird von C. G. Schmidt-Freytag betreut.

Gesamtherstellung: Proff GmbH, Bad Honnef

ISBN 3-18-400654-9

Einführung

Hermann Linde

Am 16. November 1984 jährt sich der Todestag Carl Lindes zum 50. Male. Dies und ein spürbar gewachsenes Interesse an Technikgeschichte geben Veranlassung, sein Buch: *Aus meinem Leben und von meiner Arbeit*, das schon 1979 zum 100jährigen Jubiläum der Linde AG beim Oldenbourg Verlag eine zweite Auflage erlebte, nun beim VDI-Verlag erscheinen zu lassen. Wie sehr sich Carl Linde dem *VEREIN DEUTSCHER INGENIEURE* verbunden fühlte, geht aus den Seiten 130 bis 133 dieses Buches hervor. Seine Erben folgten daher gerne der Empfehlung des VDI-Verlages, seine Erinnerungen in die Reihe der *Klassiker der Technik* aufzunehmen.

„Wenn es Aufgabe des Naturforschers ist, ohne Rücksicht auf Nutzanwendung zu arbeiten, so erfüllt der Ingenieur die seinige gerade durch möglichst vielseitige Nutzanwendung der Forschungsergebnisse", schreibt C. Linde auf S. 90.

Das Außergewöhnliche an seinem Leben ist, daß er Naturforscher im obigen Sinne und unternehmerischer Ingenieur gewesen ist. Zweimal hat er – von Wissenschaft, Forschung und Lehrtätigkeit kommend – den Sprung ins Unternehmertum gewagt. Zweimal im Abstand von rund 20 Jahren hat er eigene fundamentale physikalische Erkenntnisse in die Technik umgesetzt und damit zwei neue Industriezweige ins Leben gerufen. Den einen Industriezweig nannte er *Kältetechnik (A)*, den anderen *Gasverflüssigung (B)*.

Seit C. Linde dieses Buch schrieb, sind rund 70 Jahre vergangen. Der Leser der Neuauflage wird sich die Frage stellen, welche Spuren C. Linde's Tätigkeit aus heutiger Sicht hinterlassen hat. Hier gilt es zu unterscheiden zwischen den Folgen seiner Erfindungen auf die Technik und Wirtschaft im allgemeinen und der Auswirkung auf die von ihm ins Leben gerufene *Gesellschaft für Linde's Eismaschinen* im besonderen. In einem Vorwort kann die Entwicklung seit 1916 nur skizziert werden.

Das wichtigste Erzeugnis der seitdem weiterentwickelten *Kältetechnik* ist der Haushaltskühlschrank. Aus heutiger Sicht erscheint es merkwürdig, daß es zwar schon bald nach Gründung der Gesellschaft für Linde's Eismaschinen viele relativ große Kälteanlagen in Brauereien, Schlachthöfen, Eisfabriken und für andere Zwecke gab, aber keine Kleinkälteanlagen, die man für den Betrieb von Haushaltskühlschränken braucht. Erst 40 bis 50 Jahre später stellten amerikanische Firmen Kühlschränke in großen Stückzahlen her und deutsche Firmen sogar erst 70 bis 80 Jahre später.

Es führte ein mühseliger Weg von der *Großkälte* zur *Kleinkälte*. Mehrere Gründe waren für diese Erscheinung maßgebend: Eine allgemeine Stromversorgung fehlte; aus der Steckdose konnte daher die Antriebsleistung für eine Kältemaschine nicht entnommen werden. Das ursprünglich fast ausschließlich in Kälteanlagen verwendete Kältemittel war Ammoniak, ein Gas mit sehr unangenehmem Geruch. Damals noch unvermeidliche Undichtheiten der Apparatur hätten die Hausbewohner zur Flucht veranlaßt. Weil es noch keine selbsttätigen Regler gab, hätte man sich laufend mit dem Betrieb der Kältemaschine beschäftigen müssen. Da war es einfacher, sich Blockeis ins Haus liefern zu lassen und den Eisschrank damit kalt zu halten. Noch im 2. Weltkrieg beschimpften Ministerialbeamte des *Reichsnährstandes* die Kälteindustrie, sie sei unfähig, einen preisgünstigen Volkskühlschrank zu bauen; sie solle sich die Elektroindustrie zum Vorbild nehmen, der es gelungen sei, „Volksempfänger" in Massen billig herzustellen.

Auch die Gesellschaft für Linde's Eismaschinen – seit den 60er Jahren Linde AG genannt – baute Haushaltskühlschränke in großen Stückzahlen, zog sich aber aus diesem Geschäft wieder zurück, als sich zu viele Firmen mit der Herstellung solcher Geräte beschäftigten. Das Angebot übertraf die Nachfrage bei weitem. Die Folge war ein ruinöser Wettkampf. Seitdem beschränkt sich die Linde AG in ihrem Arbeitsgebiet Kältetechnik auf den Bau und Vertrieb von sogenannten *gewerblichen Kühlmöbeln* für Läden, Kälteanlagen für die verschiedensten Zwecke, Klimaanlagen und den Betrieb mehrerer Kühlhäuser.

Eine ganz andere Entwicklung nahm der zu C. Lindes Zeiten *Gasverflüssigung B* genannte Industriezweig. Seine Auswirkung auf unser heutiges Leben ist in der Öffentlichkeit viel weniger bekannt als die der Kältetechnik, aber dieser trotzdem ebenbürtig. Man kann dieses technische Arbeitsgebiet mit einer bei ca. – 40 °C beginnenden und bei – 273 °C, dem sogenannten absoluten Nullpunkt, endenden Temperaturskala beschreiben. In dieser Skala werden bei bestimmten Temperaturwerten die Namen von chemischen Grundstoffen genannt, die bei Normaltemperatur und atmosphärischem Druck in der Gasphase existieren, aber bei den genannten Temperaturen sieden, so wie Wasser unter atmosphärischem Druck bei + 100 °C siedet. Ihre Reingewinnung erfolgt im Zusammenhang mit Gasverflüssigungs-Prozessen, bei denen die Lage des Siedepunktes dieser Stoffe eine entscheidende Rolle spielt.

– 42,3 °C *Propan* ist ein wertvoller Bestandteil von Raffinerieabgasen und Erdgasen. Durch Gaszerlegung kann es in hoher Konzentration gewonnen werden. Es wird als Heizgas und als Chemierohstoff eingesetzt.

– 47,7 °C *Propylen.* Ähnlich wie das weiter unten genannte Ethylen ist es einer der vielen Bestandteile von Gasgemischen, die bei der Spaltung von Leichtbenzin oder Propan und Ethan (s. u.) bei Temperaturen von 800 – 850 °C entstehen. Durch Gaszerlegung kann es in hoher Reinheit gewonnen werden. In petrochemischen Industriebetrieben wird es u. a. zu Kunststoffen weiterverarbeitet.

– 88,6 °C *Ethan* befindet sich in vielen Erdgasen. Wie Propan und Propylen kann es bei weiterer Abkühlung und Gaszerlegung gewonnen werden. Es ist ein wertvoller Rohstoff.

– 103,9 °C *Ethylen* ist in den letzten drei Jahrzehnten zum wichtigsten Rohstoff der Petrochemie für die Kunststofftechnik geworden. Wie Propylen entsteht es hauptsächlich durch Spaltung von Leichtbenzin, Ethan und Propan. Solche Spaltanlagen sowie die dazugehörigen Gaszerlegungsprozesse, die bei tiefen Temperaturen verlaufen, sind in Größe und Aufbau den bekannteren Erdölraffinierien ähnlich.

– 161,5 °C *Methan* ist der Hauptbestandteil von Erdgas, das als umweltfreundlicher Brennstoff in riesigen Mengen gefragt ist. Es nimmt im flüssigen Zustand nur 1/600 des Volumens bei Normalbedingungen ein. Um es aus erdgasreichen Ländern in erdgasarme Länder über das Meer transportieren zu können, muß es verflüssigt und in Flüssiggas-Tankern verschifft werden. Weitaus die größten Mengen von verflüssigtem Erdgas werden aus Indonesien und aus den Ländern am persischen Golf nach Japan transportiert.

– 183,0 °C *Sauerstoff*
– 185,9 °C *Argon*
– 195,8 °C *Stickstoff*

sind die Hauptbestandteile der Luft. Wenige Menschen wissen, daß der Inhalt der allseits bekannten Stahlflaschen durch einen Luftzerlegungsprozeß, der bei tiefen Temperaturen abläuft, gewonnen wird. Sauerstoff aus Stahlflaschen wird hauptsächlich für das autogene Schweißen und Schneiden, Stickstoff für Spülzwecke und zur Herstellung von inerten Atmosphären, als Kältemittel in der Lebensmitteltechnik und beim Kaltmahlen von Kunststoffen und Gewürzen gebraucht. Argon wird hauptsächlich als Schweißschutzgas verwendet.

Wesentlich größere Mengen Sauerstoff, als sie in Stahlflaschen abgefüllt werden, dienen aber anderen Zwecken: Etwa 60% der in der westlichen Welt erzeugten Sauerstoffmenge werden für die Stahlerzeugung eingesetzt. Zweitgrößter Sauerstoffverbraucher ist die chemische Industrie. Trotz der großen, unserer Luft dadurch entzogenen Sauerstoffmengen bestehen keine Sorgen um unsere zukünftige Versorgung mit Sauerstoff. Dies ist ganz anders als bei fossilen Brennstoffen zur Energieversorgung. Denn unsere Bäume und Pflanzen liefern genügend Sauerstoff nach.

– 252,8 °C *Wasserstoff.* Seine Reindarstellung erfolgt u. a. durch bei tiefen Temperaturen ablaufende Zerlegungsprozesse. Dabei „genügen", wenn Wasserstoff nicht verflüssigt werden soll, Temperaturen um – 200 °C, weil er als Gasbestandteil mit dem tiefsten Siedepunkt im Gemisch allein gasförmig „übrig bleibt". Wasserstoff und aus Luftzerlegungsanlagen gewonnener Stickstoff sind die Basismaterialien für künstliche Düngemittel, ohne die viele in unserem Lande bereits verhungert wären.

– 268,9 °C *Helium.* Es wird aus Erdgas gewonnen und ist das einzige „Kältemittel" für Anlagen, die bei Temperaturen in der Nähe des absoluten Nullpunkts (– 273,2 °C) Kälte erzeugen sollen. Es gibt Materialien, die bei sehr tiefen Temperaturen ihren elektrischen Widerstand verlieren und – wie man sagt – supraleitend werden. In den USA, in Japan und in europäischen Ländern beschäftigen sich viele Wissenschaftler und Ingenieure mit der Anwendung der Supraleitung. Zur Zeit ist noch nicht abzusehen, welche Auswirkungen dies in der Zukunft haben wird.

Bei der Linde AG haben sich aus der Abteilung B zwei große Werksgruppen mit Sitz in Höllriegelskreuth gebildet, wo C. Linde um das Jahr 1900 die erste Sauerstoffanlage errichten ließ.

In der Werksgruppe *Technische Gase* sind ca. 2300 Menschen beschäftigt. Sie besitzt an mehreren Stellen der BRD und im Ausland Luftzerlegungsfabriken, in denen Sauerstoff, Stickstoff, Argon und die anderen Edelgase gewonnen und verkauft werden. Ergänzt wird das Programm hauptsächlich durch Acetylen, das neben Sauerstoff zum Schweißen gebraucht wird.

Die Werksgruppe *Tieftemperatur- und Verfahrenstechnik, TVT München* genannt, bei welcher ca. 3300 Menschen arbeiten, verfügt über Forschungsstätten und Ingenieurbüros, in welchen verfahrenstechnische Anlagen entwickelt und konstruiert werden. In zwei eigenen Werkstätten werden Spezialteile für die Anlagen gefertigt. In diesen Werkstätten werden auch die Monteure ausgebildet, welche dann in der ganzen Welt Anlagen nach Linde-know-how errichten, in Betrieb nehmen und dem Kunden übergeben.

Die Zentralverwaltung des ca. 15 000 Menschen beschäftigenden Linde-Konzerns sitzt in Wiesbaden, wo 1879 die *Gesellschaft für Linde's Eismaschinen* gegründet wurde. Außer den Werksgruppen Kältetechnik (Sürth bei Köln), Technische Gase und TVT-München, gehören zum Linde-Konzern noch zwei große Fertigungsstätten für Flurförderzeuge und Hydraulik in Hamburg und Aschaffenburg sowie eine Reihe von anderen kleineren Aktivitäten.

Die vorliegende Ausgabe enthält nach dem von C. Linde eingefügten Anhang noch eine Reihe ausgewählter Briefe. Sie stammen aus einer großen Sammlung handgeschriebener Originalbriefe und vielen Bänden zum Teil verblichener Copier-Bücher. Während ein besonderer Reiz von den jugendlichen Briefen aus seiner Zürcher Studentenzeit ausgeht, ergänzen die Briefe aus der späteren Zeit den Eindruck von dem bedeutenden Mann, der in viele Entwicklungen auch außerhalb des von ihm ins Leben gerufenen Unternehmens eingeschaltet wurde. Letzteres geschah einerseits zwangsläufig wegen seiner weitreichenden Erfindungen, andererseits aus seinem eigenen Bedürfnis, mitzuwirken, wo er das Geschehen günstig beeinflussen konnte und wollte.

Der Originalband von 1916 enthält nur ganz wenige Abbildungen. Ein besonderer Dank gilt daher Herrn *E. Jaeger,* der in jahrelanger Arbeit eine Sammlung wertvoller Dokumente aus C. Lindes Leben und aus der Frühzeit der Gesellschaft für Linde's Eismaschinen zusammengestellt hat. Aus dieser Sammlung konnte vieles – z. B. Porträts von Persönlichkeiten, die C. Linde begegnet sind und die er besonders verehrte oder die für die Entwicklung der Linde AG von Bedeutung sind, Bilder von Gebäuden, in denen C. Linde lebte und wirkte, Kopien von Urkunden und Schriften, auf die im Buche Bezug genommen ist – für die Bildtafeln der Neuauflage verwendet werden.

C. Linde hat das Buch für seine Kinder und seine Mitarbeiter geschrieben. Von seinen Kindern ist keines mehr am Leben, auch die erste Mitarbeitergeneration lebt nicht mehr. Vielleicht finden aber seine Aufzeichnungen trotzdem noch interessierte Leser.

Inhaltsverzeichnis.

Vierter Teil.

Einleitung.

Mehrfachen Aufforderungen zu lebensgeschichtlichen Aufzeichnungen, insbesondere über meinen Anteil an der Entwickelung der Kältetechnik, hatte ich seit längerer Zeit wenn auch nicht ablehnend so doch untätig gegenübergestanden. Nicht nur nahmen die täglichen Anforderungen der Gegenwart meine Kräfte in Anspruch, es war auch das Gefühl zu überwinden, welches der Beschäftigung mit der eigenen Person und der Aufzählung eigener Arbeitsergebnisse widerstrebt. Muß nicht die Drucklegung solcher Aufzeichnungen den Eindruck erwecken, als mache der Verfasser Anspruch auf allgemeine Teilnahme?

Da brach über unser Volk der Krieg herein, bot aber dem Greise keine Möglichkeit zur Mitwirkung, obwohl ein Teil der seitherigen Arbeit seinen Händen entnommen war.

Jetzt versuchte ich aus den täglichen Aufregungen einen stillen Winkel zu finden, indem ich anfing, das vorliegende Büchlein zu schreiben. Dabei trat mir bald der Gedanke entgegen: Du hast immer nur in Gegenwart und Zukunft gelebt, nicht aber in der Vergangenheit. Dabei ist vieles verloren gegangen und viel treues und dankbares Gedenken unterblieben. Und ich versetzte mich mit Liebe in die sieben Jahrzehnte, über welche meine Erinnerung reicht, und las Bände von Kopierbüchern und anderen Schriftstücken, um in den alten Zeiten wieder heimisch zu werden. Bald mußte ich mich daran erinnern, daß ich nicht nur für mich schreibe und daß auch diese Arbeit ein festes Ziel zu verfolgen hat. Was ich nun bieten möchte, ist die Darstellung meiner Laufbahn aus hochgesinntem Elternhause durch die Schule großer Meister in ein fruchtbares Gebiet, dessen Bearbeitung reichen Ertrag geliefert hat. Die Aufzählung aller Einzelheiten wird manchen Leser ermüden. Durch sachliche Zusammenfassung und

Kennzeichnung des Inhaltes in einzelnen Abschnitten wird es aber wohl jedem erleichtert, über dasjenige hinwegzugehen, was kein Interesse für ihn hat. Geschrieben ist das Buch ja für diejenigen, welche in irgendeiner Richtung freundlichen Zusammenhang mit meiner Lebensarbeit gehabt haben. Der erste und der vierte Teil werden nur bei den mir Nahestehenden Teilnahme finden, Einiges aus dem zweiten und dritten Teile aber wohl bei Berufsgenossen, denen ein Einblick in die Geschichte des modernen Kältewesens erwünscht ist.

Erster Teil.

1. Mein Elternhaus.

Meine ersten sechs Kinderjahre habe ich im Pfarrhause zu Berndorf in Oberfranken verlebt, wo ich am 11. Juni 1842 geboren war — als drittes Kind, dem noch sechs Geschwister folgten.

Die umgebenden Rasenplätze und Gärten boten für die körperliche Entwickelung der sich darin tummelnden Kinderschar gedeihliche und fröhliche Bedingungen. Die Einfachheit und die Zucht der Lebensführung, die als charakteristische Züge der deutschen Pfarrfamilien bekannt sind, waren in unserem Elternhause verbunden mit dem tatkräftigen Willen, den Kindern alles Erreichbare zu bieten, was zu geistiger Förderung und zur Ausbildung vorhandener Fähigkeiten dienen konnte. Hierzu rechnete unsere Mutter auch die Erlernung der französischen Sprache gleichzeitig mit der deutschen und die Erzwingung ihrer täglichen Benutzung in der Kinderstube dadurch, daß das aus der französischen Schweiz stammende Kindermädchen der deutschen Sprache nicht mächtig war. Dieser, aus nationalen Gründen vielfach verurteilten, Maßregel habe ich in späteren Jahren mit großer Dankbarkeit gedacht, als mir, der ich fremde Sprachen schwer lernte, dadurch die französische Literatur erschlossen und später der Verkehr in den romanischen Ländern wesentlich erleichtert wurde. Mühelos war ein wertvolles Gut erworben. Im übrigen erhielt ich ersten Unterricht von meinem Vater.

Mein Vater Friedrich Linde

ist am 16. Mai 1811 in Regensburg geboren als Sohn des Schuhmachers Ludwig Linde, welcher auf der Wanderschaft aus Berlin dorthin gekommen war und sich mit der Tochter Elisabeth des Baumwollwarenhändlers Blumroeder verheiratet hatte, jedoch schon im Jahre 1818 verstorben ist und seine Witwe mit dem einzigen siebenjährigen Sohne in den dürftigsten Verhältnissen hinterlassen hat. Die gütige Unterstützung von Gönnern, welche auf die Fähigkeiten des armen Kindes aufmerksam gemacht worden waren, ermöglichte ihm den Besuch des Gymnasiums und sodann das Studium der Philosophie in München und der Theologie in Erlangen, Bonn und Berlin. Im Jahre 1838 begründete er seinen Hausstand auf Grund der Bestallung als zweiter Pfarrer in Thurnau durch den Grafen Giech. Im Jahre 1841 erfolgte seine Versetzung als Pfarrer nach Berndorf unter Berufung in das gräfliche Konsistorium. Mit Rücksicht auf die Unterrichtsbedürfnisse seiner Kinder trat er im Jahre 1849 die dritte Pfarrstelle in Kempten an, rückte aber nach kurzer Zeit an die zweite und 1852 an die erste Stelle unter gleichzeitiger Übernahme des Dekanates vor. Nach vierundzwanzigjähriger erfolgreicher Wirksamkeit in Kempten vertauschte er dieselbe 1873 mit dem wesentlich besser dotierten Amte des ersten Pfarrers und Dekans in Neustadt a. Aisch unter Charakterisierung als Kirchenrat, woselbst er am 14. November 1886 gestorben ist, nachdem unsere Mutter ihm schon sechs Jahre früher vorangegangen war.

In seiner amtlichen Tätigkeit hat Friedrich Linde nach dem Zeugnisse seiner Berufsgenossen und der ihm anvertrauten Gemeinde Außergewöhnliches geleistet. „Er war ein vortrefflicher und gewissenhafter Seelsorger, der sich auf die Fragen des Herzens und Gewissens verstand und als demütiger Christ die Schwächen und Fehler seiner Mitmenschen mit Liebe und Geduld zu tragen vermochte. Da er auch verschwiegen war wie das Grab, so genoß er bei seinen Gemeindegliedern unbedingtes Vertrauen. Er war überhaupt nicht mitteilsam, ließ es an sich kommen zu reden und war knapp und gemessen in seinem Gebahren und in seinen Worten, aber zuverlässig und treu. Seine Predigten waren immer reich an Gedanken und von seltener Schönheit im Ausdruck und in der ganzen Darstellung.“*)

Über die unmittelbaren Aufgaben des Pfarramtes führte ihn die Berufung in verschiedene Körperschaften hinaus, so in die Landräte von Schwaben und von Mittelfranken, in welchen ihm das Schulreferat übertragen wurde, insbesondere aber in die Generalsynode der protestantischen Kirche in Bayern, welcher er seit 1853 angehörte, und zwar zuerst als zweiter, dann als erster Sekretär. Seinen jahrelangen

*) Aus G. Seebergers „Chronik der Familie Linde“.

Bemühungen verdanken die Städte Landshut, Immenstadt und Reichenhall die Errichtung von Kirchen und Kirchengemeinden. Noch als siebzigjähriger rüstiger Fußgänger brach er in frühester Morgenstunde auf, um die vielen, seiner Inspektion unterstellten und teilweise mehrere Stunden von Neustadt entfernten Dorfschulen aufzusuchen.

Ein eisernes, gegen das eigene Behagen rücksichtsloses, Pflichtgefühl gab seinem ganzen Leben das Gepräge und konnte sich in seinen Forderungen uns Kindern gegenüber bis zu scheinbarer Härte steigern. Bei dem Rückblick auf unsere Erziehung aber erhebt sich unser Gefühl der Dankbarkeit zu ehrfürchtiger Bewunderung, nachdem wir wissen, mit welchen Entbehrungen und Sorgen unser Vater es ermöglicht hat, jedem von uns die bestmögliche Ausrüstung für den künftigen Lebensweg zu beschaffen. Hierbei war er kräftig unterstützt durch

meine Mutter Franziska Linde,

die am 18. März 1810 in Neuwied geborene älteste Tochter des Kaufmanns Michael Lind, welche er während seiner Studienzeit in Bonn kennen gelernt hatte. Von mütterlicher Seite entstammte dieselbe der im Jahre 1765 aus dem Engadin ausgewanderten Familie Bianchi, welche bei Neuwied auf dem Landgute und Mühlenanwesen „zur Nette“ ansässig war. Nach einer sorgfältigen Erziehung in der Brüdergemeinde zu Neuwied war sie drei Jahre lang in Montmirail (Kanton Neuenburg) als Lehrerin in einem Pensionate tätig und widmete sich dann der Pflege ihrer kranken Mutter bis zu deren Tode. Diese war ihr besonders nahe gestanden, und von ihr scheint sie die wesentlichen Charaktereigenschaften überkommen zu haben.

Charaktereigenschaften besonderer Art waren es, die jedem entgegentraten, der mit meiner Mutter verkehrte. Ein Wahrheitsbedürfnis von seltener Klarheit und Offenheit und eine Kraft der Hingabe an persönliche ideale Anschauungen und Bestrebungen unter Verachtung der entgegenstehenden materiellen Hemmnisse und Meinungen — sie beherrschten, neben einer tief religiösen Herzensanlage, ihr Leben so vollständig, daß jene Gegensätze bis zu Konflikten mit der Umwelt sich steigern konnten. Auf vorzügliche Gesundheit gestützt konnte sie — als die anwachsende Kinderschar bei den geringen Einkünften ihr bescheidenes Heiratsgut aufgezehrt hatte — die Befriedigung der leiblichen Bedürfnisse für ihre Person und für die Kinder in einer Einfachheit und Knappheit halten, wie sie nur in den Häusern der Armut zu finden sind, dabei immer im Fluge schöpferischer Phantasie durch Darstellung höher stehender Güter den Wert des materiell Entbehrten herabsetzend. Ihre Arbeitskraft ging weit über gewöhnliches Maß hinaus. Hatte sie den Tag über im Hause und für Herstellung und Erhaltung unserer gesamten Bekleidung gearbeitet — der Gymnasiast war oft mit dem, der hämischen Kritik der Kameraden ausgesetzten Kleiderschnitte nicht zufrieden — und hatte das Haus sich zum Schlafe begeben, so setzte sie sich zu ihren Lieblingsschriftstellern oder an ihre Harfe oder an den Stickrahmen, auf welchem sie nach eigenen Entwürfen künstliche Gebilde entstehen ließ, denen immer irgendeine tiefere Idee und Beziehung zugrunde lag. Meist erst nach Mitternacht entschloß sie sich, die Ruhe aufzusuchen, deren Notwendigkeit sie beklagte. Während meiner späteren Gymnasialzeit habe ich in solchen Abendstunden ihr häufig als Vorleser gedient. — Der Geist hatte bei ihr eine so absolute Herrschaft über den Leib, wie ich sie bei keinem anderen Menschen erlebt habe. Am 21. Dezember 1879 starb sie an einer akuten Lungenentzündung.

2. Schulzeit in Kempten. (1849 – 1861.)

Gleich nach unserer Übersiedelung von Berndorf wurde ich der Volksschule übergeben. Psychologisch merkwürdig ist mir — im Gegensatze zu späterer Zeit — der heilige Eifer, mit welchem ich während dieser ersten Jahre für Schule und Lehrer erfüllt war, so daß jede andere Lebensbetätigung völlig hinter die Schulpflichten und die Verehrung für die Person des Lehrers zurücktreten mußte und daß die aus Neckerei von meinen älteren Geschwistern hieran geübte Kritik stets meinen hellen Zorn entflammte. Dieser Zustand erfuhr in meinem zehnten Lebensjahre eine Unterbrechung. In einem neuerrichteten Lehrinstitute übernahm mein Vater den Religionsunterricht gegen meine freie Aufnahme. Die Schüler waren nach Herkunft, Alter und Vorkenntnissen so verschiedenartig, daß in dem einklassigen Unterrichte von systematischer Ordnung keine Rede sein konnte. Die Mehrzahl der Schüler sollte für den kaufmännischen Beruf vorgebildet werden, weshalb die französische Sprache den Hauptgegenstand darstellte und aus der französischen Schweiz ein „Präfekt" als Hauptlehrer berufen worden war. Da ich nun das Französische schon als Umgangssprache beherrschte, so war ein großer Teil des Unterrichts für mich innerlich gegenstandslos, und ich wurde von dem durch keinerlei Gewissensskrupel gehemmten Präfekten dazu benutzt, ihm Ersatzdienste zu leisten, wenn er lieber spazieren ging, als Schule zu halten. Am Ende des in dieser Anstalt zugebrachten Jahres hatte ich allen Lerneifer und den früheren Respekt gegen Schule und Lehrer verloren. Ich habe den Eindruck behalten, daß dieses traurige Jahr verwüstend auf meine Entwicklung als Schüler gewirkt hat, eine Wirkung, die meinem Vater gewiß nicht verborgen geblieben ist, was aber wahrscheinlich hinsichtlich ihrer Ursache der Fall war.

Im Jahre 1853 wurde ich dem humanistischen Gymnasium zugeführt. Wohl trat damit wieder eine feste Ordnung in die Aufnahme neuen Lehrstoffes ein, allein die frühere Begeisterung war nicht mehr vorhanden, ja sie sank für den Teil des Unterrichtes unter den Nullpunkt herab, dessen Schwerpunkt in der lateinischen und später in der griechischen Grammatik lag. Brachte ich demselben anfänglich Gleichgültigkeit entgegen, so wandelte sich dieselbe nach und nach in Abneigung. Wohl vermochte ich Cäsars Kriegsschilderungen und Homers Hexametern wirklichen Genuß abzugewinnen und den Wert solcher Lektüre zu würdigen, aber es fehlte die Energie zur Überwindung der Unlust gegen systematische Aufnahme der grammatikalischen und syntaktischen Regeln in das Gedächtnis und Verständnis, ein Defekt, mit dem ich leider später auch auf anderen Gebieten zu kämpfen hatte, wenn für den Gegenstand kein eigentliches Interesse in mir wach wurde.

Unter solchen Umständen erfüllte ich meine Schulpflichten großenteils nur in dem Maße, welches erforderlich war, um Strafen zu entgehen und um glatt von Klasse zu Klasse aufzusteigen. Da in anderen Fächern, wie Geschichte und Mathematik, meine Leistungen gute waren und in französischer Sprache sowie nach dem Urteile der Lehrer auch im deutschen Aufsatze diejenigen der Mitschüler übertrafen, so hielten sich die Mittelnoten auf einer anständigen Höhe, und im Sommer 1861 wurde das Abiturientenexamen mit einem „guten Zweier" absolviert.

Es wird mir heute schwer, ein abschließendes Urteil über den Wert zu gewinnen, welchen der gesamte Gymnasialunterricht für mich gehabt hat, da ich nicht weiß, welchen bestimmten Anteil an meiner geistigen Entwicklung ich ihm verdanke. Sicher hätte dieser Anteil ein größerer sein können, wenn ich mit mehr Eifer und ohne passiven Widerstand ihn hätte auf mich wirken lassen. Mit besonderer Dankbarkeit muß ich des guten Unterrichtes in Stenographie gedenken, in deren Gebrauch ich zu großem und lebenslänglichem Nutzen eine höhere Fertigkeit erlangte. Nicht sehr weit hat mich der damalige englische Unterricht gefördert, und der zweijährige Kursus im Hebräischen konnte nur dem Interesse dienen, welches der Einblick in eine semitische Sprache erweckte. Für die Übung im freien und gebundenen Zeichnen war verhältnismäßig recht gute Gelegenheit geboten.

Von der Zeit, welche während jener acht Jahre nicht im Schulzimmer zugebracht wurde, ist jedenfalls nur ein sehr kleiner Teil von mir für die Schule verwendet worden.

Frage ich mich, worauf während dieser ganzen Zeit mein eigentliches Interesse gerichtet gewesen ist, so steht — wie dies ja wohl bei der Mehrzahl der in ähnlicher Lage befindlichen Jünglinge der Fall sein wird — in erster Linie die Aufnahme von Lesestoff. Der Inhalt der klassischen deutschen und der französischen Literatur, soweit ich ihrer habhaft werden konnte, hielt mich fest in seinem Banne. Die Welt des „höheren Menschentums" und ihre Darstellung zogen mich so unwiderstehlich an, daß ich zeitweise ernstlich daran dachte, mein Leben solcher Darstellung zu widmen. Dichtungen aller Art und Beschreibungen von erlebten und erdachten Ereignissen entstanden, konnten aber der glücklicherweise gesund gebliebenen Selbstkritik als Grundlagen und Beweisstücke für den Schriftstellerberuf nicht standhalten, so daß andere Einflüsse für die Berufswahl die Oberhand gewannen.

In zweiter Linie waren meine Interessen gebunden durch den von den Eltern ererbten und besonders gepflegten Sinn für Bewegung in der freien Natur und für bewußten Genuß ihrer Schönheiten. War schon in den früheren Jahren die meist einen Kinderwagen umgebende und vorwärts schiebende Kinderschar so oft wie möglich mit der Mutter hinausgezogen, um bei irgendeinem befreundeten Bauernhause haltzumachen, so unternahm später der Vater mit meinem älteren Bruder und mir größere Ausflüge und Fußreisen, bei denen es für mich anfänglich bis an das äußerste Ende der Kräfte ging — bis zu heftigen Schmerzen in den Kniegelenken und Füßen, wovon aber nichts kundwerden durfte, weil die eiserne Alternative gestellt war: Weitergehen oder allein heimfahren! Mit zunehmenden Jahren aber waren die Marschorgane dadurch so geübt und gestärkt, daß ich Tagesleistungen von 60 bis 65 Kilometer mit Gepäck ohne Nachteil und ohne Beeinträchtigung des Naturgenusses ertragen konnte. In den letzten Jahren der Gymnasialzeit machte ich auch mit einigen kräftigen Schulkameraden große Ausflüge, im Winter unter tagelangem Kampfe mit dem tiefen Schnee der dortigen Hochlage, noch ohne die heutigen Hilfsmittel von Ski und Schneereifen. Den Sondersport stundenlanger Dauerläufe mußte ich allein treiben; am liebsten richtete ich dieselben zum Nieder-Sonthofer See, wo mir Ruder- und Segelboot zur Verfügung stand.

Neben der Lektüre und dem Naturgenusse hat der Verkehr in einer befreundeten Familie einen erheblichen Teil meiner freien Zeit in Anspruch genommen. Der Direktor d'Hengelière der Aktienbaumwollspinnerei Kempten bewohnte mit seiner Familie eine in schönem Garten nahe der Fabrik gelegene Villa. Laufend konnte ich in fünf Minuten dieselbe von meinem Elternhause aus erreichen. Der älteste Sohn stand mir im Alter nahe, der zweite (jetzt Geh. Kommerzienrat und Bierbrauereibesitzer in Würzburg) war einige Jahre jünger. Näher noch als den Söhnen stand ich den Eltern, insbesondere der Mutter, die an meinen literarischen Interessen anteilnahm. Der behäbige Zuschnitt des Hauses, der schöne Garten und die meist Sonntag nachmittags auch für mich einen Platz bietende Equipage mögen — neben dem sogleich zu erwähnenden Einflusse — bei dem Reize dieses fast täglichen Verkehres mitgewirkt haben. Derselbe wurde durch psychische und bald zum Tode führende Erkrankung des Herrn d'Hengelière im Jahre 1860 jäh abgebrochen. Der Einfluß, von dem ich eben sprach, ging von den häufigen Besuchen in der recht bedeutenden Baumwollspinnerei aus. Insbesondere die großen Kraftmaschinen — Turbinen und Dampfmaschinen — zogen mich mächtig an und übten eine Wirkung aus, die für meine Berufswahl entscheidend geworden ist.

In den Tagen, welche für mich nach außen hin eine Befreiung aus Gymnasialfesseln bedeuteten, geschah es, daß ein starkes inneres Band sich mir angelegt hat. Eine Base meiner Mutter, die Frau des Generalstaatsanwalts Grimm in Berlin, verweilte mit ihrer bald achtzehnjährigen Tochter Helene gelegentlich einer Reise nach der Schweiz einige Tage bei uns in Kempten. Das von einer für mich neuen geistigen Atmosphäre umwehte Cousinchen hinterließ einen so tiefen Eindruck, daß von Stund' an — wenn auch mehrere Jahre hindurch in banger Hoffnungslosigkeit — alle Sehnsucht der Jünglingsjahre auf sie gerichtet blieb und jede andere Einwirkung weiblicher Anziehung ausgeschlossen wurde.

3. Studienzeit in Zürich. (1861—1864.)

Für meinen Vater war es eine Enttäuschung, daß ich als der einzige seiner vier Söhne, der durch das humanistische Gymnasium gegangen war, nicht den theologischen Beruf ergreifen wollte. Hatte ich mich zeitweise hierzu bereit gezeigt, so geschah es mit dem Vorbehalte, Missionar zu werden, weil damit die Aussicht auf Reisen in ferne Lande sich eröffnete. Mehr und mehr war mir aber klar geworden, daß die Theologie mich in Konflikte zwischen Berufspflicht und Überzeugung führen müsse. Anderseits war durch den Verkehr in dem d'Hengelièreschen Hause und in seiner Umgebung eine starke Hinneigung zum Maschinenwesen entstanden. Vor allem erweckte die Beobachtung und Überlegung meine Teilnahme, wie in der Spinnerei die mächtigen Naturkräfte verwendet waren, um die große Zahl von Arbeitsmaschinen zu betreiben, deren Wirkungsweise freilich noch etwas Chaotisches für mich hatte.

Dem bestimmt ausgesprochenen Wunsche, Maschinenbauer zu werden, setzte übrigens mein Vater keinen Widerspruch entgegen, dagegen konnte ich die Erlaubnis zum Besuche des Zürcher Polytechnikums nur schwer erlangen. Mein älterer Bruder Hans war damals nach Absolvierung der polytechnischen Schule in Augsburg und der Ingenieurschule in München in seine erste Stellung im Staatsbaudienste in Nürnberg eingerückt. Es erschien deshalb naheliegend und zweckmäßig, daß ich zu theoretischer Ausbildung als Maschinentechniker die Nürnberger polytechnische Schule benützen solle, was bei dem Zusammenwohnen mit dem Bruder und mit Rücksicht auf die an einer bayerischen Anstalt zu erlangenden Begünstigungen einen weit geringeren Geldaufwand erfordern würde als das Studium in Zürich. Mir waren aber durch einen Freund, der in Zürich als Architekt studierte, über die Organisation und wissenschaftliche Bedeutung des dortigen Polytechnikums im Vergleiche zu den damaligen „polytechnischen Schulen" in Bayern so überzeugende Nachweisungen für die Überlegenheit der ersteren zugegangen, daß ich dadurch schließlich die Zustimmung meines Vaters zu gewinnen vermochte, allerdings nur unter der Bedingung, daß innerhalb dreier Jahre das Studium sich durchführen lasse, was nach dem Organisationsstatut und Programm wegen der ungenügenden Vorbildung zweifelhaft erscheinen mußte, welche das bayerische Gymnasium in mathematischer und insbesondere in naturwissenschaftlicher Hinsicht damals gewährte. In Mathematik war wohl nach gewissen Richtungen (z. B. sphärische Trigonometrie) weitergegangen

Carl Lindes Eltern, Johann Friedrich Linde und seine Ehefrau Franziska geb. Lind (zu S. 3 ff.)

Das Pfarrhaus in Berndorf, C. Lindes Geburtshaus, in seinem ursprünglichen Zustand (zu S. 3)

Orig. Steinzeichnung v. W. Kaiser

Alt Kempten, St. Mang u. Pfarrhof von Norden her.

Kirche und Pfarrhaus St. Mang in Kempten. Lithographie v. W. Kaiser (zu S. 6ff.)

Karl Kappeler

Gustav Ant. Zeuner

Pompejus Alexander Bolley

Franz Reuleaux

Wilhelm Lübke

Rudolf Clausius

Karl Kappeler, Kurator des Eidgen. Polytechnikums Zürich, hatte es verstanden, hervorragende, vorwiegend deutsche Professoren für Zürich zu gewinnen. (zu S. 10ff.)

als für mich nötig, nach anderen Richtungen dagegen fehlte der Anschluß. Chemie war überhaupt nicht einmal dem Namen nach vertreten, aber auch die „Physik" beschränkte sich auf einige Elemente der Mechanik. Tatsächlich fiel die Aufnahmeprüfung in Zürich so aus, daß der Vorstand der mech.-technischen Abteilung — er trug den nachher für mich so teuer gewordenen Namen Zeuner — mir eröffnete, daß ich vor Eintritt in den dreijährigen Kursus mir in dem „Vorkurs" das Fehlende aneignen müsse. Als er die schmerzliche Bewegung sah, in welcher ich ihm darlegte, daß ich dann genötigt sei, auf das Studium in Zürich zu verzichten und nach Nürnberg zu gehen, änderte er das Urteil dahin ab, daß ich „probeweise bis Weihnachten" aufgenommen werden solle. Es ist nachher nicht mehr davon die Rede gewesen, und ich habe in drei Jahren das Studium an der mech.-technischen Abteilung des Zürcher Polytechnikums absolviert.

Wie begründet aber die ursprüngliche Verweisung in den Vorkurs gewesen ist, das habe ich später bitter empfinden müssen, und wenn ich mir nicht Vorwürfe darüber mache, daß ich den Versuch unterlassen habe, von meinem Vater doch noch die Zustimmung zur Verlängerung des Studiums zu erlangen, so geschieht es in dem Gedanken, daß die ohnehin über die finanziellen Kräfte gehenden und meinen Vater mit Sorgen belastenden Ausgaben noch vermehrt worden wären. So ist meine mathematische Ausbildung und damit auch diejenige in einigen anderen grundlegenden Fächern, wie technische Mechanik, eine lückenhafte und ungenügende geblieben. Da auch Experimentalphysik zu den geforderten Vorkenntnissen gehörte und nur eine, die Elemente der Physik als bekannt voraussetzende, Vorlesung über „Technische Physik" mir geboten war, so fehlte auch da der systematische Aufbau.

Das eidgenössische Polytechnikum in Zürich und insbesondere deren „mech.-technische Abteilung" stand damals auf einer Höhe, die weder von anderen deutschen technischen Hochschulen bis dahin erreicht war, noch auch bei ihr selbst sich erhalten hat. Der geniale Kurator Kappler hatte es verstanden, in Deutschland eine Reihe hervorragender jüngerer Kräfte zu gewinnen, die später, nachdem ihre wissenschaftliche Bedeutung erkannt und bekannt war, nach Deutschland zurückberufen worden sind. So war die höhere Mathematik durch Dedekind und dann durch Christoffel, die Physik durch Clausius, Mechanik und theoretische Maschinenlehre durch Zeuner, Maschinenbaukunde durch Reuleaux vertreten. Daß durch die drei Letztgenannten für mich die Quellen eröffnet worden sind, aus denen ich den wesentlichen Inhalt meiner Berufsausbildung geschöpft habe, wird jedem klar sein, der mein Arbeitsgebiet kennt. Aber auch die Abteilung für Bauingenieure zählte den Begründer der „graphischen Statik“ Culmann zu ihren Dozenten, und in der Abteilung für Architekten glänzten die Namen Semper und Lübke. In ähnlicher Weise blühte auch die kantonale Universität Zürich, die in ihrer medizinischen Fakultät die deutschen Professoren Fick, Billroth und Griesinger, in der philosophischen Fakultät Fr. Th. Vischer und Köchly die Ihrigen nennen durfte. Von allen diesen berühmten Männern hatte vor Ablauf eines Jahrzehnts der letzte Zürich verlassen.

Den Vorlesungen und Übungen bin ich während der drei Jahre mit absoluter Regelmäßigkeit gefolgt. Die Anstrengungen, welche ich aufwandte, um den Stoff völlig mir anzueignen und die bestehenden Lücken auszufüllen, waren aber wohl nicht gleichmäßig verteilt, sondern wesentlich durch die Teilnahme bedingt, welche der Gegenstand erweckte. In ungenügender Weise war dies der Fall in bezug auf den allgemeinen theoretischen Teil des Unterrichtes in Mathematik und Mechanik um so mehr, als die feste Unterlage dafür fehlte. Erst durch die Festigkeitslehre wurde das Interesse erfaßt und mehr noch in den Vorträgen über theoretische Maschinenlehre. Zeuners lebendige und klare Darstellung übte eine begeisternde Wirkung auf seine Zuhörerschaft aus, und auch Reuleaux wußte durch schwungvolle und geistreiche Rede, sowie durch seine nicht nur auf die technische sondern auch auf die ästhetische Seite eingehenden und drastischen Anleitungen am Reißbrette den Unterricht fruchtbar und anziehend zu machen. In einem äußeren Gegensatze zu diesen beiden Männern stellte sich mit seiner ruhigen und etwas trockenen Vortragsweise Clausius dar. Um so tiefer aber griff der Inhalt dieser Vorträge, insbesondere auf seinem Sondergebiete, der Wärmelehre, welcher er — gleichzeitig dem Bedürfnisse des Maschineningenieurs entgegenkommend — einen breiteren Raum gewährte als den übrigen Teilen der Physik. Als ich von ihm erstmals die Verhältnisse erörtern hörte, welche zwischen Wärmeaufwand und Arbeitsproduktion bestehen, gewann ich einen starken Eindruck, der niemals aufgehört hat, meine Gedanken zu beschäftigen. Und als Zeuner hieran anknüpfend die Theorie der Wärmekraftmaschinen behandelte, da wurde der Grund gelegt, auf welchem mein hauptsächliches Lebenswerk verankert ist. Kein anderer Teil des ganzen Studiengebietes ist so bedeutungsvoll für mich gewesen und geblieben, wie die angewandte Thermodynamik.

Neben den eigentlichen Berufsfächern konnte ich in allen Semestern (mit Ausnahme des letzten) mehrere „allgemeinbildende“ Vorlesungen meinem Stundenplane einverleiben. Da war vor allem jeder der herrlichen Vorträge Fr. Th. Vischers ein Fest. In überfülltem Hörsaale fanden sich Studenten und Dozenten der beiden Hochschulen ein, um den durch wörtliche Vorbereitung zu hoher Formschönheit gesteigerten Darstellungen und Erklärungen großer Dichterwerke zu lauschen. Die Vorlesungen über Goethes Faust und über die Shakespeareschen Dramen erhoben sich zu hinreißender Wirkung. Die letzteren habe ich vollständig nachstenographiert und damit ein um so wertvolleres Material gewonnen, als Vischer dieselben nicht schriftlich hinterlassen hat. Fernerhin habe ich den ganzen Vortragszyklus Lübkes über allgemeine Kunstgeschichte gehört, sowie einen Teil der geschichtlichen Vorträge von Johannes Scherr, welche durch ihre anschauliche und derbe Stoffbehandlung ein großes Publikum anzogen, mir selbst aber, der ich an solche Kost nicht gewöhnt war, vielfach tendenziös und zynisch erschienen.

In geselliger Hinsicht kann ich nur wenig von eigentlichem studentischem Verkehre erzählen. Schon der Mangel an Geldmitteln und die Fremdheit alkoholischer Genüsse verhinderte die Teilnahme am Kneipleben. Nur der akademische Gesangverein, dem ich beitrat und der mich im zweiten Jahre zu seinem „Präsidenten“ wählte, brachte mich je im Wintersemester alle 14 Tage mit Studiengenossen im Wirtslokale zusammen. Unter Leitung seines Dirigenten, des Komponisten Baumgartner, war dieses Zusammensein vorwiegend dem musikalischen Teile gewidmet.

Die Musik war es auch, welche einen kleineren Kreis von bald enger befreundeten Kollegen zusammenführte. Ich hatte in einem Hause der hochgelegenen Plattenstraße ein Zimmer bezogen, das die Aussicht über die Stadt und den See auf die Alpenkette bot und inmitten anderer Studentenstuben lag, welche den dritten Stock des Hauses bildeten. Da mein Nachbar und Freund Bleken Violine spielte — das Instrument, auf dem ich selbst mehrere Jahre, wenn auch ohne rechten Erfolg, mich versucht hatte —, so unternahmen wir es, Teilhaber zu einem Streichquartett zu suchen, was uns sehr bald mit solcher Qualität der Mitwirkenden gelang, daß ich meine Violine überhaupt nicht von Kempten nachkommen zu lassen wagte und mich auf das Zuhören beschränkte. In dem einen unserer beiden durch eine Türe verbundenen Zimmer wurde musiziert, in dem anderen präparierte ich den Tee, eine Funktion, die mir den Beinamen der „Amme des Quartetts“ eintrug.

Die erste Stelle in dem geselligen Leben dieser drei Jahre nahm indessen der freundschaftliche Verkehr in mehreren Professorenfamilien ein. Durch meine Tante Grimm war ich an die vor kurzem aus Berlin nach Zürich gekommene Familie Lübke empfohlen worden. Ich fand eine überaus freundliche und um so erquickendere Aufnahme, als es die erste herzliche Ansprache war, seitdem ich das Elternhaus verlassen hatte. Nicht bloß wurde ich zu den häufigen Teeabenden zugezogen, zu welchen Studierende und besonders Hörer der Lübkeschen Vorträge geladen waren, sondern ich durfte auch an sonstigen geselligen Vereinigungen in diesem gastfreien Hause teilnehmen, wobei ich bald die Bekanntschaft der Familie Billroth machte, die den zweiten Stock unseres Hauses in der Plattenstraße bewohnte. Als zu Professor Billroth, der bekanntlich in einem ungewöhnlich nahen Verhältnisse zur Musik stand, die Klänge unseres Quartetts hinabgedrungen waren, forderte er mich auf, dasselbe (inklusive „Amme") in seine Räume zu verlegen. Die Beziehung, in welche ich auf solche Weise zu Billroths trat, gestaltete sich bald auch zu einer lebendigen und lebenslänglichen Freundschaft — getragen auf ihrer Seite durch eine, mir heute nach Umfang und Tiefe fast unerklärlich scheinende, liebevolle Güte und auf meiner Seite von dankbarer Verehrung und inniger Zuneigung. Billroths Tun und Sein hat ihn in meinen Augen zu dem vollkommensten Menschen gemacht, dem ich je begegnet bin. Er war groß durch außergewöhnliche Leistungen in seinem Berufe, groß durch außergewöhnliche Herzensgüte und Menschenfreundlichkeit und groß durch außergewöhnliche Vielseitigkeit seiner Fähigkeiten und Interessen. Und wenn sein Leben in Wien, wohin er 1866 übersiedelte, sich in der Regel so abspielte, daß er, nach voller Tagesarbeit als Lehrer und als Meister seiner Kunst im Dienste der leidenden Menschheit, abends bei seiner geliebten Musik oder im Theater oder in geselligem Zusammensein mit Künstlern sich Erfrischung holte, dann aber um Mitternacht sich für mehrere Stunden der Lösung seiner großen wissenschaftlichen Aufgaben hingab, so daß seine Nachtruhe auf wenige Stunden sich beschränkte, so erscheint jene Vielseitigkeit der Interessen kaum merkwürdiger wie das Maß der zu ihrer Pflege verfügbaren geistigen und körperlichen Kräfte.

Mag durch die Gestaltung meiner geselligen Beziehungen von den Werten des spezifischen Studentenlebens mir manches entgangen sein, so steht für mich fest, daß der lebhafte Verkehr in den beiden Häusern Lübke und Billroth mein Dasein auf eine höhere Stufe gehoben hat. Denn nicht bloß genoß ich die freundschaftliche Anteilnahme dieser guten und bedeutenden Menschen und die Einwirkung ihrer vornehmen und vorurteilsfreien Gesinnung, sondern ich wurde auch in ihr reiches geselliges Leben einbezogen. (Frau Billroth ließ es mir immer hinaufsagen, wenn sie Gäste hatten oder erwarteten.) So lernte ich die besten Mitglieder der dortigen gelehrten und musikalischen Kreise kennen und wurde auch in deren Familien eingeführt. Im letzten Jahre verbrachte ich den Sonntagabend regelmäßig im Hause des zu diesem Kreise übrigens nicht gehörenden Polytechnikumsdirektors Bolley. Dies war veranlaßt worden durch die dortige Sitte, daß zu den von der Studentenschaft veranstalteten Festen jeder Teilnehmer ein junges Mädchen einzuladen hatte, für welches er sorgen, es auch von zu Hause abholen und dahin zurückbringen mußte. Mir war bei dem Jahresfeste des Akademischen Gesangvereins die Aufgabe zugefallen, Fräulein Bolley als Ritter zu dienen. Als ich pflichtmäßig am darauffolgenden Sonntage mich nach ihrem Befinden erkundigte, stellte sich die dauernde Beziehung zu ihrer Familie her.

Um so schwerer wurde es mir, daß ich am Ende meines Zürcher Aufenthaltes in einen Konflikt der Studentenschaft mit Direktor Bolley verwickelt wurde. Es ist mir nicht erinnerlich, welche disziplinarischen Maßregeln es gewesen sind, die den Unwillen der Studierenden hervorgerufen hatten und in einberufenen Versammlungen von ihnen, als einer Hochschule unwürdig, bekämpft wurden. Eine sechsgliedrige Delegation hatte diesen Standpunkt vor dem Direktor und dem Schulrate zu vertreten, und man einigte sich auf den Wortlaut einer Bekanntmachung des Direktors, welche den Anschauungen der Studierenden Rechnung tragen sollte. Dieser Wortlaut fand aber dann keineswegs deren Zustimmung, und als die Delegierten erklärten, daß an demselben nachträglich Änderungen von seiten des Direktors vorgenommen seien, entfesselte das einen allgemeinen Sturm der Entrüstung, welche auch von einzelnen Professoren geteilt wurde und welcher die Delegierten nunmehr öffentlichen und drastischen Ausdruck gaben mit dem Erfolge, daß der Schulrat ihre Relegation und die Anweisung aussprach, daß sie innerhalb vierundzwanzig Stunden den Kanton zu verlassen haben.

Ich hatte mich von der ganzen Bewegung zurückgehalten bis zu dem Augenblicke, in welchem jene Änderung des vereinbarten Wortlautes bekannt wurde. Nunmehr glaubte ich meinen Kommilitonen mich anschließen zu müssen und begründete es in einem Briefe an den Direktor. Eine sofort nach erfolgter Relegation einberufene allgemeine Studentenversammlung faßte den Beschluß, daß die Studentenschaft in corpore die sechs Delegierten nach Rapperswyl begleiten und dort einen feierlichen Abschiedskommers abhalten solle. Ein Komitee zur Durchführung dieses Beschlusses wurde bestellt, und zu meiner Bestürzung fiel die Wahl des Präses auf mich, wahrscheinlich infolge des Umstandes, daß ich bei früheren Gelegenheiten als offizieller Redner gedient hatte. Nun oblag mir Organisation, Leitung und Repräsentation des Unternehmens. Zwei Dampfschiffe wurden gemietet, zu welchen wir anderen Morgens unter den Klängen mehrerer Musikkorps marschierten und die uns nach Rapperswyl brachten. Nach Beendigung des offiziellen Teiles übertrug ich abends natürlich das Präsidium des Kommerses an einen kundigeren Kommilitonen. Am darauffolgenden Tage kehrten wir nach Zürich zurück und packten die Koffer zur Heimreise.

Ich betrachte es als ein besonderes Glück, daß dieser Zwischenfall sich erst am Schlusse meines letzten Semesters zutrug. Zwar verlor ich durch denselben die Erlangung des Ingenieurdiploms, aber zwei empfehlende Zeugnisse, welche Zeuner und Reuleaux als Ersatz mir zu geben die Güte hatten, sind für mich weit wertvoller gewesen. Denn niemals bin ich nach jenem Diplome gefragt worden, während die beiden Zeugnisse mir wesentliche Dienste geleistet haben.

4. In Werkstätte und Zeichensaal. (1864 – 1866.)

Als ich Ende Juli 1864 nach Kempten zurückgekommen war, hatte ich nach wenigen Tagen die Freude, das Ehepaar Lübke als Gäste meiner Eltern begrüßen und sie nach Oberstdorf begleiten zu dürfen, wo die Familie Grimm sich bereits zur Sommerfrische eingefunden hatte. Dort wußte ich mich dann durch meine Ortskenntnis und durch mancherlei Dienste nützlich zu machen, so daß Grimms mich als ihren Gast zurückhielten und mich einige glückselige Wochen verleben ließen. Gewann ich doch die Gewißheit, daß Helene innerlich noch frei sei und daß sie meine schüchternen Huldigungen nicht zurückwies. Obwohl ich mir nicht das Recht zuerkannte, meine Neigung und Hoffnung sichtbar werden zu lassen, solange mir noch jede materielle Existenzgrundlage fehlte, so gelangte ich doch zu der festen Zuversicht, daß ich erhört werden würde, sobald dieses Ziel erreicht sein werde.

Durch solche Hoffnungen gehoben trat ich in die praktische Berufsarbeit ein. Besonders von Reuleaux war es uns als unerläßlich bezeichnet worden, die Handarbeiten des Maschinenbauers in längerer

Werkstättenpraxis zu erlernen. Um dies am Wohnsitze meiner Eltern durchführen zu können, erlangte ich Zutritt als Volontär in einer mechanischen Werkstätte, welche — 3 bis 4 Kilometer von Kempten entfernt — der Baumwollspinnerei Kottern angegliedert war. Im September und Oktober trat ich je um 5 Uhr morgens den Weg an, von 6 bis 12 und von 1 bis 6 Uhr dauerte mit je halbstündiger Pause die Arbeit am Schraubstock, und um 7 Uhr abends erreichte ich wieder die elterliche Wohnung in einem solchen Zustande von gesunder Ermüdung, daß ich nach Einnahme meiner — aus einem Glase Milch und einem Butterbrote bestehenden — Abendmahlzeit gewöhnlich sogleich zu Bette ging im vollen Bewußtsein des hohen Genusses, der in der Befriedigung des Ruhebedürfnisses nach solcher körperlichen Ermüdung liegt. Als im November der Schnee die Wege in der Dunkelheit unpassierbar machte, wurde mein Arbeitspensum dahin beschränkt, daß ich erst um 9 Uhr (nach der Frühstückspause) anzutreten hatte. Schon in der Lehrwerkstätte des Zürcher Polytechnikums hatte ich mich mit der Herstellung eines Parallelepipeds am Schraubstocke abgequält, so daß die in Kottern mir zugewiesene Arbeit dagegen sehr einfach und roh erschien. Bald wurde ich denn an die Drehbank gestellt und hatte längere Zeit mit der Massenherstellung gewisser Spinnstuhlbestandteile zu tun. Ich erkannte, daß mir hier nicht die Gelegenheit geboten war, die Bearbeitung und Zusammensetzung größerer Maschinenteile kennen zu lernen, und ich bekam den Eindruck einer ungenügenden Berufsförderung. Gegen Ende des Jahres wünschte ich dringend eine Veränderung, und da ich meinem Vater nicht die Ausgaben für eine Volontärtätigkeit an fremdem Orte zumuten durfte, so versuchte ich eine Stelle im Zeichenbureau einer Maschinenfabrik zu erlangen. Nachdem meine schriftlichen Bewerbungen erfolglos geblieben waren, unternahm ich Anfang 1865 eine Reise nach München und Augsburg zu persönlicher Vorstellung, gelangte aber weder in der Maffeischen Fabrik noch in der Maschinenfabrik Augsburg über die Portierloge. Ende Februar entschloß ich mich mit Zustimmung meines Vaters, nach Berlin zu gehen, um bei einer der dortigen Maschinenfabriken in irgendeiner Funktion Beschäftigung zu erlangen. Ich bezog nahe der Grimmschen Wohnung ein Zimmer in der Dessauer Straße und machte mich auf die Suche. Schon die Mitteilungen einiger Zürcher Kommilitonen, welche hier teils in Stellung waren, teils darauf warteten, klangen recht entmutigend, und nach wenigen Tagen hatte ich bei allen größeren und kleineren Maschinenfabriken vergeblich angeklopft, wenn auch einige Versprechungen und Vormerkungen für spätere Zeit gemacht wurden. Da erhielt ich von Reuleaux (der inzwischen als Direktor der Gewerbeakademie nach Berlin übergesiedelt war) ein Briefchen mit der Mitteilung, daß in der Borsigschen Lokomotivfabrik ein Ingenieur soeben unerwarteterweise ausgeschieden sei und daß ich mich schleunig um die freigewordene Stelle bewerben möge. Ich eilte dorthin, schickte den Reuleauxschen Brief sowie meine beiden Privatzeugnisse in das Bureau des Chefs und hatte das Glück, von Herrn Borsig empfangen und in ein längeres Gespräch gezogen zu werden. Er erklärte mir, daß er in sein Zeichenbureau nur solche Ingenieure aufnehme, die in den Werkstätten seiner Fabrik, insbesondere auch bei der Montage, gearbeitet haben. Er sei bereit, mich als Werkstättenvolontär mit Anwartschaft auf eine Stelle im Zeichenbureau eintreten zu lassen. Obwohl ich fest entschlossen war, nicht mehr auf meines Vaters Unterstützung zurückzugreifen, so mußte nach den vergeblichen Landungsversuchen der letzten beiden Monate dieses Angebot mir wie rettendes Land erscheinen. — Wiederum galt es nun, je in dunkler Nacht gegen Morgen aufzubrechen, um den weiten Weg von der Dessauer Straße bis zum Oranienburger Tor zurückzulegen, ehe um 6 Uhr die Fabrikmarke abgegeben sein mußte. Abends konnte nach zehnstündigem Stehen am Schraubstock ein Teil des Heimweges auf dem Hochsitze eines Omnibusses zurückgelegt werden. Die ganze Arbeitswoche aber war verklärt durch die Aussicht, am Sonntag — nach eifrigen Bemühungen um Beseitigung des Eisenstaubes aus der Haut der Hände und des Gesichtes — von Mittag bis Abend bei Grimms sein zu dürfen. Neben dem damals allein gewürdigten Glücke des Zusammenseins mit der Geliebten hatte das den erst später in seiner reellen Bedeutung erkannten Vorteil, daß ich dadurch einmal in der Woche zu einer vollständigen Mahlzeit kam. Noch ohne jede Kenntnis von hygienischen Bedürfnissen und von rationeller Ernährung glaubte ich durch genügende Aufnahme von Brot allein das Leben ohne jeden Nachteil fristen zu können. Wohl ging ich manchmal mit den Arbeitern in einen Keller zur Mittagsmahlzeit, aber die Kost und die Umgebung erregten bei mir solchen Widerwillen, daß ich auch da kaum etwas anderes als Brot zu essen vermochte. Morgens und abends machte ich mir zu Hause Tee und genehmigte mir gelegentlich etwas Butter zum Brote.

Es war mir am Schraubstocke die Bearbeitung von Gehängen zu den Sicherheitsventilen und von ähnlichen, einer exakten Ausführung bedürfenden, Gegenständen aufgetragen. Die volle Zufriedenheit des Meisters vermochte ich nur durch die Mithilfe eines sehr geschickten Nachbars zu erwerben, dem ich meinerseits dadurch mich nützlich machen konnte, daß ich zu einer winzigen Dampfmaschine, die er bauen wollte, ihm die Zeichnungen machte. So wurde ich nach wenigen Monaten in die Montagehalle versetzt, wo ich hauptsächlich beim Zusammenbau der Steuerungen Beschäftigung fand. Hier war die Arbeit weniger anstrengend und vielseitiger. Ich würde deshalb kein Verlangen nach baldiger Veränderung gehabt haben, hätte ich nur mein tägliches Brot dabei verdienen können. Gesteigert wurde der Wert meiner jetzigen Tätigkeit noch dadurch, daß — infolge eines für mich niemals aufgeklärten Umstandes — ich die den Volontären sonst niemals gewährte Vergünstigung erhielt, mehrere Lieferungen von Lokomotiven (nach Magdeburg, Frankfurt a. O. und Hamburg) zu begleiten, dabei den Fahrdienst kennen zu lernen, ja schließlich vier Eilzugmaschinen auf der Fahrt nach Hamburg selbst zu steuern.

Im August 1865 wurde ich in das Zeichenbureau aufgenommen mit einem monatlichen Anfangsgehalte von 16 Talern, welches am 1. Januar auf 20 Taler erhöht wurde. Durch diese Anstellung war zweifellos eine Grundlage für meine materielle Existenz gewonnen, und es hätte nahegelegen, nunmehr in der Borsigschen Lokomotivfabrik, welche eine der bedeutendsten und vornehmsten Unternehmungen auf dem Gebiete des Maschinenbaues darstellte, ruhig auf Avancement zu dienen, allein — abgesehen von der Geduld, welche der jahrelange Dienst am Zeichenbrette erfordert hätte — stand die Sehnsucht nach einer Stellung, welche in absehbarer Zeit die Möglichkeit der Begründung eines eigenen Hausstandes bieten würde, in starkem Gegensatze zu den Aussichten, welche hierzu hier bestanden. Als ich nach und nach erfuhr, wie langsam die Gehalte der Ingenieure wuchsen, so daß nach diesem Schema wohl ein Jahrzehnt zur Erreichung jenes Zieles erforderlich sein werde, da wurde mir klar, daß ich einen anderen Weg einschlagen müsse. Gegen Ende des Jahres fing ich an, nach solchem Wege zu suchen. Es zeigten sich auch bald einige Möglichkeiten. Mein Vater hatte mich auf eine Zeitungsnachricht aufmerksam gemacht, wonach eine neue Lokomotivfabrik in München unter der Leitung des seitherigen Maschinenmeisters Krauß der Nordostbahn in Zürich begründet werden solle. Ich schrieb an Krauß, bot ihm meine Dienste an, und zwar — unter dem starken Drange nach vorwärts — meine Dienste als Vorstand des technischen Bureaus. Wenn ich hierbei hinweisen durfte auf mein Studium in Zürich, auf meine Tätigkeit in den Werkstätten und im Zeichenbureau der ersten Lokomotivfabrik Deutschlands und auf einige Kenntnis des Fahrdienstes, so entsprach freilich die Art dieser vierfachen Lehrzeit in vollkommener Weise den Anforderungen an die theoretische und praktische Vorbildung des Bureauchefs, allein der Umfang dieser Vorbildung war in bezug auf den praktischen Teil so beschränkt, daß die Bewerbung immerhin als eine sehr kühne gelten mußte. So war ich nicht erstaunt darüber, daß mehrere Wochen ohne Antwort vergingen, und glaubte bald die Sache als abgetan betrachten zu müssen. Um so vielversprechender gestaltete sich eine andere Aussicht. Durch den Maschinenfabrikanten Feska in Berlin, bei dem ich infolge einer persönlichen Empfehlung mehrmals abends eingeladen war, erfuhr ich, daß eine Gesellschaft in Lemberg einen Ingenieur suche, der die technische Leitung einer auf Verwertung von Erdölquellen in den Karpathen gerichteten Unternehmung in die Hand nehmen sollte. Seiner Aufforderung entsprechend setzte ich mich mit Lemberg in Verbindung und erzielte bald Verständigung über die Pflichten und Rechte der Stellung. Noch fehlten Straßen, so daß durch vierstündigen Ritt von der nächsten Fahrstation aus die Baustelle zu erreichen war. Als erstes mußte der Betriebsleiter den Bau von Blockhäusern zu Wohnungen und Arbeitsstellen anfassen — wozu ich sofort Pläne entwarf. Eine wesentliche Aufgabe bestand sodann in Beschaffung der Einrichtungen zur Verarbeitung des Rohöls; ich machte mich an das Studium der einschlägigen Kapitel der chemischen Technologie. Ich erklärte mich schließlich zur Annahme bereit, wenn neben dem ansehnlichen Gehalte eine namhafte Gewinnbeteiligung zugestanden werde. Stand es doch für mich außer Zweifel, daß ich nicht eine Frau in die Karpathen führen, sondern nur aus den Karpathen heraus die Mittel holen könne, um damit in Deutschland ein Heim zu bauen. Anfang Februar erhielt ich ein Telegramm aus Lemberg, durch welches meine Bedingungen angenommen wurden mit der Aufforderung, möglichst bald dorthin zu kommen. Diesem Rufe würde ich sicherlich gefolgt sein, wenn nicht einen Tag vorher ein Brief von Frau Lübke eingelaufen wäre, in welchem nebenher erzählt wurde, sie sei Herrn Zeuner begegnet, und er habe ihr gesagt, daß aus München ein Gutachten über mich von ihm verlangt worden sei. Das konnte nur durch Krauß geschehen sein. Also war die Frage der Bureauchefstelle doch nicht aussichtslos, um so weniger, als Zeuner gewiß gut über mich gesprochen haben werde. Ich fuhr mit dem nächsten Zuge nach München. In Leipzig stieg ein kleiner, älterer Herr in mein Abteil. Einige kleine Dienstleistungen führten zu längerer Unterhaltung. Meine Frage, ob ihm etwas über die Errichtung einer neuen Lokomotivfabrik in München bekannt sei, verneinte er, sagte aber, daß ich hierüber bei seinem Schwager, dem Eisenbahnbaudirektor Dyck, Aufschluß erhalten könne, und gab mir seine Karte mit einem Worte der Einführung. Die Karte trug den Namen Franz Lachner. Anderen Morgens erhielt ich bei Herrn Dyck den Bescheid, die Begründung der Lokomotivfabrik sei noch nicht gesichert. Krauß sei noch Maschinenmeister in Zürich, sei aber heute zufällig hier und wohne in den „Vier Jahreszeiten". Dort fand ich denselben auch. Er setzte mir seine Pläne auseinander und erklärte sich bereit, mein Angebot anzunehmen, wenn die Gründung, an der hauptsächlich Augsburger Kapitalisten beteiligt seien, tatsächlich zustande komme, was innerhalb vierzehn Tagen sich entscheiden werde. Wir einigten uns über die äußeren Bedingungen um so leichter, als dieselben trotz ihrer Bescheidenheit für mich die Erfüllung allen Glückes zu gewährleisten schienen, während Krauß offenbar gerade mit Rücksicht auf geringere Aufwendungen meine Jugendlichkeit und etwaige Unreife in den Kauf nahm.

Gleichen Tages traf ich noch zum Besuche meiner Eltern in Kempten ein und beschrieb in einem Briefe nach Lemberg die ganze Sachlage, anheimgebend, ob dort die in vierzehn Tagen zu erwartende Entscheidung abgewartet oder sofort ein anderer Ingenieur engagiert werden wolle. Die Antwort lautete dahin, man wolle warten, da ich „ein tatkräftiger Mann" zu sein scheine, und bitte mich, eventuell einen Ersatzmann vorzuschlagen. Das ist dann meinerseits geschehen, und zwar mit sehr gutem Erfolge für die beiden Teile.

Sehnsüchtig wartete ich in Berlin auf Nachricht von Krauß. Am 20. Februar erhielt ich telegraphisch die Mitteilung, die Lokomotivfabrik sei gegründet; ich möge baldmöglichst in Zürich eintreffen, wo ich die Pläne für die Einrichtung der Lokomotivfabrik entwerfen solle. Nunmehr erhielt ich von Helenes Eltern die Erlaubnis, sie um ihr Jawort zu bitten, und am 26. Februar fand unsere Verlobung statt. Schon am 1. März machte ich mich auf den Weg nach Zürich.

5. Lokomotivfabrik Krauß & Co. (1866 – 1868.)

Den Plan für die in München zu errichtenden Gebäude fand ich bereits vor. Gleichzeitig mit mir traf der Baumeister Del Bondio ein zum Abschluß über deren Ausführung. Das Baugelände an der Westseite des Marsfeldes mit Bahnanschluß war schon erworben. Ich erhielt genaue Angaben über alle Werkzeugmaschinen und sonstigen

Einrichtungen, welche die Werkstätten aufnehmen sollten. Meine Aufgabe war es zunächst, den Dispositionsplan für die Kraftanlage, für die Transmissionen und für die Verteilung der Arbeitsmittel und Arbeitsstellen zu entwerfen. Die Knappheit des zur Verfügung stehenden Gesellschaftskapitals legte überall die äußerste Sparsamkeit auf, sowie die Beschränkung auf die unerläßlichen Bestandteile der zum Lokomotivbau erforderlichen Fabrikationsmittel — Schmiede, Schlosserei, Dreherei, Montagehalle und Lackiererei, neben dem Verwaltungsgebäude und den Wirtschaftsräumen. Auf Gießerei, Kesselschmiede und anderes wurde von vornherein verzichtet. Krauß hat ein technisch-ökonomisches Meisterwerk dadurch geliefert, daß er mit so geringen Mitteln den Betrieb seiner Lokomotivfabrik zu eröffnen und bis zum Eintritte des Gleichgewichtes zwischen Ausgaben und Einnahmen durchzuführen vermochte.

Eine erste Bestellung von zwei Lokomotiven für die Oldenburgische Bahn hatte Krauß bei meiner Ankunft bereits in Händen, und bald erschien der Maschinenmeister dieser Bahn, um die Einzelheiten zu besprechen. Diese Bestellung, wie überhaupt die ganze Unternehmung einer neuen Lokomotivfabrik war darauf begründet, daß Krauß in den Werkstätten der Schweizerischen Nordostbahn eine Anzahl von Lokomotiven gebaut bzw. zusammengestellt hatte, welche eine neue Bauart darstellten*).

Die nach diesen Ideen gebauten Lokomotiven hatten nun die bezüglich ihrer Leistungsfähigkeit, Dauerhaftigkeit und Ökonomie gehegten Erwartungen so völlig erfüllt, daß für ihn und Andere die ausgiebige Verwertung dieses Erfolges nahelag. Bekanntlich hat dann auch die konsequente Verfolgung dieser Grundsätze zu beträchtlicher Ausbreitung seiner insbesondere für Kleinbahnen sehr wertvollen Bauart geführt.

*) Georg Krauß hatte nach dem Besuche der polytechnischen Schule in seiner Vaterstadt Augsburg sich dem Eisenbahnmaschinenwesen gewidmet und war nach siebenjährigem Dienste als Lokomotivführer und Obermaschinist in Bayern dem Rufe der schweizerischen Bahnverwaltung zur Leitung ihres Maschinendienstes gefolgt. Hier hatte er sich nicht auf die ihm zunächst zugewiesene Aufgabe der Beschaffung und Unterhaltung des rollenden Materials beschränkt, sondern war dazu übergegangen, auf Grund seiner reichen praktischen Erfahrungen die schöpferischen Verbesserungsideen zur Verwirklichung zu bringen, zu welchen er in der Überzeugung gelangt war, daß durch rationellere Verwendung des Materials das Verhältnis der Leistung zum Dienstgewichte der Lokomotiven sich wesentlich steigern lasse. Insbesondere erreichte er durch die Ausgestaltung des Rahmenbaues zu geschlossenem Wasserkasten die Herstellung von Tenderlokomotiven von verhältnismäßig sehr weitem Aktionsradius und unter Beseitigung des „toten" Tendergewichtes die Ausnutzung des gesamten Dienstgewichtes für die Adhäsion.

Die mir von der Arbeit freibleibende Zeit wurde natürlich zu einem gewissen Teil für die Korrespondenz mit meiner Braut, dann auch zum Verkehre mit den alten Freunden verwendet. Leider war Lübke bei meiner Ankunft schon auf dem Sprunge, seine Tätigkeit nach Stuttgart zu verlegen*), und auch Billroths bereiteten ihre Übersiedelung nach Wien vor. Bei Billroths lernte ich Johannes Brahms kennen, der den ganzen Sommer auf dem Zürichberg wohnte. Auch kam ich in regelmäßigen Verkehr mit dem Ehepaar Eiser aus Frankfurt und mit Theodor Kirchner. Brahms brachte öfters Kompositionen mit, die er sich von Kirchner vorspielen ließ. An Sonntagen wurden mancherlei gemeinsame Ausflüge gemacht, und an trüben Tagen diente ich als Vorleser meist Kellerscher Werke. Leider habe ich nach meinem Abgang von Zürich die Fühlung mit diesem Kreise ganz verloren.

Im Juni fingen die politischen Nachrichten an uns zu beunruhigen. Der zwischen Preußen und Österreich entstandene Konflikt drohte zum Bruderkriege zwischen allen deutschen Stämmen zu führen. Der Gedanke an die traurigen Folgen eines etwaigen langen und die Kräfte Deutschlands aufzehrenden Krieges bedrückte uns und erfüllte uns mit Unwillen gegen den Urheber Bismarck. Als tatsächlich die Kriegserklärung erfolgt war, erbat ich Urlaub zu einer Reise nach Berlin. Am Vorabend dieser Reise traf ich beim Abendessen in einem Bierlokale mit Professor Christoffel zusammen. Es nahmen dann noch Semper und Gottfr. Keller an unserem Tische Platz, und es wurden die durch den Krieg eröffneten Aussichten eingehend besprochen. Da legte uns Christoffel mit großer Bestimmtheit und Klarheit dar, daß die quantitativen und qualitativen Heeresverhältnisse der beiden Parteien mit voller Sicherheit einen raschen Sieg Preußens verbürgen und die Einheit Deutschlands unter preußischer Führung zur Folge haben würden. So überzeugend war der Eindruck seiner Rede, daß ich — obwohl als Bayer zur Gegenpartei gehörend — mich innerlich vollständig in die Richtung der Bismarckschen Ziele einstellte und nunmehr mit Ruhe den Ereignissen entgegensah. Als Gottfr. Keller hörte, daß ich anderen Tages nach Berlin reisen wolle, frug er mich, ob ich denn einen Paß habe, und nach meiner Verneinung erbot er sich, morgen früh vor Abgang meines Zuges in seinem Bureau — er war „Staatsschreiber" des Kantons Zürich — mir einen solchen auszustellen.

---

*) Von dem Abschiedsfeste für Lübke ist mir der Wortlaut im Gedächtnis geblieben, mit welchem Gottfried Keller seine Tischrede einleitete: „Einfach, aber niedlich, sagte der Teufel, als er sich den Schwanz erbsengrün anstrich, womit er bekundete, daß er Künstler und Kunstkritiker in einer Person war".

In Mannheim hörte zunächst die Eisenbahnverbindung auf. Mit Dampfboot erreichte ich Köln und daselbst den ersten Zug, welcher nach mehrtägiger Unterbrechung für Berlin abgelassen wurde. Am Morgen des 20. Juni konnte ich an ihrem Geburtstage meine Braut begrüßen. Ich blieb in Berlin bis zum 3. Juli, dem Tage von Königgrätz.

Die Bauarbeiten in München waren durch den Krieg nicht unterbrochen worden. Sie sollen dort in diesem Sommer das einzige größere Bauobjekt gewesen sein. Immerhin konnte nur die Schnelligkeit der Entscheidung auf dem Kriegsschauplatze es ermöglichen, daß keinerlei Stillstand in der Durchführung der Kraußschen Unternehmung eintrat. Anfang August siedelten wir von Zürich nach München über, und bald konnte mit der inneren Einrichtung der Werkstätten begonnen werden.

Am 17. September durfte ich in Kempten Hochzeit feiern. Der Wohnort meiner Eltern wurde hierzu gewählt, weil meine Schwiegereltern von Berlin (wohin die Cholera eingeschleppt worden war) abzureisen und ihren Urlaub in der Schweiz zu verbringen wünschten. Unsere achttägige Hochzeitsreise führte uns zum ersten Male nach Berchtesgaden.

Unser bescheidenes Heim in München war noch kaum eingerichtet, als mir die große Freude zuteil wurde, Fr. Th. Vischer als unseren ersten Tischgast begrüßen zu dürfen.

Nunmehr nahm in München die normale Arbeit des technischen Bureaus ihren Anfang, also die Herstellung der Konstruktionszeichnungen für die bestellten Lokomotiven mit den dazu gehörenden Berechnungen, sowie die Zusammenstellung des erforderlichen Materials. Zu den ersten Gehilfen, welche mir zugeteilt waren, gehörten die Herren A. Krumper (nachmals Oberingenieur der Maschinenfabrik Augsburg), Finckh (der jetzige Leiter der Filiale Sendling) und Stocker (der spätere Maschinenmeister der Gotthardbahn). Unsere Arbeiten standen unter energischer Behauptung der Grundsätze, von welchen Krauß ausgegangen war. Sein Bestreben nach Gewichtsverminderung bei allen Bestandteilen der Lokomotive wurde mit einer Konsequenz festgehalten, welche dem Werkmeister und mir oft über das zulässige Maß hinauszugehen schien. Wenn Herr Krauß gelegentlich durch den Zeichensaal ging und einzelne Arbeiten betrachtete, so geschah es wohl, daß er vernichtende Kritik übte auch da, wo genau nach meinen Angaben verfahren war. Ich bat ihn zu bedenken, daß er mir dadurch die Erfüllung meiner Aufgabe in unerträglicher Weise erschwere. Er gab mir recht und beschränkte sich fernerhin darauf, sich persönlich nur gegen mich auszusprechen, wenn ich ihm die fertigen Zeichnungen vorlegte. Jedenfalls war ich in dieser Zeit als Geselle in der Schule eines ausgezeichneten Meisters, dem ich viel zu verdanken habe. Waren es übrigens im allgemeinen die Kraußschen Gedanken, in deren Dienst ich meine Arbeit zu stellen hatte, so gab es doch Gelegenheit zur Verwirklichung eigener Ideen. So führte ich zur Verminderung der Biegungsmomente und Massendrücke bei Trieb- und Kuppelstangen den doppel-T-förmigen Querschnitt an Stelle des bis dahin üblichen rechteckigen ein. So naheliegend dieser Fortschritt war und so sicher andere demnächst dasselbe getan hätten, so denke ich immer noch beim Anblicke einer Lokomotive mit Vergnügen daran, daß ich im Jahre 1866 der erste gewesen bin. Lebhaft beschäftigte mich u. a. die Frage, ob für die Hemmung der Lokomotiven und Eisenbahnzüge nicht vollkommenere Mittel beschafft werden könnten als die damaligen Bremseinrichtungen. Insbesondere dachte ich an die Gewinnung der freiwerdenden Arbeit auf langen Gefällstrecken. So entstand unsere „Dampfrepressionsbremse", „bei welcher das Blasrohr gegen außen durch einen Kreisschieber abschließbar gemacht und durch einen zweiten Kreisschieber mit dem Kessel in Verbindung gebracht wurde, so daß der Dampf durch die gewöhnliche Leitung für die Ausströmung in die Zylinder den Kolben entgegen einströmt, wobei aber natürlich die Verteilungsschieber belastet werden müssen, da sie den Kesseldruck von unten erleiden". Durch einen Hebelgriff wurde so erreicht, daß den Kolben fast auf ihrem ganzen Wege Volldruck entgegengestellt und ein Maximum von hemmender Wirkung erzielt und in Form von Wärme dem Kessel zugeführt wurde. Die Einrichtung gelangte zur Ausführung, und es sind auf der Strecke München—Salzburg Probefahrten gemacht worden, über deren befriedigendes Ergebnis Bauschinger an Hand von Indikatordiagrammen einen Bericht veröffentlicht hat. Zu einer allgemeineren Einführung ist es indessen nicht gekommen, und die Frage hat nach Ausbildung der zentralen Luftdruckbremsen ihre Bedeutung verloren. In einer Monographie*) habe ich meine Studien über den Gegenstand und die Beschreibung und Besprechung der von mir vorgeschlagenen Einrichtung veröffentlicht. Nachdem Zeuner in seinem Werke über die Schiebersteuerungen darauf verwiesen hatte, wurde die Schrift auch ins Englische übertragen.

*) Über einige Methoden zum Bremsen der Lokomotiven und Eisenbahnzüge, insbesondere über die Dampfrepressionsbremse. München 1868.

Anfang März 1867 war unsere erste Lokomotive fertiggestellt und sollte zur **Weltausstellung nach Paris** abgehen. Ich übernahm es, Transport und Aufstellung zu leiten, und ließ mich durch einen jungen Werkstättenvolontär bestimmen, ihn nach Paris (wo er gerne nebenbei Verwandte besuchen wollte) statt eines ordentlichen Monteurs mitzunehmen. In mehr als 20stündiger Fahrt auf dem Führerstande unserer in einen langen Güterzug eingekeilten Lokomotive wurde bei schneidender Kälte Straßburg erreicht, wo es galt, eine rasche Zollbehandlung durchzusetzen, und weiterhin ging es in 40stündiger Fahrt, für welche in einem Güterwagen wenigstens ein Strohlager sich einrichten ließ, nach Paris. Ich hatte den jungen Menschen bei der vorschriftsmäßigen Begleitung der Lokomotive nicht allein lassen wollen und stand noch in dem glücklichen Alterszustande, dem die Unbequemlichkeiten solcher Reise gleichgültig sind. In Paris machte es nicht geringe Mühe, die Lokomotive vom Ostbahnhofe bald nach dem Ausstellungsgelände und an diejenige Geleisestelle zu bringen, welche ihrem Aufstellungsorte nahe war. Das elliptische Hauptgebäude war nach dem Plane angelegt, daß in konzentrischen Zonen die verschiedenen Arbeitsgebiete und in radialen Zonen die verschiedenen Ländergebiete vereinigt waren. Meine Aufgabe war es nun, unsere Maschine von dem konzentrischen Eisenbahngeleise unter Drehung um einen rechten Winkel auf ein radiales Geleisestück zu bringen, für welches ich mit einigen Tagelöhnern die Schwellen einbettete und die Schienen befestigte. Es war für das Versetzen der schweren Maschinen wohl ein großer Wagenkran zur Verfügung, dessen Dienste ich aber wegen des mir unannehmbar hoch erscheinenden Preises ablehnte. Mit meinen Tagelöhnern und einigen Handwinden unternahm ich es, über den alle Rohrleitungen enthaltenden Kanal hinweg die Lokomotive zu heben und zu drehen, was nicht ohne beträchtlichen Müheaufwand gelang. Weitere Schweißtropfen wurden vergossen zur Beseitigung kleiner Havarien, welche unsere Maschine seit ihrem Abgang aus den Werkstätten in München unterwegs erlitten hatte, und gerade rechtzeitig vor der feierlichen Eröffnung der „großen“ Ausstellung stand sie fertig an ihrem Platze. Ich sah den Kaiser Napoleon mit seiner schönen Gemahlin auf dem Rundgange vor der süddeutschen Maschinengruppe haltmachen und eine Anrede des Präsidenten Steinbeis entgegennehmen. Zwischen den Lokomotiven von Maffei, von Eßlingen und von Karlsruhe stellte sich die kleine Kraußsche Maschine zunächst recht unscheinbar und beinahe dürftig dar. Unter den Sachverständigen aber erweckte sie mehr Aufmerksamkeit als ihre

Der Neubau des Eidgen. Polytechnikums Zürich (der heutigen ETH) wurde 1864 von Gottfried Semper vollendet. Semper hatte 1855 einen Zürcher Lehrauftrag für Architektur erhalten. Sein bekanntestes Werk ist das Opernhaus in Dresden (zu S. 12)

In Zürich bewohnte C. Linde ein Zimmer im 3. Stock des Hauses Plattenstr. 52. Im 2. Stock lag die Wohnung des Chirurgen Th. Billroth, des bekannten Freundes von Johannes Brahms (zu S. 13ff., S. 23)

Friedr. Theod. Vischer

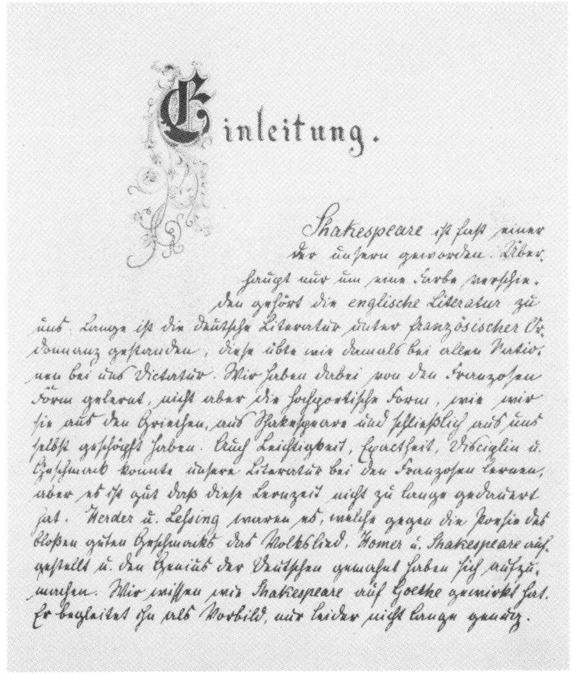

Einleitung.

Shakespeare ist fast einer der unsern geworden. [illegible] nur um eine Farbe verschieden. Er gehört die englische Literatur zu uns. Lange ist die deutsche Literatur unter französischer [illegible]dominanz gestanden, diese übte wie damals bei allen [illegible] auch bei uns Dictatur. Wir haben dabei von den Franzosen Form gelernt, nicht aber die hochpoetische Form, wie wir sie aus den Griechen, aus Shakespeare und schließlich aus uns selbst geschöpft haben. Auch Leichtigkeit, Feinheit, Disciplin u. Geschmack konnte unsere Literatur bei den Franzosen lernen, aber es ist gut daß diese Lernzeit nicht zu lange gedauert hat. Herder u. Lessing waren es, welche gegen die Poesie des bloßen guten Geschmacks das Volkslied, Homer u. Shakespeare aufgestellt u. den Genius der Deutschen gemahnt haben sich aufzuraffen. Wir wissen wie Shakespeare auf Goethe gewirkt hat. Er begleitet ihn als Vorbild, aber leider nicht lange genug.

Vischer las in Zürich von 1855 bis 1866 über Deutsche Literatur u. verwandte Gebiete. Seine Vorlesungen über Shakespeares Dramen hat C. Linde mitstenographiert und später in einer mit Initialen verzierten Abschrift seinen Schwiegereltern geschenkt. (Zu S. 13)

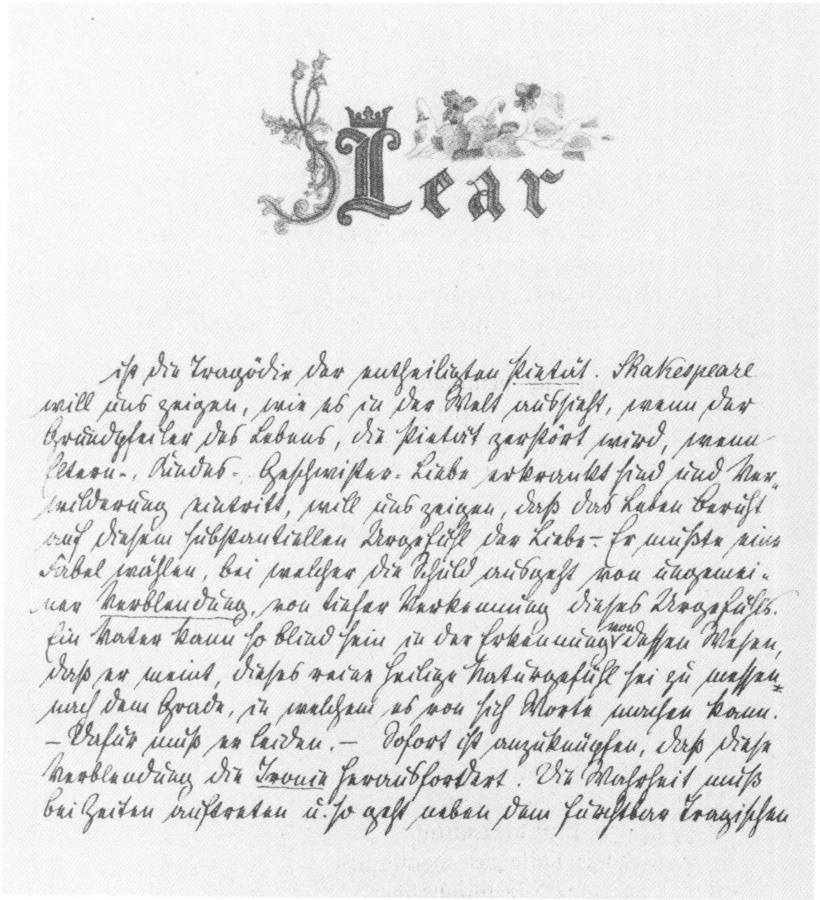

Lear

ist die Tragödie der entheiligten Pietät. Shakespeare will uns zeigen, wie es in der Welt aussieht, wenn der Grundpfeiler des Lebens, die Pietät zerstört wird, wenn Eltern-, Kindes-, Geschwister-Liebe erkaltet sind und Verwilderung eintritt, will uns zeigen, daß das Leben beruht auf diesem substantiellen Grundpfeiler der Liebe. Er mußte eine Fabel wählen, bei welcher die Schuld ausgeht von ungemeiner Verblendung, von dieser Verkennung dieses Grundsatzes. Ein Vater kann so blind sein in der Verkennung des wahren Wesens, daß er meint, dieses reine heilige Naturgefühl sei zu messen nach dem Grade, in welchem es von sich Worte machen kann. — Dafür muß er leiden. — Sofort ist anzuerkennen, daß diese Verblendung die Ironie herausfordert. Die Wahrheit muß bei Zeiten auftreten u. so geht neben dem furchtbar Tragischen

Erste Seite der Vischer'schen Vorlesung über »König Lear« in C. Lindes Abschrift. (Zu S. 13)

stattlicheren Nachbarinnen, und die Jury erkannte ihr die große Goldene Medaille zu. Heute steht sie, nachdem sie damals preisgekrönt von Paris nach Oldenburg gegangen war und dort bis zum Jahre 1900 ununterbrochen Dienst getan hat, im Deutschen Museum zu München als ein Meisterwerk deutscher Technik und Erstling einer weitverbreiteten Gattung und als Denkmal für ihren Urheber.

Bei meiner Rückreise nach München holte ich in Kempten meine Frau ab, wobei mein Vater auf einen Zeitungsbericht über die beabsichtigte **Errichtung einer technischen Hochschule** in München hinwies in Erinnerung an die früher von mir geäußerte Meinung, daß die Tätigkeit eines akademischen Lehrers den Gipfel des beruflichen Daseins darstelle. Zur Besteigung eines solchen Gipfels, meinte er, könnte sich vielleicht da eine Gelegenheit bieten. Um nichts zu unterlassen, machte ich denn auch in München dem Referenten für das technische Schulwesen, Herrn Ministerialrat Messerschmidt, einen Besuch, um Auskunft über die geplante Organisation zu erbitten. Als ich schüchtern andeutete, daß ich gegebenenfalls an Bewerbung um eine Lehrerstelle dächte, fuhr er gegen mich los mit der Frage, wie alt ich denn sei und ob es „dem noch nicht 25jährigen" bekannt sei, daß schon zur Erlangung einer Gewerbeschullehrerstelle ein schweres Staatsexamen abzulegen sei! Das amtliche Entsetzen des alten Herrn war so komisch, daß ich belustigt aufstand und für die Orientierung dankte. Mein Vater, dem ich über dieses Ergebnis berichtete, empfahl mir, den ihm bekannten Oberbaudirektor v. Pauli aufzusuchen, und dieser schickte mich zu Professor Bauernfeind, der als Organisator der technischen Hochschule ins Auge gefaßt sei. Meine Erzählung von dem Besuche bei Ministerialrat Messerschmidt machte Herrn Bauernfeind sichtlich Vergnügen, was sich nachher aus dem Gegensatze erklärte, in dem letzterer zu den bureaukratischen Gepflogenheiten des ersteren stand. Neuerdings hatte der weitsichtige Handelsminister Schlör verfügt, daß Bauernfeind in unmittelbarem Verkehr mit ihm die Grundlagen für die neue Hochschule ausarbeiten solle. Diesem war es erwünscht, über die Zürcher Einrichtungen sich mit mir zu unterhalten, insbesondere auch über die Teilung des Unterrichtes an der mech.-technischen Abteilung in theoretische Maschinenlehre und Maschinenbaukunde, wie sie nach Redtenbachers Tode auch in Karlsruhe eingeführt war. Wenn ich dabei von einer Hoffnung auf den Lehrstuhl für theoretische Maschinenlehre sprach, so geschah es unter der ausdrücklichen Voraussetzung, daß es nicht gelingen sollte, einen der beiden berühmten Vertreter dieses Faches, Zeuner oder Grashof, zu gewinnen. Außer diesen beiden sei mir niemand bekannt, neben dem ich nicht als Bewerber auftreten könne. Ich war sehr erfreut, volles Verständnis für meine Auffassung zu finden. Immerhin würde es erforderlich sein, sagte Bauernfeind, die Vortragsbefähigung vorher nachzuweisen. Da die Hochschule erst im Herbste 1868 eröffnet werden solle, so empfahl er mir, an der Ingenieurschule als Privatdozent Vorträge zu halten. Hierauf ging ich gerne ein und unternahm bereits im Sommersemester 1867 einen Zyklus von Vorträgen über Lokomotivbau und im Sommer 1868 einen solchen über mechanische Wärmelehre. Da mir bei dem ersteren für den theoretischen Teil Zeuners Kollegienheft, für den praktischen Teil aber eigene Erfahrung zur Verfügung stand, so gewährte mir derselbe volle Befriedigung und fand auch das ungeteilte Interesse der Zuhörer. In geringerem Maße war dies bei den Vorträgen über Wärmemechanik der Fall, für welche ich kaum die nötige Reife besaß. Bauernfeind hat mir später erzählt, daß er im Sommer 1867 von seinem, dem Hörsaale benachbarten Arbeitszimmer aus bei angelehnter Türe mir zugehört habe.

Alle diese Schritte hatte ich natürlich mit Zustimmung des Herrn Krauß unternommen, und er hatte die Güte mir zu sagen, daß ich nicht bloß bis zu einer etwaigen Berufung sondern auch noch später meine Stelle offen finden solle, wenn ich dahin zurückkehren wolle.

6. Hochschullehrer in München. (1868—1879.)

Unter dem 24. August 1868 unterzeichnete der Minister ein Dekret, durch welches mir die Ernennung „zum außerordentlichen Professor der Maschinenlehre an der polytechnischen Schule in München mit einem Jahresgehalte von 1000 Gulden" eröffnet wurde. Meine Anfrage bei Bauernfeind, wie es mit der „Funktionszulage" stehe, welche mir zu ungefährem Ausgleiche auf mein seitheriges Einkommen von ihm in Aussicht gestellt worden war, fand die Antwort, alle Anträge auf Funktionszulagen seien vom Minister abgelehnt worden, worauf ich um achttägige Bedenkzeit bat, um zu überlegen, ob ich angesichts meiner Pflichten gegen Frau und zwei Kinder die Stelle annehmen könne. Nach Beratung mit meinem Schwiegervater entschloß ich mich doch hierzu mit dem festen Vorsatze, durch Übernahme von Nebenaufgaben das Fehlende zu verdienen. Eine erste Gelegenheit bot sich durch einen Chemiker, der Privatunterricht suchte, um einen Überblick über die maschinellen Einrichtungen der Fabrik zu gewinnen, in welche er eintreten wollte. Als dann der Polytechnische Verein sein mit dem neuen Namen „Bayerisches Industrie- und Gewerbe-Blatt“ erscheinendes Organ auf eine höhere Stufe zu stellen bemüht war, übernahm ich mit meinem Kollegen Stölzel die Redaktion dieses Blattes. Da ich für meinen (den mechanisch-technischen) Teil von dem Grundsatze ausging, nur Originalarbeiten aufzunehmen, so war ich bald genötigt, einen erheblichen Teil des Manuskriptes selbst zu schreiben. Dabei machte ich „gegenüber der Tatsache, daß die technischen Journale noch kaum den Versuch gemacht haben, die Resultate der mechanischen Wärmelehre nutzbar zu machen“, es mir zur Aufgabe, „die Erscheinungen auf dem Gebiete der Wärmekraftmaschinen an Hand der Wärmelehre gemeinfaßlichen Besprechungen zu unterziehen“. In diesem Sinne schrieb ich u. a. die Abhandlungen über „Luftdampfmaschinen“ (eine damals vielbesprochene, aber ephemere Erscheinung), sodann „über die Ausführbarkeit von Dampfturbinen“ (wobei ich das später von Parsons durchgeführte Prinzip der vielfachen Teilung des Temperaturgefälles aufstellte), ferner den Bericht über sechstägige Versuche an der ersten großen Sulzerschen Ventildampfmaschine (welcher Bericht zur Folge hatte, daß ich vielfach als Sachverständiger zur Durchführung von Expertisen herangezogen wurde), vor allem aber die beiden Abhandlungen, welche den Ausgangspunkt zu meiner Hauptlebensarbeit gebildet haben und auf welche ich eingehender zurückkommen werde, nämlich 1. „Wärmeentziehung bei niedrigen Temperaturen durch mechanische Mittel“ und 2. „Verbesserte Eis- und Kühlmaschine“.

Als im Sommer 1870 der Deutsch-Französische Krieg ausbrach, konnte ich zwar nicht als Heeresangehöriger in Betracht kommen, da ich noch vor Einführung der Berechtigung zum Dienst der Einjährig-Freiwilligen „wegen hochgradiger Kurzsichtigkeit“ als untauglich erklärt war. Ich stellte mich aber für den Sanitätsdienst zur Verfügung und begleitete einen der ersten Lazarettzüge, der acht Tage nach der Schlacht bei Wörth daselbst deutsche und französische Verwundete aufnahm. Zu einer Wiederholung ist es aber wegen des Zudranges von Mitbewerbern für diese Tätigkeit nicht gekommen.

In meinen Lehrauftrag an der Hochschule war neben der theoretischen Maschinenlehre auch die Abhaltung von Vorträgen über Spinnerei und Weberei für Maschineningenieure und Zollamtskandidaten aufgenommen, da noch kein Dozent für mechanische Technologie ernannt war, und im zweiten Jahre wurde mir noch eine dreistündige Vorlesung über Allgemeine Maschinenlehre für Bauingenieure und Architekten auferlegt, so daß ich wöchentlich zwölf Stunden zu lesen hatte. Da alle diese Vorträge eine gründliche Vorbereitung erforderten, so waren selbstverständlich hierdurch und durch die eben bezeichneten Nebenaufgaben meine Kräfte auf das äußerste angespannt. Auch konnte dieses Übermaß nicht lange Zeit ungestraft bleiben. Als ich im Winter 1871-72 nach Niederlegung der Redaktion des Bayer. Ind. u. Gewerbeblattes die Bearbeitung zweier Kapitel zu Heusinger von Waldeggs Handbuch der Eisenbahnkunde übernommen hatte und mich in das Kapitel über „Mechanische Wirkungen der Wärme" vertiefte, beging ich den Fehler, daß ich die Aufnahme der von mir entwickelten „Zustandsgleichung" (in der später von van der Waals gegebenen Form) durchsetzen wollte, obwohl die zu ihrer Bestätigung erforderliche Ausrechnung der Konstanten nicht gelang. Endlose Zahlenreihen wurden mit Hilfe der Rechenmaschine (meist in den Nachtstunden) aufgestellt und verworfen. Schließlich mußte ich den Kampf aufgeben, und als ich zu Beginn der Osterferien meine Familie zum Besuche bei den Großeltern nach Berlin begleitet hatte, brach ich dort zusammen und lag vierzehn Tage unbeweglich mit kalten Umschlägen über der Stirne zu Bett. Als ich aufstehen konnte, erklärte der Arzt, es sei unerläßlich, daß ich längere Zeit hindurch jede geistige Anstrengung meide. So war ich gezwungen, für das kommende Sommersemester Urlaub zu erbitten, und wir beschlossen, den Sommer in Berchtesgaden zuzubringen, da neben der Arbeitsruhe der Aufenthalt und die Bewegung in frischer Luft das Heilmittel bilden sollten. In der Tat war dasselbe von bestem Erfolge, und nachdem ich noch sechs Wochen auf dem Obersalzberge (in dem dort eben eingerichteten ersten Häuschen zur Aufnahme von Fremden) zugebracht hatte, konnte ich im Herbst im Vollbesitze des früheren Kräftezustandes nach München zurückkehren.

Während dieser Zeit hatte mich stetig die Sorge bedrückt, daß die Notwendigkeit einer so frühzeitigen Unterbrechung der Lehrtätigkeit der Entwickelung meiner akademischen Laufbahn Abbruch tun müsse. Wenn auch durch ein neues Gehaltsregulativ im Frühjahre eine Aufbesserung meiner Bezüge eingetreten war, so erschien doch eine wesentlichere Änderung nötig, wenn ich nicht wieder zu aufreibendem Nebenverdienste greifen sollte. Während es mir nunmehr ausgeschlossen erschien, daß eine solche Veränderung bald durch einen Ruf nach einer anderen Hochschule erfolgen könne, geschah es, daß noch vor Beginn des Wintersemesters mir aus Darmstadt die Mitteilung zuging, das Kollegium der mech.-technischen Abteilung der dortigen Hochschule habe mich als ordentlichen Professor der Maschinenlehre vorgeschlagen. Ende November traf Direktor Sonne in München zu Verhandlungen mit mir ein, und einige Tage vor Weihnachten verlangte das Großherzogliche Ministerium eine endgültige Erklärung von mir, da es im Begriffe sei, dem Großherzog meine Ernennung zu unterbreiten. Als ich nun unserem Direktor Bauernfeind darlegte, daß ich aus Rücksicht auf meine Familie genötigt sei, dem sehr vorteilhaften Rufe zu folgen, verlangte er Angabe der Bedingungen, unter welchen ich bereit sein würde, in München zu bleiben, und erklärte die Gewährung dieser Bedingungen (Ernennung zum ordentlichen Professor mit einem das normale Gehalt übersteigenden Einkommen) bei unserem Ministerium befürworten zu wollen. Der Minister v. Lutz empfing mich dann mit der erfreulichen Mitteilung, es bleibe ihm nach dem Berichte des Direktors nichts anderes übrig, als bei dem Könige die Erfüllung meiner Wünsche zu beantragen. Wegen der Dringlichkeit einer Antwort nach Darmstadt habe er bereits durch einen Kurier das Ernennungsdekret nach Hohenschwangau geschickt. Am 24. Dezember wurde mir dasselbe mit der königlichen Unterschrift zugestellt, und ich konnte es abends meiner Frau auf den Weihnachtstisch legen.

Damit war eine Periode abgeschlossen, in welcher mein Berufsleben unter dem Zwange der Sorge um das tägliche Brot schwer gelitten hatte. Die Besserung war nicht bloß durch Erhöhung meines Gehalts auf das Mehrfache und durch eine neue Regelung der Kollegiengelder herbeigeführt, sondern gleichzeitig wurde ich dadurch entlastet, daß nunmehr unter Berufung Hoyers ein eigener Lehrstuhl für mechanische Technologie errichtet wurde, so daß ich nicht mehr über Spinnerei und Weberei vorzutragen hatte. Da Hoyer mir dann auch die Vorlesung über Allgemeine Maschinenlehre abnahm, so konnte ich mich vollständig auf mein eigentliches Lehrfach, die Theoretische Maschinenlehre, konzentrieren und zu einer freieren Durchdringung ihres Inhaltes gelangen, während ich bis dahin mich wesentlich an die Zeunerschen Kollegienhefte gehalten hatte, woran ich übrigens in bezug auf die Theorie der Turbinen bis zuletzt festgehalten habe. Für das Gebiet der Wärmekraftmaschinen hatte meine ganze bisherige Tätigkeit mir das Material zu eigener Gestaltung geliefert. Die Theorie der Kältemaschinen wurde von mir erstmals dem Lehrgebiete einverleibt. Sowohl bei Behandlung des allgemeinen Teiles über die dynamischen Bewegungsverhältnisse der Maschinen und über ihre Regulierung als auch bei meinen Vorträgen und Übungen in thermodynamischer Richtung suchte ich die graphischen Methoden möglichst auszubilden. Noch existiert in der Sammlung für Maschinenlehre eine Tafel, auf welcher ich die Ergebnisse der vorerwähnten Versuche an der Salzerschen Ventildampfmaschine durch ein „Entropie-Diagramm" dargestellt habe — eine damals noch unbekannte Methode, welche inzwischen eine große Bedeutung gewonnen hat. Ich bemühte mich auch in weitergehender Weise, dem theoretischen Unterrichte neben der üblichen mathematischen Behandlung des Lehrstoffes einen praktischen Anschauungs- und Übungsunterricht hinzuzufügen. Den erst zwei Jahrzehnte später allgemein von den übrigen technischen Hochschulen aufgenommenen Gedanken, in Maschinenlaboratorien eine solche Mitarbeit der Studierenden zu ermöglichen, habe ich damals schon verwirklicht. In einer Denkschrift an das Ministerium wies ich darauf hin, wie wichtig und fruchtbar es erscheine, die angehenden Maschineningenieure mit den Methoden zur Untersuchung der Arbeitsvorgänge in den Maschinen vertraut zu machen und die Theorie dieser Arbeitsvorgänge durch unmittelbare Anschauung lebendig zu gestalten. Der Umstand, daß ich in der Handhabung des mathematischen Werkzeugs nicht die nötige Freiheit erlangt hatte, legte es mir nahe, die physikalisch-technische Seite stärker zu betonen, und ich hoffe, daß meine Schüler hierdurch einen Ersatz für jenen Mangel empfangen haben. Jedenfalls habe ich — ob verdient oder unverdient — bezüglich meiner Lehrtätigkeit nie ein anderes Urteil als das einer freundlichen Anerkennung zu hören bekommen. Der Erfolg meiner Denkschrift — die Bewilligung von 70000 Gulden — setzte mich in den Stand, das erste Maschinenlaboratorium zu bauen und so einzurichten, daß ich und nach meinem Abgange Schröter noch bis zum Neubau im Jahre 1912 erfolgreich darin lehren und arbeiten konnte. Schüchtern (in Besorgnis vor Ablehnung solcher Bestrebungen) hatte ich als Aufgabe des Laboratoriums auch die Ausführung von Forschungsarbeiten genannt.

In dieser Richtung unternahm ich die Feststellung des physikalischen Verhaltens der überhitzten Wasserdämpfe, wobei ich von der Überlegung ausging, daß die Lösung dieser Aufgabe nicht in den mikrophysikalischen Laboratorien der Physiker, sondern nur in größerem Maßstabe und mit den Mitteln zur Bewältigung technischer Schwierigkeiten möglich sei, wie ja auch das Verhalten der gesättigten Dämpfe nur einem technisch gebildeten und in technischem Maßstabe arbeitenden Physiker wie Regnault gelungen war*). Die Vorversuche (mit atmosphärischer Luft) hatten die Brauchbarkeit der Methode und des Apparates erwiesen, als die Zeit meines Abganges von München herankam. Erst nach einigen Jahrzehnten wurden die Versuche in dem Laboratorium für Technische Physik (von dem ich später sprechen werde) mit dem von mir wiederhergestellten und ergänzten Apparate neuerdings aufgenommen und durch meinen Sohn Richard mit vollem Erfolge ausgeführt.

Eine ziemlich umfangreiche Tätigkeit habe ich in jener Zeit auch **technischen Vereinen** gewidmet und an ihren Unternehmungen wesentlichen Anteil genommen. Dem Ausschusse des Polytechnischen Vereins — der, wie noch heute, den Behörden als technische Beratungsstelle diente — oblag insbesondere auch die Begutachtung und technische Erledigung der einlaufenden Anträge auf Erteilung bayerischer Patente. Als Vorsitzender der mechanisch-technischen Kommission hatte ich den größeren Teil derselben zu bearbeiten, was die bayerische Staatsregierung veranlaßte, mich zu den Beratungen nach Berlin zu entsenden, welche für die Vorbereitung und später für die Abänderung des deutschen Patentgesetzes im Reichsamte des Innern stattgefunden haben. Sodann fiel mir die Vorbereitung und geschäftsführende Organisation zweier Unternehmungen zu, nämlich des Bayerischen Dampfkessel-Revisions-Vereins und der Münchner Heizversuchs-Station. Bei ersterem — in Deutschland war lediglich in Mannheim ein Anfang zur Bildung solcher Vereinigungen gemacht — handelte es sich um die Sammlung der Interessenten auf Grund statistischer Ermittelungen, um die Aufstellung der Satzungen und um Gewinnung der Beamten, dann aber auch um die Neugestaltung der bayerischen Gesetze und Verordnungen über Anlegung und Gebrauch der Dampfkessel, bei welcher Arbeit ich mich der Mitwirkung des ausgezeichneten Direktors der Augsburger Kammgarnspinnerei Mehl erfreute. Für die Heizversuchstation hatte ich es mit der Beschaffung der erforderlichen Geldmittel aus Kreisen der Industrie und sodann mit dem Entwurfe für die Einrichtung der Station und für die Konstruktion des Versuchskessels zu tun. Der

*) Ich dachte mir die Durchführung in der Weise, daß in einem evakuierten Gefäße bei konstantem Volumen der Druck und die Temperatur eines abgewogenen Wasserquantums bestimmt werden sollten, wobei dieses Gefäß von gesättigtem Wasserdampfe von ähnlichem Drucke zu umgeben sei. Bei der Verwirklichung dieses Planes zeigte sich, daß in dem zuerst verwendeten Kupfergefäße die Adsorption eine störende Rolle spielte, so daß zu Glasgefäßen übergegangen werden mußte.

Polytechnische Verein und der Dampfkessel-Revisions-Verein haben bei meinem Abgange von München durch Verleihung der Ehrenmitgliedschaft ihrer Anerkennung für meine Mitarbeit freundlichen Ausdruck gegeben.

Hatte die Vereinstätigkeit mich in laufenden allgemeinen Verkehr mit den technischen Kreisen Münchens gebracht, so öffnete sich in den letzten Jahren meiner dortigen Lehrzeit ein engerer Kreis von Kollegen zu besonders wertvollem Gedankenaustausch. An Stelle des verstorbenen Mathematikers Hesse waren im Jahre 1875 die beiden jugendlichen Professoren Klein und Brill berufen worden. Mit ihnen und den Kollegen v. Bezold und Loewe trat ich zu einem „mathematischen Kränzchen“ zusammen, welches noch jetzt in sehr erweiterter Form besteht und dessen Geschäftsordnung bestimmte, daß wir alle vierzehn Tage gegen Abend in dem Amtszimmer je des einen zusammenkamen, welchem die Aufgabe zufiel, über einen ihn beschäftigenden Gegenstand vorzutragen. Besonders nahe kam ich hierbei für Lebenszeit dem Freunde Klein, und es knüpfte sich später mein Anteil an der Bildung der „Göttinger Vereinigung“ an die aus jenem Verkehr gewonnenen Eindrücke an.

Unter den Nebenbeschäftigungen und Nebeninteressen während meiner Lehrtätigkeit steht aber hinsichtlich ihrer Bedeutung für meine gesamte Lebensarbeit an erster Stelle der Beginn der Tätigkeit, über welche ich im zweiten Teile dieser Aufzeichnungen zu berichten haben werde.

Zweiter Teil.

7. Entstehung und Entwickelung meiner Tätigkeit auf dem Gebiete der Kältetechnik.

Den ersten Anstoß hierzu gab ein Preisausschreiben für eine Kühlanlage zum Auskristallisieren von Paraffin. Es erfaßte mich sofort der Gedanke, daß hier eine noch ungeklärte Aufgabe der mechanischen Wärmelehre vorliege. Dieser Eindruck verstärkte sich, als ein Studium der technischen Literatur über künstliche Kühlung zwar bereits das Vorhandensein der drei heutigen Systeme von Kältemaschinen aufwies, jedoch jeden Maßstab zu einer Vergleichung ihrer Leistungen in thermodynamischer Hinsicht vermissen ließ. Sofort ging ich daran, diese Grundlage für eine **Theorie der Kältemaschinen** aufzusuchen. Zunächst handelte es sich darum, festzustellen, 1. welches Verhältnis zwischen entzogener Wärmemenge (Kälteproduktion) und aufgewendeter Energie als das naturgesetzlich höchst erreichbare zu betrachten, 2. welcher Arbeitsvorgang zur Erreichung solcher Höchstleistung auszuführen sei, und 3. wie sich die verschiedenen bestehenden Kältemaschinen hierzu verhalten. Die Beantwortung dieser Fragen legte ich (1870) in der obenerwähnten Abhandlung nieder: „Über die Wärmeentziehung bei niedrigen Temperaturen durch mechanische Mittel". Die ersten beiden Fragen fanden darin ihre allgemeine Lösung*),

*) Die aus den Sätzen der Thermodynamik entwickelte und für die Kältetechnik fortan richtunggebende Beantwortung lautete dahin, daß der Arbeitsvorgang der Kältemaschinen sich als das Heben der dem abzukühlenden Körper bei der absoluten Temperatur T entzogenen Wärmemenge (W) von T auf die Temperatur T_1 der Umgebung darstelle unter Aufwand einer Energiemenge (AL), welche dem Produkte aus der entzogenen Wärmemenge (bzw. ihrer Entropie $\left[\frac{W}{T}\right]$) und aus der Differenz $T_1 - T$ der Temperaturen mindestens gleich sein muß, und daß das höchste Leistungsverhältnis demgemäß betrage:

$$\frac{W}{AL} = \frac{T}{T_1 - T}$$

für isothermische und

$$\frac{W}{AL} = \frac{T_1 - T}{T_1 \operatorname{logn} \frac{T_1}{T} - (T_1 - T)}$$

für „polytrope" Wärmeentziehung.

und die Wirkungsgrade der Kaltluftmaschinen, der Kompressions-Kaltdampfmaschinen und der Absorptionsmaschinen wurden rechnerisch ermittelt.

Nachdem ich theoretische Einsicht in das Problem der mechanischen Kühlung gewonnen und dabei festgestellt hatte, daß keine der bis dahin bestehenden Kältemaschinen mehr als ein Fünftel der naturgesetzlich höchst erreichbaren Leistung geliefert habe, lag es nahe, zu überlegen, ob und auf welche Weise ein besseres Ergebnis zu erzielen sei. Den Inhalt dieser Überlegungen veröffentlichte ich (1871) in der zweiten obenerwähnten Abhandlung **„Verbesserte Eis- und Kühlmaschine"**.

War auch das Bayer. Ind.- u. Gewerbeblatt nicht das geeignete Organ zur Verbreitung der neugewonnenen Erkenntnis, da in seinem beschränkten Leserkreise Verständnis und Teilnahme für die behandelten Fragen fehlten*), so spann sich doch unverzüglich ein Faden daraus an, der zur Überleitung der Theorie in die Praxis führte. Mein Kollege Erlenmeyer, mit dem ich in laufendem Gedankenaustausche stand, machte den (aus zwanzigjähriger Tätigkeit als Chemiker einer englischen Großbrauerei nach Deutschland zurückgekehrten) Dr. Böttinger **) auf meine Arbeiten aufmerksam, und letzterer fand Gelegenheit, den Generaldirektor Deiglmayr der Dreherschen Brauereien darauf zu verweisen, als ihm derselbe von den Schwierigkeiten sprach, denen durch die feuchtwarme Atmosphäre in Triest der dortige Gärkellerbetrieb ausgesetzt war. Hierauf kam Deiglmayr mit dem Maschinenfabrikanten Prick aus Wien nach München, um mich zu fragen, ob ich bereit sei, auf Grund meiner Vorschläge eine Kältemaschine für Triest ausführen zu lassen. Ich mußte ihm antworten, daß diese Bereitwilligkeit wohl vorhanden sei, daß aber nicht erwartet werden dürfe, sofort eine den Anforderungen des praktischen Betriebes entsprechende Ausführung zu erhalten, daß vielmehr mit einem mehr oder weniger langen Versuchsstadium zu rechnen sein würde. Die Durchführung solcher Versuche in Wien würde mir nicht möglich sein, weshalb ich empfahl, den Münchner Großbrauer Gabriel Sedlmayr um die Erlaubnis anzugehen, daß die Versuchsmaschine bei ihm aufgestellt und ausprobiert werden dürfe. Herr Sedlmayr erklärte sich nicht bloß hierzu bereit, sondern zur Übernahme der ganzen Sache auf seine eigene Rechnung. Damit betrat ich den Boden einer konstruktiven Verwirklichung der bisherigen Überlegungen durch solche Bau-

*) Weshalb ich in der Zeitschrift des Vereins zur Beförderung des Gewerbefleißes (1875) eine zweite Bearbeitung unternahm.

**) Vater des Geheimrats Dr. H. v. Böttinger in Elberfeld.

formen, welche bei der Ausgestaltung unserer modernen Kältetechnik grundlegend und typisch geworden sind.

Von Anfang an betonte ich, daß es sich nicht bloß darum handle, Kältemaschinen mit höherem als dem bisher erreichten Wirkungsgrade zu bauen, sondern daß auch geeignete Mittel für die Verwendung und Übertragung der Kälte zu finden seien. Während die wenigen und verhältnismäßig kleinen Kältemaschinen, welche bis dahin gebaut wurden, fast ausschließlich zur Herstellung von Eis eingerichtet waren, um in Eingliederung an die damals schon hochentwickelte Natureistechnik einen Ersatz für solche Fälle zu schaffen, in welchen das letztere fehlte, so ließ sich leicht nachweisen, wieviel vorteilhafter die unmittelbare Kühlung der Flüssigkeiten und Lufträume sei, welcher das Natureis zu dienen habe, ja daß bei Verbindung solch direkter Kühlung mit einer Kältemaschine besseren Wirkungsgrades die Kosten unter denjenigen Betrag sinken würden, welcher auch bei günstigen Beschaffungsverhältnissen für Natureis aufzuwenden sei. Diesen Nachweis führte ich im Juni 1873 bei einem Vortrage*) vor dem Internationalen Brauerkongresse während der Weltausstellung in Wien mit dem Erfolge, daß mehrere der hervorragendsten Bierbrauer (neben Gabriel Sedlmayr in München sind insbesondere Dreher und Faber in Wien, Jacobsen in Kopenhagen, Feltmann in Rotterdam, Hatt in Straßburg u. a. zu nennen) in nähere und dauernde Verbindung zu mir traten.

Inzwischen war für den **Bau einer ersten Kältemaschine** der Entwurf fertiggestellt und der Maschinenfabrik Augsburg zur Ausführung übergeben worden. Für diesen Entwurf war ich davon ausgegangen, daß derjenige Arbeitsgang einer Kältemaschine die beste Annäherung an die höchsterreichbare Leistung verspreche, bei welchem eine „flüchtige" Flüssigkeit unter Aufnahme der zu entziehenden Wärme von dem abzukühlenden Körper verdampft und sodann die entwickelten Dämpfe durch eine Druckpumpe auf denjenigen Druck gebracht werden, bei welchem unter Abgabe von Wärme an Kühlwasser die Wiederverflüssigung und die Rückkehr zum Verdampfer stattfindet. Dieser Arbeitsgang war in England unter Anwendung von Schwefeläther (insbesondere durch Siebe) mehrfach angewendet. Der verhältnismäßig niedrige Druck, unter welchem hierbei derselbe verläuft, hat erhebliche Verluste zur Folge, so daß die Benutzung flüchtigerer Flüssigkeiten geboten erschien. Hierzu hatte man sich aber bisher

*) Siehe Bayer. Ind.- u. Gewerbeblatt 1873.

nicht entschließen können mit Rücksicht auf die Schwierigkeiten, welche insbesondere die Abdichtung der beweglichen Abschlußorgane bei höheren Drücken darbot. Voraussetzung für den Übergang zu flüchtigeren Flüssigkeiten war also die Auffindung geeigneter Abdichtungsmittel. Durch dieses Erfordernis war die erste Bauart völlig beherrscht, die ich schon in der Abhandlung über die „Verbesserte Eis- und Kühlmaschine" vorgeschlagen hatte und nunmehr zur Ausführung brachte*).

Seit Januar 1873 war mein damaliger Schüler Friedrich Schipper in seiner freien Zeit mit Herstellung der erforderlichen Zeichnungen beschäftigt und diente mir nach erfolgter Lieferung und Aufstellung der Maschine als Assistent bei der Ingangsetzung und den weiteren Versuchsarbeiten. Wie von da an und nach Absolvierung der Technischen Hochschule im Herbste 1874 durch mehr als vier Jahrzehnte hindurch Schipper mein getreuer Mitarbeiter, Nachfolger und Freund geworden und geblieben ist, werden meine weiteren Mitteilungen zeigen.

Als flüchtige Flüssigkeit hatte ich Methyläther gewählt. Da damals die Beschaffung verdichteter Gase in Stahlflaschen noch nicht möglich war, so half mir Erlenmeyer in der Weise, daß er eine Lösung von Methyläther in Schwefelsäure herstellen ließ, welche in Korbflaschen in den Maschinenraum gebracht wurde und bei langsamem Eingießen in Wasser den Methyläther in dem Maße freigab, in welchem er von der Gaspumpe angesaugt und im Kondensator in reinem Zustande verdichtet wurde. Nachdem verschiedene Schwierigkeiten der Ingangsetzung überwunden und wir zu Leistungsmessungen gelangt waren, zeigte sich zu unserer großen Befriedigung, daß der erzielte Wirkungsgrad mindestens doppelt so groß war wie der als bester aus Messungen an den bisherigen Kältemaschinen bekannte. Gedämpft war die Befriedigung freilich dadurch, daß der Betrieb der Gaspumpe fortwährend einer so aufmerksamen Überwachung bedurfte und dabei einen so langsamen Gang bedingte, daß diese Bauart für die Erfordernisse der Praxis nicht als geeignete Lösung gelten konnte. Diese Erkenntnis führte zu dem Entwurf einer zweiten Bauart, welche von diesem Übelstande frei erschien. Auch glaubte ich einen Schritt weiter in bezug auf die Flüchtigkeit der als Kälteträger zu verwendenden Flüssigkeit wagen zu können durch Übergang zu dem in den Carré-

*) Sie ist in Fig. 1 auf Seite I des Anhanges schematisch dargestellt. Der Raum vom Kolben K bis zu den Glocken G ist mit einer Sperrflüssigkeit angefüllt und durch Quecksilber q von dem über den Glocken befindlichen Gasraume getrennt, wodurch jede Entweichung von Gas durch die Stopfbüchsen vollkommen ausgeschlossen ist.

schen Absorptionsmaschinen bereits angewendeten Ammoniak. So erschien mir der Bau einer zweiten Maschine dringend wünschenswert. Ich trug jedoch Bedenken, Herrn Sedlmayr auch die Kosten für eine solche — und etwaige weitere Auflagen zuzumuten. Als ich hierüber mit Herrn Krauß (meinem früheren Chef) mich gelegentlich unterhielt, machte er den Vorschlag, ich möge Patente nehmen und einem Konsortium einen Teil des Patentbesitzes gegen Aufbringung der Mittel überlassen, welche zur Entwicklung der Sache bis zu industrieller Brauchbarkeit nötig seien. Diesem Vorschlage folgend, schloß ich ein Abkommen mit den Herren Krauß, Sedlmayr und Buz (dem Direktor der Maschinenfabrik Augsburg), welches mir volle Freiheit für die Fortsetzung der Versuche darbot, aber auch das erste Glied in der langen Kette darstellt, welche für meine künftige Beanspruchung als Geschäftsmann sich daran anschloß. So schritt ich zur Ausführung jenes zweiten Entwurfes*). Ebenso wie bei der ersten Bauart hatten hier die Stopfbüchsen nicht gegen das Gas, sondern nur gegen die — gleichzeitig zur Schmierung dienende — Sperrflüssigkeit abzudichten. Schon die ersten Versuche mit diesem zweiten Kompressor zeigten völlig befriedigende Ergebnisse. In Verbindung mit dem zur Abkühlung einer Flüssigkeit eingerichteten Verdampfer und dem Kondensator stellte er eine allen Anforderungen an den praktischen Betrieb entsprechende Maschine dar, welche in einer zweiten Ausführung — im Frühjahr 1877 — in der Dreherschen Brauerei zu Triest aufgestellt daselbst bis zum Jahre 1908 zu voller Zufriedenheit gearbeitet hat und nunmehr im Technischen Museum zu Wien als „Erstling der Lindeschen Kältemaschinen" Aufnahme gefunden hat,

Wenn wir trotzdem nicht bei dieser Bauart stehen geblieben, vielmehr unter völliger Annäherung an die üblichen Anordnungen von Gaspumpen zu einer dritten Bauform übergegangen sind, so war dies einerseits dadurch veranlaßt, daß durch die seitherigen Beobachtungen die Furcht vor Gasverlusten vermindert war, und anderseits dadurch, daß die Herstellungskosten der üblichen liegenden und doppeltwirkenden Gaspumpen wesentlich niedriger erschienen als diejenigen der stehenden, einfachwirkenden Doppelpumpen, deren Hubzahl mit

*) Fig. 2 auf Seite I des Anhangs zeigt die gewählte Bauart. Die beiden Arbeitszylinder sind unten in offener Verbindung miteinander und mit dem Raume G. Die Kolben K schieben die diesen Raum großenteils ausfüllende Sperrflüssigkeit hin und her, wobei der daselbst herrschende Druck etwas höher gehalten ist als der höchste Gasdruck auf der Oberseite der Kolben.

Rücksicht auf die Hin- und Herbewegung der Sperrflüssigkeit immer noch eine beschränkte bleiben mußte. Wie so oft bei der Lösung neuer Aufgaben vollzog sich dieselbe auch hier unter dem Übergange von komplizierten zu immer einfacheren Konstruktionsmitteln. Die Vorsichtsmaßregeln gegen Gasverluste beschränken sich bei dieser dritten Bauart darauf, daß die gegen die Atmosphäre abschließende Stopfbüchspackung niemals gegen einen höheren inneren Druck abzudichten hat als den niedrigen im Verdampfer bestehenden, nicht also gegen die höheren aus der Kompression sich ergebenden Spannungen*). Nach Ingangsetzung des ersten liegenden doppeltwirkenden Ammoniakkompressors — er war von der Maschinenfabrik Augsburg in ebenso mustergültiger Weise ausgeführt wie die früheren Bauarten — überzeugten wir uns davon, daß es mit dieser Anordnung leicht möglich war, die Ammoniakverluste auf ein so geringes Maß zu beschränken, daß sie kein Hindernis in technischer und ökonomischer Hinsicht darstellten. Ernstliche Bedenken hatten auch darüber bestanden, ob bei liegender Anordnung die Saug- und Druckventile mit voller Zuverlässigkeit dauernd arbeiten würden. Ein durch mehrere Wochen hindurch unterhaltener Gang des Kompressors beruhigte uns vollständig hierüber. Diese dritte Bauform ist bis heute beibehalten und in Europa ganz allgemein für die Kompressoren der Kältemaschinen zur Anwendung gelangt, während in Amerika teilweise die zweite Bauart festgehalten wurde.

Als Sperr- und Schmierflüssigkeit mußte anfangs Glyzerin dienen. Erst nachdem die Mineralöltechnik solche Öle zu liefern vermochte, welche bei den tiefsten in der Kältemaschine vorkommenden Temperaturen keinerlei feste Bestandteile ausscheiden, konnte später zu solchen übergegangen werden. Besonderer Vorrichtungen bedurfte die Regelung der Wanderung, welche die Sperr- und Schmierflüssigkeit von den Stopfbüchsen durch die Kolben und Ventile hindurch nach der Druckleitung ausführt, wobei ihr die Aufgabe der Schmierung, aber auch der vollkommeneren Abdichtung aller dieser Organe zufällt. Es handelte sich darum, vor dem Eintritt der Gase in den Kondensator die Sperrflüssigkeit zurückzuhalten und zur Stopfbüchse zurückzuführen. Die hierzu dienenden Einrichtungen (Ölsammler und „rotierender Hahn") sowie manche sonstige Einzelheiten nahmen unsere

*) Die Bauform dieser Stopfbüchsen ist aus Fig. 3 auf Seite I des Anhangs ersichtlich. Zwei Packungen sind durch eine „Laterne" getrennt, deren Hohlraum mit Sperrflüssigkeit gefüllt ist und mit dem Verdampfer in Verbindung steht. Fig. 4 zeigt im Horizontalschnitte den ganzen Kompressorzylinder mit Saug- und Druckventilen.

Aufmerksamkeit längere Zeit in Anspruch und haben damals schon ihre typische Ausgestaltung erfahren. Eine später durch Käuflichkeit flüssigen Ammoniaks in Stahlflaschen unnötig gewordene Arbeit machte dessen Destillation aus wässerigen Lösungen.

Nachdem das Ziel erreicht war, eine Kältemaschine zu besitzen, welche bei mehrfach höherem Wirkungsgrade gegenüber den seitherigen Eismaschinen einen zuverlässigen und ökonomischen Betrieb gewährleistete, ging ich an die Überlegung, wie die **Verwendung der Kälte** in zweckmäßigster Weise zu gestalten sein werde. Hierzu war zunächst eine Orientierung über Art und Umfang der kältetechnischen Bedürfnisse und Verwendungsmöglichkeiten geboten. In quantitativer Hinsicht stand die untergärige Bierbrauerei weitaus an erster Stelle. Die gewaltigen Eismengen, welche hierfür im Winter eingesammelt wurden, dienten sowohl für die Herstellung als für die Lagerung des Bieres. In erster Linie bedarf die Bierwürze vor der Gärung einer Abkühlung auf ungefähr 4° C und während der Gärung der Erhaltung auf solcher Temperatur. Erstere pflegte man dadurch zu erreichen, daß man die „Bierkühler“ mit Wasser beschickte, welches im Umlaufe durch einen mit Eis gefüllten Kasten auf niedriger Temperatur gehalten wurde. Während der Gärung aber wirkte das Eis innerhalb schwimmender Gefäße, die einzeln in die Gärbottiche von Hand eingesetzt wurden. Es lag auf der Hand, daß die Kältemaschinen, wenn sie nicht bloß Ersatzmittel bei vorübergehendem Eismangel bleiben, sondern ein dauerndes Betriebsmittel werden sollten, nicht den Umweg über das Eis zu machen, sondern unmittelbar das zur Kühlung dienende Wasser auf eine seinem Gefrierpunkte möglichst nahe Temperatur zu bringen haben. Unsere ersten Kälteverwendungsversuche bestanden nun einerseits in der Feststellung derjenigen Mengen solchen Wassers, welche in den gebräuchlichen „Bierkühlern“ gebraucht werden, und anderseits in der Herstellung von „Gärbottichschwimmern“, welche, an ein Rohrnetz mittels Gummischläuchen angeschlossen, durch den Umlauf kalten Wassers selbsttätig in allen Bottichen die erforderliche Kühlung bewerkstelligten. Das befriedigende Ergebnis dieser Versuchsarbeiten veranlaßte (1877) die Bestellung einer Kältemaschine seitens des Herrn Sedlmayr von solcher Größe, wie sie den Erfordernissen der ganzen Spatenbrauerei (d. i. nächst der Dreherschen Brauerei in Schwechat der größten damals bestehenden untergärigen Bierbrauerei) entsprach.

Daß die erste nach Triest gelieferte Maschine eine andere Aufgabe, nämlich die der Luftkühlung, zu erfüllen hatte, ist oben schon angedeutet worden. Wenn es bei genügendem Aufwande von Eis auch dort möglich war, die Bierwürze vor und nach der Gärung genügend abzukühlen, so bestand der Übelstand, daß aus der feuchtwarmen Atmosphäre Niederschläge an den kalten Oberflächen im Gärkeller auftraten, welche durch Wachstum und Abgabe mikroskopischer Pilze sehr nachteilig auf den Verlauf der Gärung einwirkten. Es handelte sich also darum, die Gärkellerluft sowohl abzukühlen als zu trocknen und zu reinigen. Nach einem ersten ungenügenden Versuche (mittels indirekter Kühlung durch Rohrwände) wurde dies vollkommen dadurch erreicht, daß die Luft durch ein Netz von Saug- und Druckkanälen einem Strome von kalter Salzlösung entgegengeführt wurde. Während der Osterferien 1877 hielt ich mich 14 Tage in Triest auf, um die interessanten Messungen und Beobachtungen in Gemeinschaft mit Herrn Schipper vorzunehmen, welcher in mehrmonatigem Aufenthalt die Aufstellung und die Ingangsetzung bis zum regulären Betriebe geleitet hat. Nach vollendeter Lösung dieser Aufgabe brachte er die Bestellung des Herrn Dreher für eine zweite Maschine mit, welche nach der in der Spatenbrauerei erprobten Arbeitsweise das Eis für die Kühlung der Bierwürze vor und nach der Gärung ersetzen sollte. Während der Bauzeit für diese Maschine hat Schipper (Sommer 1877) in der Westminster Brewery zu London eine weitere, zur Wasserkühlung bestimmte Maschine in Gang gebracht.

Mit der Herstellung von Eis haben wir uns natürlich auch beschäftigt. Einerseits galt es in quantitativer Hinsicht die Abhängigkeit des Gefrierprozesses von der Salzlösungstemperatur und von der Größe und Bauform der als „Eiszellen" dienenden Blechgefäße und anderseits in qualitativer Beziehung die Bedingungen für die Gewinnung von ganz durchsichtigem und von möglichst keimfreiem Eise zu ermitteln. Als eine wirtschaftlich wichtige Aufgabe erschien es, Eisgeneratoren zu entwerfen, welche für den Großbetrieb die Handarbeit auf das geringste Maß vermindern sollten. Die bisherigen Eismaschinen bedienten sich solcher Einrichtungen, bei welchen die Eiszellen einzeln mit Wasser gefüllt, in die Salzlösung eingesetzt, nach vollendetem Gefrierprozesse (an der gleichen Stelle) ausgehoben, in ein mit warmem Wasser gefülltes Auftaugefäß eingetaucht und entleert wurden. Damit war, sobald es sich um größere Produktion handelte, eine ermüdende Handarbeit und eine größere Anzahl von Arbeitern erforderlich. Die Mittel zur Verbesserung dieses Zustandes bestanden nun darin: 1. daß die Eiszellen reihenweise durch Rahmen zusammengefaßt werden, welche mittels Rollen auf beiderseitigen

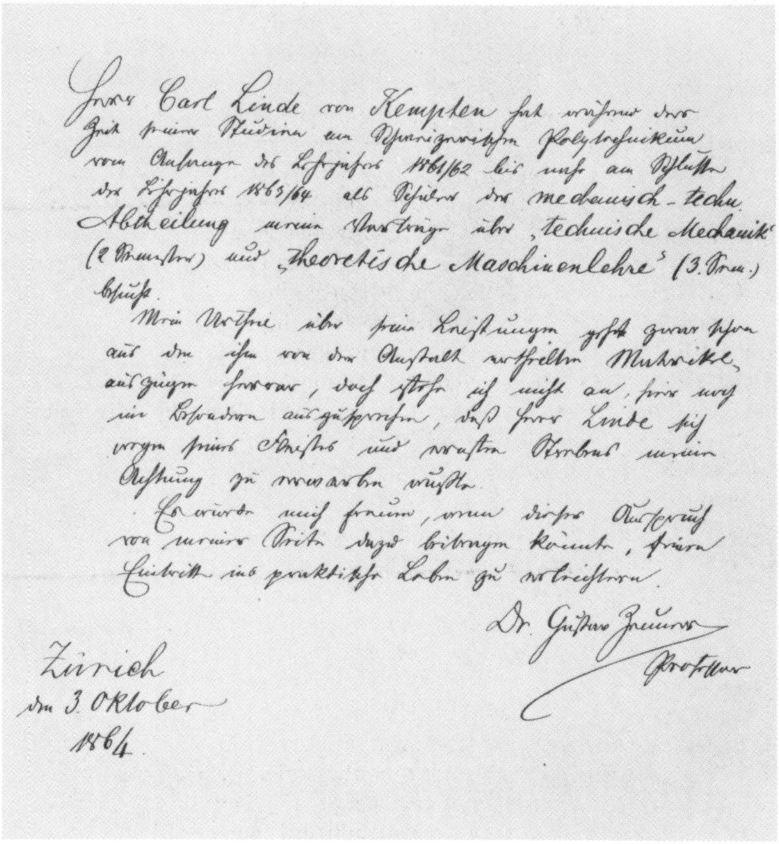

Herr Carl Linde von Kempten hat während der Zeit seiner Studien am Schweizerischen Polytechnikum vom Anfange des Lehrjahres 1861/62 bis nach am Schlusse des Lehrjahres 1863/64 als Schüler der mechanisch-techn. Abtheilung meine Vorträge über „technische Mechanik" (2 Semester) und „theoretische Maschinenlehre" (3 Sem.) besucht.

Mein Urtheil über seine Leistungen geht zwar schon aus den ihm von der Anstalt ertheilten Matrikel-Auszügen hervor, doch stehe ich nicht an, hier noch ein Besonderes auszusprechen, daß Herr Linde sich wegen seines Fleißes und ernsten Strebens meine Achtung zu erwerben wußte.

Es würde mich freuen, wenn dieser Ausspruch von meiner Seite dazu beitragen könnte, seinen Eintritt ins praktische Leben zu erleichtern.

Dr. Gustav Zeuner
Professor

Zürich
den 3. Oktober
1864

Empfehlungsschreiben Prof. Zeuners für Carl Linde. Dieses Schreiben war von einem im Anhang wiedergegebenen Brief begleitet. (Zu S. 16)

Albert Borsig

Albert Borsig übernahm das Werk seines Vaters im Alter von 24 Jahren. Nach einem von rastloser Arbeit erfüllten Leben starb er 1878 im Alter von 49 Jahren. Der Eingang zur Borsig'schen Lokomotivfabrik gehörte einst zu den Sehenswürdigkeiten Berlins.
(Zu S. 18 f.)

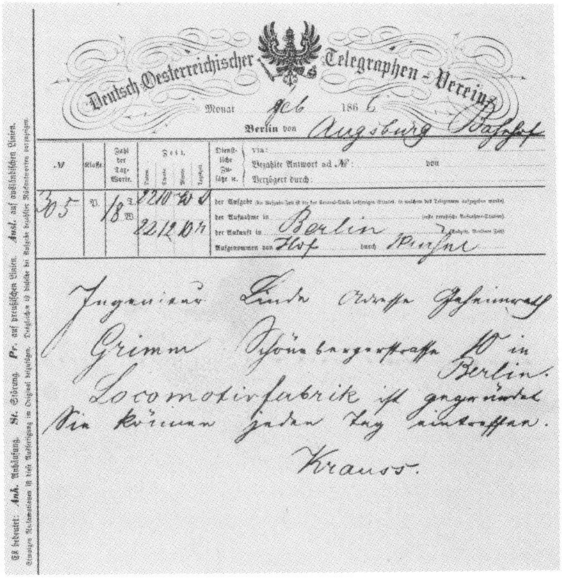
Deutsch-Oesterreichischer Telegraphen-Verein

Monat Feb 1866

Berlin von Augsburg Bahnhof

Berlin

Ingenieur Linde Adresse Geheimrath Grimm Schönebergerstrasse 10 in Berlin.
Locomotivfabrik ist gegründet Sie können jeden Tag eintreffen.
Krauss.

Georg Krauß (geb. 1826 in Augsburg, gest. 1906) war vor der Gründung seiner Münchner Lokomotivfabrik einige Jahre bei Maffei und bei der Schweizerischen Nordostbahn tätig. Am 22. 2. 1866 sandte er das für Lindes weitere Zukunft so bedeutsame Telegramm nach Berlin. (Zu S. 21 ff)

Taf. 12

An der Konstruktion der ersten Lokomotive, die die Krauß'sche Fabrik verließ, der »Landwührden«, hatte C. Linde mitgewirkt. Er durfte die Maschine auch auf ihrer Fahrt zur großen Weltausstellung in Paris (1867) begleiten. (Zu S. 26 f.)

Längsschienen beweglich sind, 2. daß diese Zellenreihen durch Laufkrane auf der einen („hinteren") Seite des Generatorkastens mit Wasser gefüllt eingesetzt und auf der vorderen Seite ausgefroren ausgehoben und in das Auftaugefäß eingetaucht werden, während nach jedem Aushube die sämtlichen Zellenreihen durch einen Vorschubmechanismus um eine Reihe vorbewegt werden, 3. daß das Einfüllen der richtigen Wassermenge in die Zellen durch Umkippen eines Füllmechanismus für die ganze Zellenreihe selbsttätig geschieht, und 4. daß die den Eisgenerator füllende Salzlösung zwischen dem Zellenraume und einer die Verdampferrohre enthaltenden Abteilung in Umlauf gehalten wird. Diese Bauart*) wurde erstmals (1878) für die Franziskanerbrauerei in München ausgeführt und ist seitdem für den gesamten Eismaschinenbau typisch geworden.

Für die Gewinnung von Klareis ging ich zu rotierenden Generatoren über (s. Fig. 7 Seite III), bei welchen durch die Bewegung des Wassers an den Gefrierflächen die Luftbläschen weggeschwemmt werden, die das Eis undurchsichtig machen. Für die Trennung der außen zusammengefrorenen Eisplatten diente dabei ein gleichfalls (während des Auftauens) rotierendes Bündel von dampfgeheizten Röhren**). Zwei große Ausführungen dieser Bauform haben (neben einer Ausstellungsgarnitur) in Bombay und in Paris viele Jahre lang zufriedenstellend gearbeitet. Von weiterer Anwendung aber ließ die Auffindung einfacherer Mittel zur Klareisdarstellung absehen.

Durch die Lieferung der bereits genannten und mehrerer anderer Anlagen waren wir aus dem Zustande der technischen Entwicklung bereits in den Zustand der **industriellen Verwertung** übergetreten. Da ich damals noch nicht daran dachte, mich an derselben unmittelbar und dauernd zu beteiligen, so war hierfür eine Organisation zu schaffen, welche ohne meine Mitwirkung zu solcher Verwertung geeignet sein sollte. Ich ging hierbei von der Überlegung aus, daß die technischen Erfolge, welche wir erzielt hatten, nur durch die auf höhere Stufe gebrachte Qualität der Ausführung, deren wir uns zu erfreuen gehabt hatten, möglich geworden waren, und daß auch das weitere Gelingen von einer erstklassigen Ausführung abhängig bleiben werde.

*) Im Anhange zeigen (Seite II) Fig. 5 das Schema derselben und Fig. 6 die teilweise photographische Aufnahme einer ausgeführten Anlage.

**) Mit Freude denke ich hierbei an eine lange (bei Tisch in seinem Hause fortgesetzte) Unterhaltung mit Werner von Siemens in Berlin (im April 1879) über die etwaige Anwendung elektrischer Auftau- bzw. Abtrennungseinrichtungen, welche damit endete, daß er für seine Telegraphenbauanstalt eine Kühlmaschine bestellte.

Ich schlug deshalb unserem Konsortium vor, mit Maschinenfabriken von möglichst hoher Leistungsfähigkeit in ein Vertragsverhältnis einzutreten, durch welches denselben je für bestimmte Ländergebiete das Ausführungs- und Lieferrecht gegen Abgabe von Lizenzgebühren übertragen werden sollte. Solche Verträge schloß ich in erster Linie mit der Maschinenfabrik Augsburg für Deutschland und mit Gebrüder Sulzer in Winterthur für die Schweiz, Italien und Spanien ab, sodann für Frankreich mit Satre & Averly in Lyon, für Belgien und Holland mit Carels frères in Gent und für Großbritannien mit Morton in Burton. Für die technische Bearbeitung dieses Geschäftszweiges traten Schipper (Juli 1877) bei der Maschinenfabrik Augsburg und mein Schüler und Vetter W. Heyder bei Gebrüder Sulzer ein. Letzterer fand Gelegenheit, schon im Frühjahr 1878 eine Eismaschine mit rotierenden Generatoren zur Weltausstellung nach Paris zu bringen und alsdann eine ebensolche größeren Stiles in Bombay aufzustellen und in Betrieb zu setzen.

Ich gab auch den Maschinenfabriken Listen an die Hand, welche für sieben Maschinengrößen die Leistungen für verschiedene Temperaturen, den Kraft- und Kühlwasserverbrauch und die Lieferpreise angaben. Unsere Maschinennummern (I bis VII) wurden später auch von allen übrigen Lieferanten von Kältemaschinen (besonders in Deutschland) zugrunde gelegt, so daß sie die Bedeutung ganz allgemein geltender Einheiten bekamen*).

Wenn ich aber angenommen hatte, daß durch die getroffenen Maßnahmen meine Tätigkeit auf dem Gebiete der Kältetechnik im wesentlichen zum Abschlusse kommen werde, so stellte sich dies bald als ein Irrtum heraus.

Hätte nur die Aufgabe vorgelegen, Maschineneinheiten von vorgeschriebener Größe an die Industrie zu liefern, während deren Bestimmung und Verwendung ihr überlassen blieb, so würden unsere Maschinenfabriken meiner weiteren Mitwirkung nicht bedurft haben. Nun aber handelte es sich darum, einerseits die vorhandene Natureistechnik zu ersetzen und anderseits ganz neue Gebiete für die Anwendung der Kälte zu erschließen. Hierzu waren Anleitungen darüber zu geben, in welcher Weise und mittels welcher Einrichtungen von den neuen Kältemaschinen Gebrauch zu machen sei, und es waren zur Bestimmung der erforderlichen Maschinengrößen Berechnungen durch-

*) In späterer Zeit hat die Gesellschaft aus taktischen Gründen und wegen der Notwendigkeit weitergehender Differenzierung eine neue Einteilung vorgenommen.

zuführen unter Berücksichtigung des Umstandes, daß der Kältebedarf meist nicht gleichmäßig über die Zeit verteilt, sondern (ähnlich wie bei den elektrischen Kraftzentralen mit größeren oder kleineren Spitzen) wechselnd war. Auch wurden vollständige wirtschaftliche Abrechnungen verlangt. Es mußten also je der Bestellung von Maschinen eingehende Verhandlungen vorausgehen, und es konnte sich deren Gegenstand nicht auf die Kälteerzeugung beschränken, sondern mußte auch die Kälteverwendung umfassen. Nun fehlte es aber den Maschinenfabriken an sachverständigem Personal, welches die Gewähr für die Erfüllbarkeit der zu übernehmenden Verpflichtungen hätte bieten und übernehmen können. Infolge davon wandten sie sich immer wieder an mich, und ich war fortdauernd genötigt, einen Teil meiner Zeit diesen Arbeiten zu widmen und in den Ferientagen die damit verbundenen Reisen zu machen.

So kam ich im Frühjahr 1878 nach Frankfurt und Mainz zu Besprechungen mit einigen Brauereibesitzern. An letzterem Orte wurde ich zu dem als technischer Berater im Aufsichtsrate mehrerer rheinischer Brauereien geltenden Herrn Generaldirektor Lang*) geführt, dem ich in sechsstündigem Gespräche über die Gesamtheit unserer bisherigen Errungenschaften berichten mußte. Am nächsten Tage schloß er Lieferungsverträge für je eine Kälteanlage in der Mainzer Aktienbierbrauerei und in der Brauerei von Gebr. Dieterich in Düsseldorf mit mir ab. Nach erfolgter Aufstellung der Maschinen kam ich im Herbste wieder nach Mainz und hatte Gelegenheit zu weiteren eingehenden Gesprächen mit Herrn Lang**.) Die künftige Bedeutung der Kältetechnik hatte sich ihm aus dem mitgeteilten Tatsachenmaterial im weitesten Sinne erschlossen. Als ich mit Bedauern von der Notwendigkeit sprach, mich von der weiteren Teilnahme an der Entwickelung der Kältetechnik zurückziehen zu müssen, weil Kollisionen zwischen den damit verbundenen Beanspruchungen und zwischen meinen Pflichten als Professor daraus entstehen müßten, machte er den Vorschlag, eine Gesellschaft zu bilden, welche unter meiner Leitung (nach

*) Vater des noch in dem Aufsichtsrate der G. f. L. E. tätigen Reichsrates Dr. Carl v. Lang-Puchhof.

**) Herr Lang hatte als Miterbauer der bayerischen Ostbahnen sich durch ganz hervorragende technisch-wirtschaftliche Leistungen bekannt gemacht, worauf der Baron Moritz von Hirsch für seine großen Eisenbahnbau-Unternehmungen — erst der Oberhessischen, insbesondere aber der Ottomanischen Bahnen — ihn zu gewinnen gewußt hatte. Mit reichen Früchten aus dieser Tätigkeit hatte sich nunmehr Lang in der Eigenschaft als Generalbaudirektor der letzteren Bahngesellschaft in Mainz niedergelassen und war im Begriffe, nach Wiesbaden (in sein Heimatland) überzusiedeln.

Rücktritt vom Lehramte) sich mit dem Entwerfen und Liefern von Kälteanlagen befassen sollte. Den Gedanken an eine solche Lösung trug ich mehrere Wochen lang in mir herum, ohne zu einem Entschlusse kommen zu können. Es erschien mir als ein zu schweres Opfer, ja als eine Treulosigkeit gegen meine bisherigen Berufsziele, daß ich die akademische Tätigkeit und Umgebung verlieren solle, welche während eines Jahrzehntes sich immer wertvoller für mich gestaltet hatten. Auf der anderen Seite mußte ich mich zur Lösung der einzigartigen und verheißungsvollen Aufgabe insofern berufen fühlen, als mir die Werkzeuge zu solcher, mit gutem Erfolge ja schon begonnener, Lösung in besonderer Weise zur Verfügung zu stehen schienen, nämlich gleichzeitig die Beherrschung der physikalischen (insbesondere der thermodynamischen) Grundlagen und die Ausbildung als Maschinenbauer, eine Verbindung, welche damals noch nicht als Gemeingut zahlreicher Ingenieure gelten konnte, wie heute. Diese Überzeugung gewann immer mehr die Oberhand und reifte den Entschluß zum Rücktritt vom Lehramte.

In den letzten Tagen des Jahres 1878 reichte ich das Gesuch um Entlassung aus dem Staatsdienste ein, welches für Ende des Wintersemesters genehmigt wurde, nachdem der Rektor den vergeblichen Versuch gemacht hatte, mich (unter dem Hinweise darauf, daß ich im Ministerium als „homo consularis“ ins Auge gefaßt sei) zur Zurücknahme zu bestimmen.

Damit war nicht nur für mich selbst die Loslösung aus dem bisherigen Berufsverbande sondern für mich und meine Familie auch der Abschied von dem seitherigen Wohnorte entschieden. Denn es stand für mich fest, daß der Übergang zu der neuen Tätigkeit nicht inmitten der alten Umgebung erfolgen dürfe. In nebelhaften Umrissen lag die Zukunft vor mir. Wenn ich auch auf Grund der seitherigen Ergebnisse zuversichtlich meiner Aufgabe in technischer Hinsicht entgegensehen durfte, so waren mir Art, Umfang und Erfolg der Arbeit noch unklar, welche mir als Geschäftsmann obliegen würden. Überall begegnete ich der Annahme, daß weitgehende pekuniäre Anerbietungen mich zu dem Schritte veranlaßt hätten. Wie wenig diese Voraussetzung begründet war, wird aus den Bedingungen hervorgehen, unter welchen ich meine neue Stellung antrat. So war es mir ein Bedürfnis, die Entwickelung dieser Dinge auf einem anderen Boden sich vollziehen zu lassen. Gegen diese innere Notwendigkeit mußten auch Verluste in den wertvollen Beziehungen zurücktreten, welche während eines dreizehnjährigen Aufenthaltes in München für die

Familie erworben waren*). So waren die Tage des Abschiedes von München (Ende März) und der Übersiedelung nach Wiesbaden nicht leichte für uns.

8. Vorstand der Gesellschaft für Lindes Eismaschinen.
(1879—1890.)

Als Sitz für die zu bildende Gesellschaft hatte ich Frankfurt ins Auge gefaßt. Herr Lang wußte mich indessen zur Wahl von Wiesbaden zu bestimmen, wo er selbst Wohnsitz zu nehmen im Begriffe war. Es mag ein Fehler gewesen sein, für eine geschäftliche Unternehmung einen Ort zu wählen, welcher zwar den Ruf eines Weltbades genoß und ein Sammelpunkt für ruhiges Genußleben, dagegen weit davon entfernt war, ein Verkehrsmittelpunkt für industrielle Arbeit zu sein oder zu werden. Insoweit aber unsere Tätigkeit im wesentlichen die eines technischen Bureaus geblieben ist, hat sich ein schwerer Übelstand nicht daraus ergeben. Was durch die verhältnismäßige Abgelegenheit an täglichen und lebendigen Verbindungen verloren gegangen ist, mag an innerer Ruhe und Sammlung gewonnen worden sein.

Die Organisation der Gesellschaft war nicht ohne längere Auseinandersetzung zwischen widerstreitenden Meinungen und Interessen zustande gekommen. Getreu seinen wirtschaftlichen Grundsätzen hatte Herr Lang auf Durchführung derselben mit denkbar geringsten Mitteln hingewirkt. Insbesondere die Bedingungen, unter welchen ich das Amt des Vorstandes der Aktiengesellschaft übernehmen mußte — diese Gesellschaftsform war mit Rücksicht auf die Offenhaltung jeder Möglichkeit für die zukünftige Entwickelung gewählt — waren diesem Grundsatze angepaßt. Meinerseits war als einzige conditio sine qua non das Verlangen bezeichnet worden, daß die materielle Sicherheit nicht ver-

*) Gleich nach unserer Niederlassung waren wir mit zwei anderen jungen Ehepaaren (dem Paläontologen Karl Zittel und dem Physiologen Johannes Ranke und ihren Frauen) durch die Vermittelung unserer elterlichen Familien in Verkehr gekommen, der insbesondere mit Rankes ein regelmäßiger und sehr freundschaftlicher wurde und sich auch auf unsere beiderseitigen Kinder erstreckt hat. Später traten wir den Familien einiger oben schon genannten Kollegen nahe. Auch die schöne oberbayerische Landschaftsumgebung war uns ans Herz gewachsen. Je mit Beginn der Berliner Gerichtsferien wurde meine Frau (mit den Kindern) von ihren Eltern zu längerem Landaufenthalte abgeholt, dem ich mich anschloß, sobald die Vorlesungen und Examina zu Ende waren. Meist ging es nach Berchtesgaden, woselbst wir mit der Familie Gombart eine Freundschaft schlossen, welche bis zum frühzeitigen Tode der beiden Geschwister (Ministerialrat Rudolf G. und Fanny G., verehelichte Tutschek) treu gepflegt wurde.

loren gehen dürfe, welche meiner Familie durch das bayerische Pensionsgesetz geboten war. Dem wurde dadurch Rechnung getragen, daß die Herren Lang und v. Hirsch die mir verbliebene Hälfte des Patentbesitzes für eine Summe erwarben, deren Zinsen den Pensionsbezügen im Falle meines Todes oder meiner Arbeitsunfähigkeit ungefähr entsprachen. Hierdurch war ich selbst also an jedem Erträgnisse aus meinen Patenten (abgesehen von diesen Zinsen) zunächst ausgeschlossen. Ich mußte mich für die Dauer von zehn Jahren als Vorstand ohne Gehalt verpflichten, sollte jedoch einen Anteil an dem Reingewinn haben, soweit derselbe die Verzinsung des jeweilen eingelegten Gesellschaftskapitales überschreiten werde. Blieb solche Überschreitung aus, so stellte demnach mein Amtswechsel einen schlimmen Rückschritt in finanzieller Hinsicht dar.

Das Gesellschaftskapital von M. 200000 wurde nicht in Geld, sondern lediglich durch Einlegen der Patente eingebracht, so daß Barmittel nicht einmal zur Bestreitung der ersten Ausgaben vorhanden waren, sondern von mir vorgestreckt werden mußten. Allerdings waren unsere Aufwendungen anfänglich recht unbedeutend. Mit einem Zimmer und einem Zeichner eröffnete ich den Betrieb*). Nichts geschah, um die Gründung der Gesellschaft (welche formell erst am 21. Juni erfolgte) in weiten Kreisen bekanntzumachen, und jede Reklame für unsere Maschinen unterblieb. Ich war der Meinung, es dürfe den bisher gelieferten 20 Kälteanlagen überlassen bleiben, dies zu besorgen, und jede derselben werde als ein Ausstrahlungspunkt zur Verbreitung der Kenntnis von ihren Leistungen dienen. Die geschäftliche Richtigkeit dieses Vorgehens mag dahingestellt bleiben. Ein eifrigerer Geschäftsmann wäre wahrscheinlich mit anderen Mitteln rascher vorwärts gekommen. Diejenigen Ergebnisse aber, welche nach drei bis vier Jahren eintraten, geben mir den Beweis, daß wir einen sicheren und befriedigenden Weg gegangen sind. Ich befand mich dabei auch in Übereinstimmung mit dem Aufsichtsrate, an dessen Spitze Herr Lang stand und welchem die Herrn Carl Sedlmayr, Krauß und Buz sowie der Direktor G. Jung der Mainzer Aktienbierbrauerei angehörten**).

*) Im Jahre 1880 baute ich mir das schön gelegene Wohnhaus in der Hildastraße, und in Angrenzung an dessen Garten wurden in den folgenden Jahren für die Einrichtung der rasch sich ausdehnenden Bureaus und Zeichensäle Gebäude gemietet und dann solche erbaut.

**) Der wertvollen Mitwirkung des Herrn Lang sowie seines Nachfolgers im Vorsitze, des Herrn G. Jung, hatten wir uns leider nicht lange zu erfreuen, da ersterer schon im März 1884, letzterer im Februar 1886 gestorben ist. An die Stelle der Verstorbenen traten Herr Dr. Carl v. Lang-Puchhof und Herr Adolf Jung (als Vorsitzender).

Unser stiller Anfang wurde während der ersten Monate von außen her durch eine fast bedrückende Ruhe in dem Fortgange von Verhandlungen und Aufträgen für die Lieferung von Kälteanlagen beantwortet, so daß der Eindruck entstand, als sei das erste dringende Bedürfnis bereits befriedigt. Ich wandte mich deshalb sogleich auch der in zweiter Linie in Aussicht genommenen Aufgabe unserer Gesellschaft zu, nämlich der Errichtung von Kälteanlagen, zunächst von

Eisfabriken in eigener Unternehmung,

welche als Musteranlagen die Grundlage für die weitere Entwickelung bieten sollten.

So wurde der Bau einer Eisfabrik Elberfeld-Barmen in Angriff genommen, woselbst die Bierbrauereien sich zur Abnahme bestimmter Eismengen verpflichtet hatten. Die technische Bearbeitung eines ähnlichen Unternehmens wurde dadurch veranlaßt, daß Baron v. Hirsch nach käuflicher Erwerbung der französischen Patente die Errichtung einer Eisfabrik in Paris beschloß. Während bei der Barmer Anlage als Leitsatz galt, mit denkbar geringsten Anlage- und Betriebskosten auszukommen, wurden in Paris weitgehende Forderungen in bezug auf die Lage und Ausgestaltung der Fabrik und insbesondere in bezug auf die Qualität des Eises gestellt, welches vollkommen kristallhell verlangt wurde, weshalb ich zu der Anwendung rotierender Generatoren schritt. Eine dritte (kleinere) Eisfabrikationseinrichtung hatten wir für die im Jahre 1880 in Düsseldorf stattfindende Ausstellung zu entwerfen.

Die beiden Eiswerke kamen im Sommer 1880 in Betrieb. Beide erfüllten in technischer Hinsicht alle Erwartungen. Während aber unser Werk in Barmen — dank der strengen Beiseitehaltung aller vermeidlichen Ausgaben — sofort recht befriedigende wirtschaftliche Ergebnisse aufwies, kamen hierüber von Paris stets ungünstige Nachrichten, und dabei ist es verblieben, bis Baron v. Hirsch der Sache müde wurde und die Fabrik mit Schaden an den konkurrierenden Natureishändler Fabry verkaufte, der sie dann (unter der jeweiligen technischen Leitung unseres Pariser Vertreters) zu guter Prosperität brachte*).

In Deutschland ermunterte uns dagegen der Barmer Erfolg — ich schließe die folgende, in die nächsten Jahre hinausreichende, Mittei-

*) Die Ursache jenes Mißlingens war darin zu suchen, daß eine vielköpfige Verwaltung ohne Kenntnis der Eishandelsverhältnisse ihren allzu hohen Ausgaben nur geringe Einnahmen entgegenzubringen verstand.

lung des sachlichen Zusammenhanges wegen sogleich hier an — zur Unternehmung weiterer Eiswerke in Stuttgart und München (1880) und in Straßburg (1881). Während in Stuttgart und Straßburg, ähnlich wie es in Barmen gewesen war, die Angebote von Großabnehmern für erhebliche Eismengen die Veranlassung zur Wahl dieser Orte gaben, so bestimmte uns in München die günstige Gelegenheit zur Erwerbung einer Mühle mit Wasserkraft. Diese Erwerbung und die Umgestaltung der Wasserkraftanlage vollzogen sich in recht dramatischer Weise. Als ich (im Juli 1880) von jener Gelegenheit Kenntnis erhalten und mit Herrn Langs Zustimmung (noch ohne Aufsichtsratsbeschluß) unverzüglich den Kauf abgeschlossen hatte, erfuhr ich, daß in vierzehn Tagen die jährliche „Bachauskehr des Auer Mühlbaches" stattfinden werde, während welcher allein es möglich war, die Beseitigung der zu den vorhandenen Mühlrädern gehörigen Wasserbauten und die Ausführung der zu einer Turbinenanlage erforderlichen Grund- und Betonarbeiten vorzunehmen. Ich mußte mich entschließen, entweder ein volles Jahr zu warten oder das Wagnis einzugehen, bis zu dem nahen Termine alle Vorbereitungen so zu treffen, daß innerhalb der alsdann zur Verfügung stehenden zehn Tage die Erreichung des Zieles gewährleistet sei. Obwohl mir von allen Seiten die Unmöglichkeit einer rechtzeitigen Durchführung dargelegt wurde, ging ich sogleich ans Werk. Von der Maschinenfabrik Augsburg wurde telegraphisch der Chef der Abteilung für Turbinenbau herübergebeten, um den Entwurf festzustellen und die erforderlichen Zeichnungen in den nächsten Tagen zu erhalten. Bei Dyckerhoff wurden sieben Doppelwaggons Zement abgerufen. Entscheidend aber war es, von dem Stadtbauamte München zu erlangen, daß das ganze städtische Wasserbaupersonal mit den zugehörigen Arbeitsmitteln zur Verfügung gestellt wurde. Wohlgerüstet waren in der Stunde des Bachauskehrbeginnes etwa hundert Arbeiter unter Leitung des Wasserbauinspektors Knorr zur Stelle. Die sechs Mühlenräder mit ihren Umbauten und Gerinnen waren schnell beseitigt. Nun aber zeigte sich der gesamte Kanalboden mit einigen Hunderten von Pfählen gespickt, welche einzeln und teilweise mit großen Schwierigkeiten herausgezogen werden mußten, ehe an das Einrammen der für uns erforderlichen Pfähle und an das Betonieren gegangen werden konnte. Tag und Nacht (bei malerischer Beleuchtung) glich der Bauplatz einem Ameisenhaufen. Schließlich mußte ich alle Wasserwerksbesitzer am Auer Mühlbache um Verlängerung der Bachauskehr um zwei Tage bitten. Dann aber war das Werk glücklich vollendet.

Unsere vier Eiswerke waren für die Herstellung von täglich je 1000 Zentner Eis gebaut und überragten quantitativ weitaus die bis dahin bestandenen Eisfabrikationseinrichtungen. Daß dies aber auch in qualitativer Hinsicht der Fall war, geht daraus hervor, daß die Bauformen ihrer Bestandteile im wesentlichen allgemein aufgenommen und bis heute beibehalten sind. Die Tatsache, daß der größere Teil des hergestellten Eises zu bis dahin für Kunsteis unerhört niedrigen Preisen (bei gleichmäßiger Lieferung durch das ganze Jahr zu 70 Pf. für 100 kg) mit Nutzen verkauft werden konnte, stellte die Industrie der Eisfabrikation auf eine neue wirtschaftliche Grundlage*). Damit hatten wir einen Hauptzweck dieser Anlagen erreicht, welche gleichzeitig uns zur Sammlung von Erfahrungen und zur Schulung von Personal wertvolle Dienste leisteten. Nachdem wir bald in ungeahnter Weise mit der Lieferung von Kälteanlagen für fremde Rechnung befaßt waren, haben wir die vier Eiswerke mit erheblichem Überschusse über ihren Buchwert verkauft.

Für die

Organisation der Lieferung von Kälteanlagen,

welche noch im Jahre 1879 ihren raschen und nachhaltigen Aufschwung begann, hatten wir mit unseren Maschinenfabriken uns dahin geeinigt, daß sie uns das an sie früher abgetretene Verkaufsrecht zurückgaben, wogegen ihnen für die betreffenden Ländergebiete das alleinige Ausführungsrecht verblieb. Bald fanden wir es notwendig oder zweckmäßig, die Verträge mit den Maschinenfabriken in Lyon, Gent und Burton zu lösen und für den Bezug der in den betreffenden Gebieten erforderlichen Kompressoren und Dampfmaschinen ausschließlich Augsburg und Winterthur heranzuziehen. Mag durch die strenge Bindung an die beiden Werke für unsere Gesellschaft die Möglichkeit verloren gegangen sein, durch Einholung von Angeboten im Wettbewerbe billigere Preise zu erlangen, so ist zweifellos die hohe und gleichmäßige Qualität der Maschinen ein wesentliches Moment für den Erfolg unserer Arbeit gewesen und geblieben, so daß ich diese

*) Unter denjenigen, welche hierdurch zur Errichtung von Eiswerken in eigener Unternehmung veranlaßt wurden, befanden sich meine beiden jüngeren Brüder Siegmund und Gottfried, welche in Toulouse und in Köln sich niederließen. Ersterer hat glücklicherweise einige Jahre vor dem Kriegsausbruche sein Werk verkauft. Letzterer ist im Jahre 1909 gestorben; seine „Blockeisfabrik“ wird von der Familie als G. m. b. H. nach Hinzufügung von Kühlhäusern weiterbetrieben.

Bindung niemals bereut oder beklagt habe.*) Unsere Lieferungen umfaßten übrigens sehr bald neben den eigentlichen Kältemaschinen mehr oder weniger umfangreiche Einrichtungen für die Verwendung der Kälte, zu deren Beschaffung wir mit anderen Firmen in laufende Verbindung traten. An Herstellung dieser Einrichtungen und jener Maschinen in eigenen Werkstätten haben wir niemals gedacht, sondern beschränkten und vertieften unsere Arbeit ausschließlich in Richtung auf das Entwerfen und Berechnen der von uns zur Lieferung übernommenen Anlagen und aller ihrer Bestandteile, auf die Überwachung der teilweise durch eigene Monteure durchgeführten Aufstellung und Ingangsetzung und auf den Verkehr mit der Kundschaft einerseits und mit den Werkstätten anderseits. Diese Gestaltung des Liefergeschäftes erwies sich in wirtschaftlicher Hinsicht insofern außergewöhnlich lohnend, als sehr bald der erzielte Jahresumsatz das Mehr- und Vielfache des dafür investierten Kapitals betrug.

Wenn ich hier neben den vorstehenden Gründen für das Gedeihen unserer Gesellschaft auch anführe, daß ich ihrer Geschäftsführung den Grundsatz absoluter Wahrheit und reichlicher Erfüllung jeder Vertrags- und Billigkeitspflicht zuführte, so mag es verwunderlich erscheinen, etwas so Selbstverständliches besonders auszusprechen. Ich tue es im Hinblicke auf trübe Erfahrungen, die ich während meiner nunmehr vierzigjährigen Tätigkeit im Geschäftsleben — wenn ich nicht irre leider in steigendem Maße — habe machen müssen. Neben den ehrenwerten Firmen, mit denen wir glücklicherweise meistens zu tun hatten, sind uns solche begegnet (auch mit großen und stolzen Namen), die in einseitiger Verfolgung ihrer Interessen — analog dem politischen Grundsatze: „right or wrong my country“ — den Anforderungen von Recht und Billigkeit und der Wahrheit gelegentlich Gewalt antun, und wiederholt habe ich eine solche Haltung als im Geschäftsleben erlaubt, ja sogar notwendig bezeichnen hören.

Durch Sorge dafür, daß unsere Leistungen nicht nur das Maß erreichten, welches auf Grund unserer Versprechungen von uns erwartet werden durfte, sondern der Sicherheit wegen stets darüber hinausgingen, erlangte unsere Gesellschaft den Ruf besonderer Zu-

*) Die an der Spitze der beiden Maschinenbau-Anstalten stehenden Männer, der (auch um die Arbeit in unserem Aufsichtsrate hochverdiente) Herr H. v. Buz und der leider früh verstorbene Herr Sulzer-Steiner, sowie später sein Sohn Sulzer-Schmid, haben durch ihre vornehme und gerechte Gesinnung den geschäftlichen und persönlichen Verkehr durch die Jahrzehnte hindurch zu einem ebenso erfreulichen als fruchtbaren gemacht.

verlässigkeit, der ihr bis zum heutigen Tage unter Schippers von denselben Grundsätzen getragenen Leitung verblieben ist und mitten im stürmischen Wettbewerbe ihr die erste Stelle unter den deutschen Lieferanten von Kälteanlagen erhalten hat. Mit besonderer Befriedigung hat es mich erfüllt, daß bei meinem Rücktritte von elfjähriger Amtstätigkeit als Vorstand rund tausend Kältemaschinen geliefert waren, ohne daß ein einziger Rechtsstreit damit verbunden war.

Die Entwickelung unseres Liefergeschäftes hatte es natürlich — ebenso wie die Errichtung eigener Werke — für mich notwendig gemacht,

Mitarbeiter

in schrittweise wachsender Anzahl heranzuziehen. Neben Schipper und Heyder waren schon in München mehrere meiner Schüler wegen ihrer Tüchtigkeit von mir ins Auge gefaßt worden. Am 1. Juni 1879 trat mein früherer Assistent Karl Heimpel als erster Ingenieur in die Dienste der Gesellschaft. Zwar schloß sich derselbe in Gemeinschaft mit Heyder im nächsten Jahre der Unternehmung eines ihrer früheren Kommilitonen an, jedoch wandte er sich nach einigen Jahren wieder unserer Sache zu, und mein weiterer Bericht wird ihn als unseren erfolgreichen Vertreter in Österreich wieder finden. Als 1880 Heimpel uns verlassen hatte, trat Schipper aus den Diensten der Maschinenfabrik Augsburg in unsere Gesellschaft ein. Wie schon seit 1873, so ist er weiterhin in gleichem Schritt und Tritt als guter Kamerad neben mir marschiert, bis ich 1890 das Führeramt in seine treuen Hände übergeben konnte. Fernerhin hatte ich Herrn Rob. Banfield schon nach seinem im Jahre 1877 erfolgten Absolutorium der Technischen Hochschule mit Rücksicht auf seine Kenntnis fremder Sprachen und der englischen Verhältnisse für die im Auslande (insbesondere in Belgien, Holland und England) bevorstehenden Aufgaben gewonnen. Bis zu heutigen Tagen — in welchen er als Engländer genötigt war, während der Kriegsdauer sich in das neutrale Ausland zu begeben, ist er mit vorbildlicher Treue und Unermüdlichkeit für uns tätig gewesen. Aus ähnlichen Beweggründen schlug ich dem Baron v. Hirsch vor, den in Paris geborenen und die französische Sprache völlig beherrschenden Herrn Rud. Diesel (nach dessen im Herbste 1879 erfolgenden Absolutorium) ein Jahr lang mit einem Stipendium in den Sulzerschen Werkstätten praktisch ausbilden zu lassen, um ihn alsdann für seine französische Unternehmung zu verwenden. Als die letztere aufgelöst und uns die Besorgung des Liefergeschäftes in Frankreich zurückgegeben war, behielt Diesel bis zum Jahre 1889 als unser Vertreter seinen Wohnsitz in Paris und war alsdann in gleicher Eigenschaft mit ausgezeichnetem Erfolge in Berlin beschäftigt, bis er (1893) sich der technischen und industriellen Verwertung des „Dieselmotors" zuwendete. Sein tragisches Ende (Oktober 1912) ist noch in traurigem Gedächtnis. Herr August Krebs kam nach Aufgabe seiner Assistentenstelle bei Grove im Jahre 1882 zu uns und hat, dank seiner hohen Intelligenz, der Gesellschaft sehr wertvolle Dienste geleistet, bis (1904) zunehmende Kränklichkeit ihn veranlaßte, sich mit Pension zurückzuziehen. Herr Priem gehört seit 1883 bis heute als verlässiger Führer des Materialwesens unserer Gesellschaft an, und Herr H. Reuther trat nach kurzer Arbeitszeit (1881 bis 1885) in Wiesbaden in die Dienste unserer österreichischen Vertretung, deren Leitung ihm (1904) übertragen wurde.

Die Münchner Hochschule hat uns auch später wertvolle Kräfte geliefert, so im Jahre 1881 Herrn Kallmeyer, der bis 1911 das Filialbureau in Elberfeld besorgte, und 1884 den bis heute als Leiter des Hauptkonstruktionsbureaus in Wiesbaden tätigen Herrn Tegetmeyer. Im Laufe des ersten Jahrzehntes traten nacheinander die Assistenten meines Nachfolgers Schröter in unsere Dienste, nämlich die Herren Mönch, Negele, Pressel und Brückner. Von ihnen wird noch später die Rede sein. Ich unterlasse es, die Namen anderer tüchtiger Mitarbeiter der Gesellschaft hier aufzuzählen, mit denen ich nicht mehr in nähere persönliche Berührung getreten bin*).

Die technischen Aufgaben,

deren Lösung mir mit Hilfe der obengenannten Mitarbeiter oblag, ergaben sich teils aus den Bedürfnissen, welche uns von außen entgegengebracht wurden, teils aus den neuen Anwendungen der Kälte, zu denen wir selbst die Anregung gaben. Schon oben habe ich erzählt, wie ich an den Ersatz des Natureises herangegangen war, welches in den

Bierbrauereien,

zunächst für die Zwecke des Betriebes, also für die

*) Zur Zeit des Kriegsausbruches betrug die Zahl der Gesellschaftsbeamten 243. Ihr fünfundzwanzigjähriges Jubiläum haben bis Ende dieses Jahres 27 Beamte gefeiert. Einer Anzahl von dienstunfähig gewordenen Beamten und von Hinterbliebenen verstorbener Beamten konnten aus dem Fonds Pensionen erteilt werden, zu dessen Ansammlung durch die Generalversammlungen bisher mehr wie eine Million Mark bewilligt worden ist.

gebraucht wurde, und daß darüber hinaus die Kühlung und Entfeuchtung der Gärkellerräume unternommen war. Die weitere Verfolgung dieser letzteren Aufgabe führte dazu, daß derselben je nach den vorliegenden Verhältnissen entweder durch natürliche Ventilation entsprochen wurde, indem Röhrenbündel an der Decke der Gärkeller (über den Gängen) aufgehängt wurden, durch welche — in Übereinstimmung mit dem Wesen der Warmwasserheizungen — eine von der Kältemaschine auf mehrere Grad unter 0° C abgekühlte Salzlösung strömt, oder durch das energischere, schon in Triest gebrauchte Mittel der künstlichen Ventilation, wobei jedoch anstelle des dort angewendeten Soleregens ebenfalls Bündel von Solerohren (eingebaut in Kanäle) traten, an denen der Luftstrom durch Ventilatoren entlanggeführt wird.

Die Ersetzung des Natureises im Betriebe gelangte bald in einer so großen Anzahl von Bierbrauereien zur Einführung, daß die hierfür bei uns eingehenden Aufträge der Menge nach weitaus an erster Stelle unseres Umsatzes standen. In noch erhöhtem Maße wurde das der Fall, als auch die

Kühlung der Lagerkeller

zur Annahme gelangte. Noch im Jahre 1881 wurde mir von hervorragenden Bierbrauern erklärt: „Ihre Kältemaschine ist für unsere Betriebszwecke sehr wertvoll, aber unser lagerndes Bier werden wir niemals einer Maschine anvertrauen, deren zeitweises Versagen eine Katastrophe bedeuten könnte." Als der Direktor der Dortmunder Aktienbrauerei im genannten Jahre mir seine Verlegenheit wegen Mangels an Lagerraum klagte und ich ihm auseinandersetzte, wie jene Gefahr völlig dadurch beseitigt werden könnte, daß mit dem zur Kühlung von Lagerkellern dienenden Rohrnetze ein Kasten verbunden würde, durch welchen die Salzlösung strömen und in welchen während einer etwaigen Störungsdauer Eis und Salz eingeführt werden könnte, entschloß sich die Brauerei (als erste), für einen Block von sechs Kellern die maschinelle Kühlung einzurichten, wodurch die zugehörigen Eisräume für die Bierlagerung frei wurden. In Lagerkellern ist der natürliche Umlauf der Luft unter allen Umständen ausreichend. Es handelte sich also nur darum, Rohrnetze mit der nötigen Oberfläche (der Decke sich anschmiegend) aufzuhängen. — Ein Zufall schien den ursprünglichen Bedenken recht geben zu sollen, als ich bald nach Eröffnung des Betriebes (1882) einen telegraphischen Hilferuf erhielt, wonach die Anlage dadurch stillgelegt sei, daß (infolge eines Bedienungsfehlers) ein Kompressordeckel mit Ventilgehäusen durch Flüssigkeitsschlag zerstört wurde. Da ich aber in der Lage war, von Augsburg die sofortige Entsendung eines Monteurs mit einem Ersatzstücke (aus einer Vorratsbestellung) nach Dortmund telegraphisch zu beordern, so daß mir 48 Stunden nach dem Eintritte des Unfalles ein Danktelegramm für die schnelle Beseitigung der Störung zugehen konnte, so trug der Unfall nur dazu bei, das Gefühl der Verlässigkeit zu erhöhen. Die Vorteile der Lagerkellerkühlung (Gewinnung der Eisräume, Beseitigung der mit der Natureisfüllung verbundenen Schwierigkeiten und Verunreinigungen, gleichmäßige Temperatur in den Abteilungen und Regulierbarkeit derselben durch einfache Hahnstellung, wobei mit dieser Temperatur nunmehr stellenweise bis unter 0° C herabgegangen wurde) sprangen so deutlich in die Augen, daß andere Brauereien in schnellem Tempo sich anschlossen. Als im Winter 1883/84 die Natureisernte versagte, brach eine förmliche Sturmflut von Aufträgen über uns herein, welche die äußersten Anstrengungen unserer Maschinenfabriken und unseres Personals und die Heranziehung des ganzen Vorrates notwendig machte, zu dessen Bestellung ich glücklicherweise (für die gangbaren Maschinengrößen) Vorsorge getroffen hatte. Viele Hunderte von Kilometern Solerohre mußten verlegt werden, um die — in den Großbrauereien zu förmlichen Labyrinthen ausgebreiteten — Kellerkomplexe zu versorgen. Eine willkommene Zugabe war es meist, daß wir durch Aufstellung hochwertiger (gleichzeitig den übrigen Brauereibetrieb mit umfassender) Antriebsdampfmaschinen eine rationellere Bewirtschaftung des ganzen Dampf- und Heizbetriebes herbeizuführen vermochten, so daß in einzelnen Fällen mit Einschluß der Kältemaschine weniger Dampf gebraucht wurde als vor deren Anschaffung.

Schon zwei Jahre nach Einrichtung der ersten Lagerkellerkühlung war es eine feststehende Meinung in der Brauerwelt, daß diese zweite Leistung der Kältemaschine noch wertvoller sei als der auf den Betrieb sich erstreckende erste Teil und daß der untergärigen Bierbrauerei durch die Kältetechnik eine neue Grundlage gegeben sei, indem sie dieselbe unter wesentlichen Verbesserungen von den klimatischen Verhältnissen unabhängig gemacht habe.

Es versteht sich wohl von selbst, daß das Gelingen aller dieser Anlagen in technischer und wirtschaftlicher Hinsicht aufgebaut sein mußte auf richtigen Berechnungen und Einschätzungen aller in Betracht kommenden Größen und Verhältnisse, welche — nötigenfalls durch die Erfahrung korrigiert — so in Normalien gefaßt wurden, daß bald für die Herstellung der Konstruktionspläne einfach aus denselben alle Angaben zu schöpfen waren. Heute erscheint die Lösung der ganzen Aufgabe so einfach und selbstverständlich, daß niemand daran denkt, was zu überwinden gewesen ist, um sie ohne Fehlschlag durchzuführen. Als ich im Jahre 1891 Wiesbaden verließ, standen 747 meiner Kältemaschinen bei 445 Bierbrauereien in Gebrauch.

Neben die Bierbrauerei ist als wichtigstes Gebiet die Ausbildung der

Fleisch-Kühl- und Gefrieranlagen

getreten. Die erste Fleischkühlanlage in Deutschland wurde 1882 in Bremen durch den dort ansässigen Maschinenfabrikanten Osenbrück (von welchem ich später zu sprechen haben werde) ausgeführt. Sie blieb so weit hinter den zugesagten Leistungen zurück, daß ich vom Stadtrate nach Bremen berufen wurde, um für die erforderlichen Abänderungen Rat zu erteilen.

Wir bekamen unserseits im städtischen Schlachthause Wiesbaden im Jahre 1883 die Gelegenheit zur Herstellung der ersten unter den zahlreichen im In- und Auslande von uns herrührenden Fleischkühlanlagen, an welche viele andere Einrichtungen zur Aufbewahrung von Lebensmitteln, zuletzt die großen Kühlhäuser sich anschlossen. Die Anforderungen an die Kühlung solcher Räume gingen über die in den Brauereien gestellten insofern hinaus, als hier neben Kühlung der Luft die Beseitigung großer Feuchtigkeitsmengen aus derselben und ihre Reinigung sich als notwendig erwies, und daß zu beliebig langer Lagerung gefrorenen Fleisches ausgedehnte Räume um mehrere Grad unter 0° C herabzukühlen sind. Für gewisse Lagerungsobjekte, z. B. Eier, haben sich diese Anforderungen dahin gesteigert, daß ganz bestimmte Temperaturen und Feuchtigkeitsgrade mit beinahe absoluter Konstanz verlangt werden, und auf dem Wege der Erfahrung mußte zuerst festgestellt werden, welche Temperatur- und Feuchtigkeitsgrade für die verschiedenen Kühlgüter die besten sind, um alsdann zur Feststellung der Mittel zu gehen, durch welche die Erfüllung dieser Forderungen gewährleistet wird.

Unter den mannigfaltigen Bauarten von Kühleinrichtungen, welche je nach den besonderen Verhältnissen zur Anwendung kamen, will ich hier nur diejenige beschreiben, welcher der höchste Grad von Vollkommenheit in der dreifachen Wirkung der Kühlung, Entfeuchtung und Reinigung der Luft von vielen Seiten zugeschrieben wird. Bei Benutzung des hierfür wirksamsten Mittels, nämlich unmittelbarer Berührung der Luft mit kalter Sole, kommt es darauf an, die Arbeit auf das geringste Maß herabzusetzen, welches aufzuwenden ist, um Luft und Sole mit der erforderlichen Oberflächenentfaltung zueinander zu bewegen, weil abgesehen von dem Arbeitsaufwand selbst das ganze Wärmeäquivalent dieser Arbeit an der produzierten Kälte verloren geht. Diesen Gesichtspunkten suchte ich bei dem Entwurfe der

„Scheibenluftkühler"*)

Rechnung zu tragen. Eine große Anzahl von kreisrunden Scheiben (mit ungefähr 1,5 m Durchmesser) ist in Abständen von etwa 2 cm je auf einer Achse aufgesteckt, und eine gewisse Anzahl solcher Aggregate wird hintereinander in ein geschlossenes Gehäuse eingebaut, dessen unterer Teil mit Sole gefüllt ist und den Verdampfer enthält, während durch den oberen Teil (ohne Richtungsänderung und mit geringer Geschwindigkeit) die von Ventilatoren bewegte Luft zwischen den Scheiben hindurchstreicht. Letztere drehen sich langsam um (etwa fünf Umdrehungen in der Minute) und bedecken sich hierdurch mit fortwährend wechselnden dünnen Soleschichten.

Bis zum Jahre 1891 haben wir 60 Fleischkühlanlagen mit 87 Kältemaschinen eingerichtet.

Als ein wichtiges Erfordernis hatte sich schon beim Bau unserer Eiswerke die Ausbildung solcher Einrichtungen für die

Klareisgewinnung

gezeigt, durch welche dieselbe in einfacherer und billigerer Ausführung ermöglicht werden sollte als durch die rotierenden (im Anhange auf Seite III dargestellten) Generatoren. Ich baute (erstmals in Barmen 1881) den

1. „Flossenapparat".

Innerhalb der nach der oben beschriebenen Bauart hergestellten Kastengeneratoren taucht in jede der Eiszellen (von quadratischem Querschnitte) eine Stahllamelle („Flosse") tief ein**) und gibt durch hori-

*) Auf Seite IV im Anhange ist eine Fleischkühlanlage mit solchen Scheibenkühlern teilweise dargestellt.

**) Siehe Fig. auf Seite III des Anhanges.

Carl Max Bauernfeind war Organisator und erster Direktor der Kgl. Polytechnischen Schule München (der späteren TH). Ein Stahlstich gibt den 1866–1868 von Gottfried Neureuther errichteten Bau an der Arcisstraße wieder. (Zu S. 27)

Carl Linde als junger Hochschullehrer und seine Gattin Helene geb. Grimm. (Zu S. 24)

Nr 10,589.

Koenigreich Bayern

Staats Ministerium des Handels und der öffentlichen Arbeiten.

Seine Majestät der König haben sich inhaltlich allerhöchster Entschließung d.d. Schloß Berg den 13ten dss. Mts. bewogen gefunden, den Vorstand des technischen Bureaus der Lokomotivfabrik von Krauß und Cie in München, Maschinen-Ingenieur Carl Linde, zum außerordentlichen Professor der Maschinenlehre an der mechanisch-technischen Schule der polytechnischen Schule in München mit einem Jahresgehalte von 1000 fl. / eintausend Gulden / vom 1ten Oktober dss. Js. an in provisorischer Eigenschaft allergnädigst zu ernennen, was dem Genannten hiermit eröffnet wird.—

München den 24ten August 1868.

Auf Seiner Koeniglichen Majestaet allerhoechsten Befehl.

v. Schlör

An
den Vorstand des technischen Bureaus der Lokomotivfabrik von Krauß und Cie in München Maschinen-Ingenieur Carl Linde.

Durch den Minister der General-Sekretär Ministerial-Rath [illegible]

Die Besetzung der Lehrstellen an der neuen polytechnischen Schule in München betreffend.

26 Jahre war C. Linde alt, als er am 24. 8. 1868 zum außerordentlichen Professor ernannt wurde. (Zu S. 28)

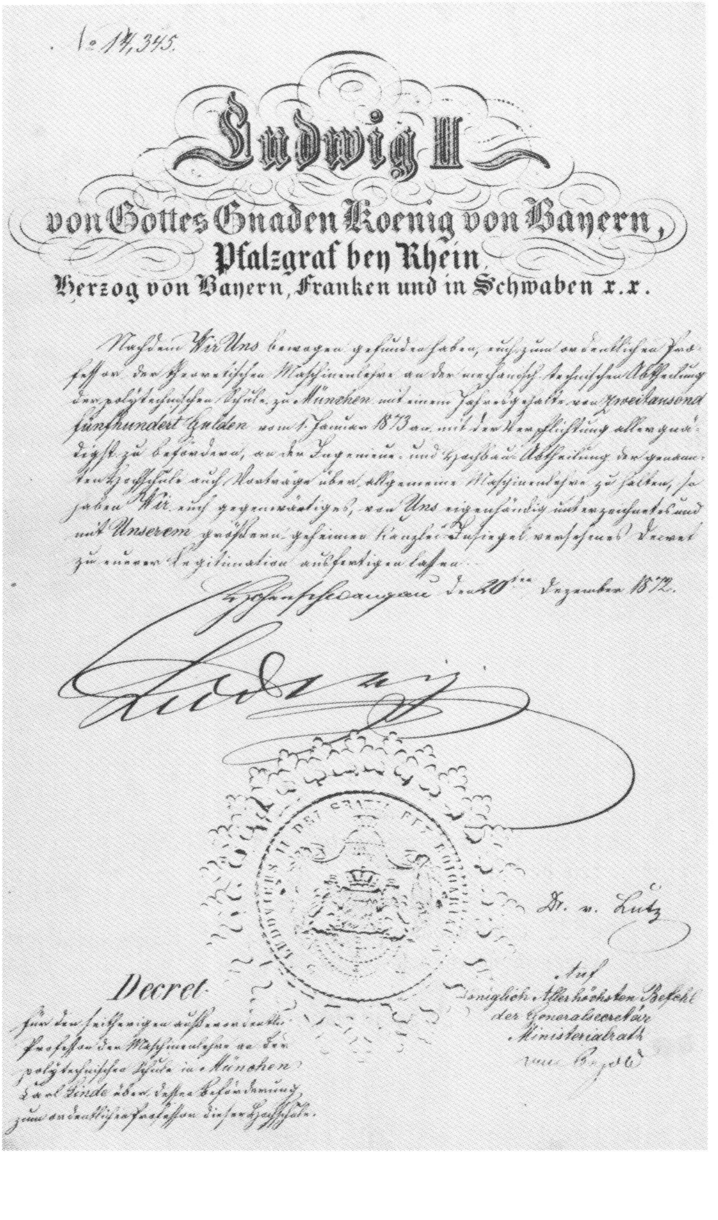

No 14,345.

Ludwig II

von Gottes Gnaden Koenig von Bayern,

Pfalzgraf bey Rhein,

Herzog von Bayern, Franken und in Schwaben x.x.

Nachdem Wir Uns bewogen gefunden haben, euch zum ordentlichen Professor der theoretischen Maschinenlehre an der mechanisch-technischen Abtheilung der polytechnischen Schule zu München mit einem Jahresgehalte von zweitausend fünfhundert Gulden vom 1. Januar 1873 an, mit der Verpflichtung allergnädigst zu befördern, an der Ingenieur- und Hochbau-Abtheilung der genannten Hochschule auch Vorträge über allgemeine Maschinenlehre zu halten, so haben Wir euch gegenwärtiges, von Uns eigenhändig unterzeichnetes und mit Unserem größeren geheimen Kanzlei-Insiegel versehenes Decret zu eurer Legitimation ausfertigen lassen.

Hohenschwangau den 20ten Dezember 1872.

Ludwig

LUDOVICUS II DEI GRATIA REX BOJARIAE

Dr. v. Lutz

Auf Königlich Allerhöchsten Befehl
der Generalsecretär
Ministerialrath
von Bezold

Decret
für den seitherigen außerordentlichen Professor der Maschinenlehre an der polytechnischen Schule in München Carl Linde über dessen Beförderung zum ordentlichen Professor dieser Hochschule.

Ernennung zum ordentlichen Professor, 20. 12. 1872. (Zu S. 31) zontale Schwingungen dem Gefrierwasser solche Bewegung, daß dadurch das Abspülen der an der Gefrierfläche sich ausscheidenden Luftbläschen herbeigeführt wird. Die Schwingungsweite muß mit dem Fortschreiten der Zellenreihen abnehmen, zu welchem Zwecke die Flossen oben durch Stäbe zusammengefaßt und diese Stäbe seitwärts auf schwingenden Längsträgern aufgelegt werden, die auf der hinteren Generatorseite Kurbelantrieb erhalten, während sie am vorderen Ende in Zapfen drehbar sind. An geeigneter Stelle müssen die Flossenreihen herausgenommen werden, um nicht einzufrieren. Es bleibt also ein innerer Teil (reichlich ein Zehntel des Querschnittes) trübe. Obwohl demnach die Klareisbildung keine vollständige ist, so ist der Mechanismus und seine Bedienung so einfach, daß der Flossenapparat bis heute sehr allgemeine Anwendung gefunden hat.

Um aber die ganzen Eisblöcke durchsichtig zu erhalten und um gleichzeitig alle fremden Bestandteile zu beseitigen, auch möglichste Keimfreiheit zu erlangen, unternahm ich (zuerst im Eiswerke Shadwell in London 1886) den Bau von

2. Hochdruckdestillatoren,

in denen Wasser dadurch verdampft wurde, daß der Kesseldampf (als Destillat) sich kondensierte, wobei der nunmehr zum Antrieb der Dampfmaschine dienende (Sekundär-) Dampf natürlich einen gewissen Druckabfall gegenüber dem Heizdampfe zeigt.

Später gingen wir für eine größere Anzahl von Anlagen zu

3. Niederdruckdestillatoren

über unter Verwendung des Abdampfes der Dampfmaschine als Heizmittel, während der Sekundärdampf als „Destillat" in Oberflächenkondensatoren verdichtet wird.

Eine Arbeitsweise, welche ich schon in München und auch für andere Zwecke (Soleabdampfung, Alkoholdestillation usw.) vorgeschlagen hatte und welche als

4. „Thermokompression"

bezeichnet worden ist, besteht darin, daß in Übereinstimmung mit dem Wesen der Kältemaschinen die bei der Wasserverdampfung mit der Temperatur T aufgenommene Wärme durch Kompression des Dampfes auf solche Temperatur T_1 gehoben wird, daß sie (durch die Wandungen des Destillators) unter Wiederverflüssigung des Dampfes (zum „Destillat") an das Wasser zu fortdauernder Verdampfung wieder abgegeben werden kann. Da hierbei $T_1 - T$ nur den zum Wärmeübergang durch die Wandung erforderlichen Temperaturunterschied darstellt, so wird der erforderliche Arbeitsaufwand durch große Wandungsflächen auf ein geringes Maß herabgesetzt werden können. In München (mit einem Enkeschen Gebläse als Kompressor) ausgeführte Versuche hatten ergeben, daß mit einem Kilogramm Betriebsdampf bis zu 10 kg Destillat gewonnen werden können. Zu einer Ausführung in größerem Maßstabe ist es aber erst vor wenigen Jahren in Dresden unter Anwendung eines Turbokompressors gekommen, wobei die Ergebnisse jedoch wirtschaftlich hinter denjenigen mit den sub 3 bezeichneten Destillatoren zurückzubleiben scheinen*).

Als im Jahre 1881 Pettenkofer unsere Eisfabrik in München besucht hatte, schrieb er mir: „Diese neue Technik der Kälte scheint berufen, als Träger der Kultur in den tropischen Gebieten ähnlich zu wirken wie die Technik der Heizung in den alten Kulturländern." In diesen Worten war eine Aufgabe gekennzeichnet, welcher eine noch größere Bedeutung innezuwohnen schien als den von unserer Industrie in den „alten Kulturländern" gestellten Aufgaben, nämlich die Anwendung der

Kälteanlagen für bewohnte Räume.

Daß nun aber in dieser Richtung bis heute noch fast nichts geschehen ist (während meiner Wiesbadener Tätigkeit ist es nicht zu einer einzigen Ausführung gekommen), legt natürlich die Frage nach den Ursachen dieser Erscheinung nahe. Ich habe die Besprechung derselben zum Gegenstande des einleitenden Vortrages**) bei dem ersten Internationalen Kältekongreß in Paris 1908 gemacht und dabei ausgeführt, daß technische Schwierigkeiten der Lösung dieser Aufgabe nicht entgegenstehen und daß von berufener (hygienischer und medizinischer) Seite dringende Aufforderungen zu ihrer Durchführung ergangen seien. Ich habe es seinerzeit nicht an Bemühungen hierfür fehlen lassen. So habe ich im Jahre 1888 die vollständigen Baupläne für ein in Kalkutta zu erbauendes Hotel herstellen lassen und Einrichtungen für die Entfeuchtung und Temperierung der Luft in den Wohn- und

*) Neuerdings ist diese Arbeitsweise von anderer Seite unter Anwendung von Dampfstrahlapparaten für die Thermokompression aufgenommen worden.

**) Bayer. Ind.- u. Gewerbeblatt 1908.

Schlafräumen entworfen. Aber alle Versuche zur Aufbringung des zur Verwirklichung dieser Pläne erforderlichen Kapitals scheiterten*).

Schon im Sommer 1879 mußte ich häufig nach Waghäusel fahren, wohin eine Kälteanlage für

Strontianentzuckerung der Melasse

zu liefern war, welches Verfahren durch die damalige Steuerpolitik eine vorübergehende Bedeutung erlangt hatte, so daß wir neben mehreren Anlagen in Deutschland auch eine solche für Say in Paris herzustellen hatten.

Im Jahre 1879 hat auch schon die Einführung unserer Maschinen in die

chemische Großindustrie, in Molkereien, Butter- und Schokoladefabriken

begonnen.

Ich unterlasse es, die vielen einzelnen Aufgaben aufzuzählen, deren technische Bearbeitung für diese und andere Zwecke unsere Gedanken und Hände beschäftigte. Wohl in keinem anderen Zeitraume meines Lebens habe ich mit größerer Befriedigung gearbeitet. Auf einem noch beinahe ganz jungfräulichen und überaus fruchtbaren Boden bot sich ein weites Feld dar, das ich nach eigener freier Überlegung und mit großen Mitteln bebauen durfte — ein für den Maschineningenieur geradezu idealer Zustand! Jede neue Anwendung erforderte eine besondere Gestaltung der Einrichtungen, sei es hinsichtlich der Arbeitsweise, sei es mit Rücksicht auf bauliche Anpassung, so auf Schiffen, für Eisbahnen, zur Schachtabteufung, in Eisenbahnwagen usw. Bald galt es diese, bald jene Wirkung zu erzielen, diese und jene Schwierigkeit zu beseitigen. Mußte z. B. an einer Stelle die Zusage gegeben werden, daß durch das allein zur Verfügung stehende Schmutzwasser die Wirksamkeit der Kondensatoren nicht beeinträchtigt werden dürfe, so wurde ein Kondensator mit horizontalen Röhren entworfen, an welchen sich (durch einen Schraubenmechanismus angetrieben) eine Schabevorrichtung hin- und herbewegte. An anderen Stellen fehlte es überhaupt an Kühlwasser und mußte zum Bau von **„Rückkühlern“** geschritten werden, wie sie jetzt eine so allgemeine An-

*) Später hat unsere Gesellschaft mit bestem Erfolge in einem Frankfurter Privathause sowie im Telephonamte Hamburg Kühlanlagen eingerichtet. Diese sowie eine solche durch die Firma Humboldt im Kölner Stadttheater ausgeführte und einige wenige Einrichtungen in Amerika sind aber vereinzelt geblieben.

wendung gefunden haben, damals aber noch nicht einmal dem Namen nach bekannt waren. Erstmals zwang uns die Not (1883) in unserem Eiswerke Stuttgart zum Bau einer solchen mit Kühlturm. Verschiedene Bauformen, u. a. auch mit Verwendung unserer „Scheibenkühler" (unter Umkehr ihrer Arbeitsweise und Aufgabe), wurden je nach örtlichen, klimatischen und baulichen Umständen zur Ausführung gebracht.

Die Erledigung der mir so in technischer wie in geschäftlicher Richtung obliegenden Arbeit hat mich genötigt, einen erheblichen Teil meiner Zeit auf Reisen zu verbringen. An die Benutzung der Schlafwagen habe ich mich, wie sehr viele Geschäftsleute, so gewöhnt, daß es mir wenig ausmacht, ob ich in feststehendem oder fahrendem Bette schlafe. Insbesondere wurden die Nachtfahrten zur Regel gemacht durch

unsere Kältemaschinen im Auslande.

Fast ohne jedes Zutun von unserer Seite haben die Lindeschen Kältemaschinen ihren Weg weit über die deutschen Grenzen hinaus gefunden und sind heute wohl in jedem Lande der Erde zu finden, in welches europäische Kultur gedrungen ist. Schon oben waren die vor Gründung unserer Gesellschaft betätigten Maschinenlieferungen nach Triest, London und Bombay erwähnt. Im Jahre 1879 erhielt ich den Besuch des Herrn Friedrich Wolf aus Chicago (eines früheren Assistenten von Redtenbacher), der mit mir wegen Überlassung meiner Patente für

die Vereinigten Staaten von Nordamerika

verhandeln wollte. Unser Unternehmungsgeist war nicht auf die eigene Bearbeitung solch fremder Gebiete gerichtet, weshalb ich für eine verhältnismäßig unbedeutende Summe mit ihm einig wurde — allerdings ohne zu wissen, daß für die Kältetechnik sich hier das fruchtbarste Feld der Erde entwickeln sollte. Anfänglich bezog Wolf die Kompressoren und Dampfmaschinen noch von uns, bald aber errichtete er seine „Fred. Wolf"-Werke in Chicago und baute selbst nach unseren Zeichnungen. Diese Werke erreichten zwar eine recht große Anzahl von gelieferten Maschinen (etwa 1050 bis zum Ausbruch des Krieges), aber doch nicht diejenigen Leistungen, wie sie zu einer dauernden Führung in der schnell und mächtig aufblühenden Kälteindustrie der Vereinigten Staaten notwendig gewesen wäre. Andere Werke entstanden und überflügelten ihn.

Ich habe bereits darüber berichtet, daß in

Frankreich

der Baron v. Hirsch die Patente erworben, eine Eisfabrik in Paris gebaut und eine Gesellschaft zur Verwertung jener Patente errichtet, diese Verwertung aber bald in unsere Hände zurückgelegt hat. Unser Liefergeschäft nach Frankreich hat dann merkwürdige, je von der politischen Lage abhängige Wandlungen erlebt. Während in den achtziger Jahren trotz des Wettbewerbes mehrerer Pariser Gesellschaften*) beinahe alle großen Anlagen von uns bezogen wurden, trat gegen Ende dieses Zeitraumes eine so chauvinistische Stimmung ein, daß wir uns genötigt sahen, mit der Maschinenfabrik Cail & Co. in Paris einen Vertrag abzuschließen, durch welchen dieselbe gegen Lizenzgebühren die Ausführung und Lieferung unserer Maschinen übernahm. Nach Ablauf dieses Vertrages konnten wir wieder, immerhin in beschränktem und fortwährend abnehmendem Umfange, durch unser unter Leitung des Herrn Desvignes stehendes Pariser Bureau Aufträge erhalten, bis der Kriegsausbruch dem ein Ende gemacht hat.

Zu meinen ältesten Beziehungen im Auslande gehören diejenigen, welche ich in Rotterdam mit dem Direktor Feltmann von Heineckens Bierbrouwerij Mij und in Kopenhagen mit dem Brauereibesitzer Jacobsen anknüpfen konnte. Der erstere ist mir bis zu seinem frühen Tode als treuer Freund vielfach mit Rat und Tat zur Seite gestanden. Jacobsen hatte beim ersten Anblick der Sedlmayrschen Kälteanlage mit Begeisterung sich auf die Herstellung der Pläne für Einführung unserer Maschinen in seine Musterbrauerei geworfen und

*) Die Firma „Mignon & Rouart" baute schon seit längerer Zeit die Carréschen Absorptionsmaschinen. Die „Compagnie industrielle des procédés Raoul Pictet" vertrieb seit 1880 die Pictetschen (Schwefelige Säure-) Maschinen als Nachfolgerin der im November 1876 in Genf begründeten „Soc. An. pour l'exploitation des brevets Raoul Pictet". Der älteste dortige Kältetechniker Tellier — seit Begründung der Association Internationale du Froid in Paris als „le père du Froid" gefeiert — hat es niemals zu einer fruchtbaren Tätigkeit gebracht. Er gehörte zu den Erfindern, denen trotz lebhafter Phantasie und Reichtum an Ideen der Erfolg fehlt, weil weder in naturwissenschaftlicher noch in maschinentechnischer Hinsicht die Grundlage vorhanden ist, auf welcher die Erfindungsgedanken unter Überwindung der entgegenstehenden Schwierigkeiten zu wirklichen und fertigen Erfindungen heranwachsen können. Seine in frühe Zeit zurückreichenden Versuche zur Herstellung von Kompressions-Kaltdampfmaschinen blieben deshalb ohne Einfluß auf die Entwickelung der Kältetechnik und fanden kein Echo in unserer technischen Literatur, abgesehen von seiner Unternehmung für überseeischen Transport gefrorenen Fleisches, über welche noch zu berichten sein wird.

hat aus seinem Maschinenhause einen Prachtsaal gemacht. Im November 1883 folgte ich der Einladung zur Besichtigung der Anlage in Kopenhagen und mußte als Gast in dem sehenswerten Hause des alten Herrn allerlei Ehrungen über mich ergehen lassen. Auch führte er mich in die durch seine fürstliche Munifizenz so wesentlich geförderten öffentlichen Kunstsammlungen und Institute.*)

Auch in England waren wie in Frankreich bis zum Jahre 1883 alle größeren Kälteanlagen durch uns geliefert worden, ohne daß die erste Maschinenbaufirma (Morton), noch eine zweite (Middleton & Co.), mit denen ich wegen Ausführung in Verbindung getreten war, zu eigener Tätigkeit gelangt waren. Im August 1883 trat mit mir Herr Lloyd von der Firma Pigott & Co. in Verhandlungen, die erst zu einem greifbaren Ziele führten, nachdem er im Sommer 1885 (mit den Herren Statham und Matheson) auf einer Reise zur Besichtigung Lindescher Kälteanlagen nach Wiesbaden gekommen war, wo der Grund gelegt wurde zur Errichtung der

The Linde British Refrigeration Co.,

welche im November 1885 in London mit einem umfassenden Programme und stattlichem Aktienkapitale konstituiert wurde. Sie sollte für Großbritannien und das ganze britische Kolonialreich alle Aufgaben übernehmen, denen sich bisher unsere Gesellschaft gewidmet hatte, welche für dieses Ländergebiet nunmehr alle ihre Rechte an die Tochtergesellschaft abtrat. In den Board of directors traten neben den drei genannten Engländern die Herren D. Carl v. Lang, Feltmann und ich ein. Als manager wurde Herr Banfield bestellt. Die Gesellschaft unternahm alsbald den Bau einer sehr großen Eisfabrik in London (Shadwell) mit Gefrierräumen in eigener Unternehmung nach meinen Plänen. Es fehlte ihr auch nicht an Aufträgen. Allein der wirtschaftliche Erfolg blieb aus. Im Jahre 1890 wurde Herr Lightfoot (der Erbauer einer Art von Kaltluftmaschinen) als managing director berufen, der mit den besonderen Anforderungen der englischen Geschäftsführung vertraut war und über wertvolle Verbindungen verfügte. Seitdem ist durchschnittlich eine gute Verzinsung des Aktienkapitals erzielt worden, und die Gesellschaft stand mit ihrem Umsatze (von zusammen mehr als 1000 Maschinen) bei Ausbruch des

*) Später hat sein Sohn in einem Ehrenhofe seiner Brauerei neben drei Bronzereliefs von Gabriel Sedlmayr, Pasteur und Hansen auch das meine aufgestellt („für die vier Hauptförderer der Bierbrauerei").

Krieges noch an erster Stelle im britischen Wettbewerbe. Es sind auch weitere Eiswerke und Gefrieranlagen für eigene Rechnung in England (Birmingham und Brighton) sowie in Indien (Kalkutta und Bombay) gebaut worden. Bis zum Jahre 1914 habe ich mindestens einmal im Jahre, anfänglich aber mehrmals in England an den Beratungen und Beschlüssen teilgenommen.

In Österreich-Ungarn

waren dem Dreherschen Brauhaus in Triest erst im Jahre 1883 die Aktienbrauerei in Liesing und 1884 diejenige in Hütteldorf mit der Beschaffung unserer Kälteeinrichtungen gefolgt, als Herr Heimpel sich in Wien niederließ, um einerseits die Leitung der von ihm mit Herrn Faber zu errichtenden Wiener Kristalleisfabrik und anderseits die Vertretung unserer Gesellschaft zu übernehmen. Im Laufe der nächsten Jahre gelangten nunmehr bei der Mehrzahl der österreichischen Großbrauereien unsere Kältemaschinen für Betrieb und Lagerung zur Einführung, und auch bei einer Anzahl von anderen Industriezweigen fanden sich Abnehmer. Später verbanden wir uns mit den Maschinenfabriken von Ringhoffer in Prag und Skoda in Pilsen für die Ausführung des österreichischen Bedarfes.

Zu den überseeischen Ländern, in denen die Kältetechnik besondere Bedeutung gewann, gehört

Argentinien

infolge seines Reichtums an Schlachtvieh, zu dessen Verwertung die Kältemaschinen eine neue und bessere Möglichkeit darboten*). Zunächst trat 1884 die Aufgabe an mich, Einrichtungen zu entwerfen und zu liefern, welche für die Ausfuhr von Schaffleisch nach England in einem Schlachthause am La Plata 1. je ein großes Tagesquantum von geschlachteten Schafen mit geringstem Zeitaufwande in den gefrorenen Zustand versetzen und 2. bis zur Verladung in die

*) Die ersten Versuche zur Verwendung von Kältemaschinen für die Überführung von Fleisch aus Übersee nach Europa hat Tellier in kühner, zunächst aber erfolgloser Weise unternommen, indem er als Leiter einer in Paris hierfür begründeten Aktiengesellschaft ein Schiff erwarb, mit einer Methyläthermaschine ausrüstete und nach Buenos-Ayres schickte. Wegen ungenügender Leistung dieser Maschine gelang es nicht, die erste Ladung in gutem Zustande nach Europa zu bringen, und weitere Versuche unterblieben, bis sie später von Engländern mit Kaltluftmaschinen wieder aufgenommen wurden. Während der Weltausstellung 1878 in Paris lag das Telliersche Schiff auf der Seine.

unmittelbar anlegenden Transportdampfer das Fleisch in diesem Zustande erhalten sollten. Die glückliche Lösung dieser Aufgabe im Jahre 1885 hatte zur Folge, daß bald eine größere Anzahl solcher Anlagen zu bauen war. Wir hatten uns mit der Firma Bertuch & Co. über Bedingungen geeinigt, unter welchen das Monopol für den Verkauf unserer Maschinen in Argentinien an dieselbe übergegangen und seither in Verbindung mit Gebrüder Sulzer tatkräftig ausgenützt worden ist.

In Verbindung mit der Einfuhr gefrorenen Fleisches in England (für welche natürlich auch die Ausstattung der Transportdampfer mit Kältemaschinen und die Errichtung von Gefrieranlagen in London und Liverpool für die Aufstapelung der Schiffsladungen notwendig geworden war) stand ein Unternehmen, zu welchem wir durch den Fleischhändler Craninckx in Brüssel veranlaßt wurden, nämlich die Errichtung einer Gefrieranlage in Antwerpen, welche die Einfuhr des argentinischen Schaffleisches auch nach Belgien ermöglichen sollte. Es kam im Jahre 1886 zur Begründung der Aktiengesellschaft

Soc. An. des Frigorifères d'Anvers,

bei welcher sich neben Craninckx der mir verwandtschaftlich befreundete Antwerpener Fabrikant Ingenohl und Herr Randel in geringem Maße beteiligten, während im übrigen das ganze Aktienkapital in Händen unserer Gesellschaft geblieben ist. Kaum war in Belgien der Zweck des Unternehmens bekannt geworden, so setzte noch vor Ingangsetzung der Fabrik die agrarische Partei Gesetzesbestimmungen durch, welche die Einfuhr des argentinischen Fleisches nahezu unmöglich machten. Glücklicherweise hatte ich das Unternehmen nicht auf jenen Zweck beschränkt, sondern einerseits für Benützung von Kühlräumen auch für frisches Fleisch von seiten der Antwerpener Metzger gesorgt, indem die Anlage dicht neben den städtischen Schlachthof gelegt wurde, und anderseits eine stattliche Eisfabrikationsanlage hinzugefügt, so daß nach den Anfangsschwierigkeiten befriedigende Ergebnisse erzielt wurden und dabei für das sich sehr bedeutend entwickelnde Liefergeschäft nach Belgien und Holland ein Stützpunkt gewonnen war.

In Italien

waren es, abgesehen von den wenigen Brauereien und von einigen Fabriken für Molkereiprodukte, hauptsächlich Eisfabriken (in Mailand, Rom und Neapel), welche unsere Dienste in Anspruch nahmen. Die Mailänder Eisfabrik ist 1887 unter Führung des Grafen Oldofredi mit unserer Beteiligung durch eine Gesellschaft errichtet worden, wobei uns besonders daran gelegen war, Kühlräume anzuschließen, weshalb (wie in Antwerpen) ein Bauplatz neben dem städtischen Schlachthofe gewählt wurde. Wir hofften damit die Anregung zur Einführung der Fleischkonservierung durch Kälte in Italien zu geben. Es ist jedoch erst nach längeren Bemühungen gelungen, Mieter für die Kühlräume zu finden, und andere italienische Städte sind — abgesehen von kleinen Anlagen in Genua und Venedig und einem mißlungenen Versuche in Livorno — nicht nachgefolgt, wie es überhaupt auffällig ist, daß die romanischen Länder in dieser Richtung weit hinter den germanischen Gebieten zurückgeblieben sind, obwohl die klimatischen Verhältnisse das Gegenteil erwarten ließen.

Im übrigen Auslande ist das Liefergeschäft durch unsere Gesellschaft (zu einem gewissen Teile auch durch unsere Maschinenfabriken) ohne ad hoc gebildete Organisationen durchgeführt worden. Über den Umfang dieses Liefergeschäftes gibt die Zusammenstellung ziffermäßige Angaben, welche im Anhange auf S. V beigefügt ist. Hier will ich noch der Bildung einer inländischen Tochtergesellschaft gedenken, nämlich der

Gesellschaft für Markt- und Kühlhallen.

Im Jahre 1888 wandte sich der (durch literarische Tätigkeit auf dem Gebiete der Markthallen und Schlachthöfe bekannte) Baurat Osthoff an mich mit der Anregung zur Gründung einer Gesellschaft, welche für eigene Rechnung Markthallen mit Kühleinrichtungen bauen sollte. Selbstredend konnte nur die letztere Zutat mein Interesse erwecken. Nach besonderer Betonung dieses Gesichtspunktes fand der Plan auch das Interesse meiner Geschäftsfreunde, und so kam es im Februar 1890 zur Konstituierung der genannten Aktiengesellschaft, welche inzwischen sich stattlich entwickelt hat — und zwar infolge des Umstandes, daß ich auch die Aufnahme von Kühlhallen als selbständige Gegenstände der Geschäftstätigkeit veranlaßte. Denn die Voraussetzungen, von welchen Osthoff bezüglich der Markthallen ausgegangen war, erwiesen sich bald als unrichtig, und neben der kümmerlich gebliebenen Unternehmung einer Markthalle in Halberstadt vollzog sich jene Entwickelung lediglich auf dem Gebiete der Kühlhallen bzw. der Kühlhäuser. Hierbei fiel mir die Führung nicht nur in materieller sondern auch in formeller Hinsicht zu, weil ich vom Tage der Gesellschaftsgründung bis heute das Amt des Vorsitzenden im Aufsichtsrate bekleidet habe.

5*

Abwehr im Wettbewerbe. Kälteversuchsstation in München.

Als wir unsere Geschäftstätigkeit in Wiesbaden eröffneten, waren in Deutschland nur zwei Firmen — O. Kropff in Nordhausen und Vaas & Littmann in Halle — mit dem Bau und Vertrieb von Eismaschinen (Absorptionsmaschinen nach Carré) beschäftigt. Während die letztere in bester Haltung diese Beschäftigung fortsetzte, versuchte Kropff uns durch polterndes Unterbieten zu bekämpfen (natürlich ohne jede Erwiderung von unserer Seite) und ging dabei über seine Kräfte bis zum Sturze hinaus.

Der Gegensatz zwischen den Interessen der Allgemeinheit an lebendigem Wettbewerbe und den Sonderinteressen derer, die durch solchen Wettbewerb sich beeinträchtigt sehen, führt zu Konflikten, bei welchen der Kämpfende auch dann nicht auf Zustimmung rechnen darf, wenn er gegen wirkliche Rechtsverletzung vorgeht. Eine deutliche Empfindung hiervon hat es mir sehr schwer gemacht, zweimal während meiner Wiesbadener Amtszeit in solche Kämpfe eintreten zu müssen. Dieses an sich unschöne Kapitel glaube ich hier nicht ausfallen lassen zu sollen, weil daraus die Erklärung für vielbesprochene Vorgänge sich ergibt.

Der Maschinenfabrikant Osenbrück in Hemelingen bei Bremen hatte, wie er mir später selbst erzählte, auf der Düsseldorfer Ausstellung 1880 einen so lebhaften Eindruck von unserer dort arbeitenden Eismaschine erhalten, daß er zwei Tage lang dem Studium ihres Betriebes widmete und dann durch den Ingenieur in Elberfeld, welcher die Herstellung unseres Eiswerksgebäudes geleitet hatte, sich daselbst einführen zu lassen wußte, um völligen Einblick in Bau und Arbeitsweise zu gewinnen. Alsdann begann er den Vertrieb von Ammoniakkompressionsmaschinen, wobei er für die Kompressoren eine Bauart ersann, durch welche er glaubte, dem Schutzbereiche meiner Patente auszuweichen, eine Bauart übrigens, die sich nicht bewährt hat und aufgegeben wurde. Als er mit seiner Maschine auf den Markt kam, ließ ich ihn verwarnen und reichte — nachdem dies vergeblich war — eine Patentverletzungsklage ein. Hierzu war ich verpflichtet, weil die Patente, welche ich seinerzeit zur Erlangung der für die Durchführung meiner Versuche erforderlichen Geldmittel angemeldet hatte, den wesentlichen Besitz unserer Gesellschaft darstellten, deren Interessenvertretung mir oblag. Bei der Verhandlung (1884) von dem Präsidenten des Patentamtes zu einem Vergleiche aufgefordert, erklärte sich Osenbrück hierzu bereit, und die von seinem Patentanwalte Glaser mit mir gepflogene Besprechung führte zu einem Vertrage, durch welchen sich Osenbrück für die noch laufende Patentdauer zur Zahlung einer jährlichen mäßigen Lizenzgebühr verpflichtete. Mit der loyalen Erfüllung dieses Vertrages war die Rechtsverletzung beseitigt, und es sind niemals weitere Differenzen zwischen uns entstanden.

Einen weit ernsteren und unerfreulicheren Charakter erhielt die Abwehr gegen den Wettbewerb der mit Prof. Dr. Raoul Pictet verbundenen Firma Rudloff Grübs & Co. in Berlin, zu welchem wir dadurch genötigt wurden, daß dieselbe auf der Grundlage unwahrer, in wissenschaftlicher Verkleidung auftretender Angaben die Leistungen unserer Maschinen als überflügelt erklärte. Schon früher war davon die Rede, daß Pictet Kompressionsmaschinen unter Verwendung von schwefeliger Säure als Kälteträger konstruiert habe. Auf der Weltausstellung 1878 in Paris war erstmals eine solche Maschine zu sehen gewesen. Seine Patente hatte Pictet an die oben schon erwähnte Compagnie industrielle des procédés Raoul Pictet in Paris (1880) abgetreten und hatte dieselbe Lizenzen z. B. auch in Deutschland an Schüchtermann und Kremer erteilt, welche Firma hiervon in vollkommen einwandfreiem Wettbewerbe Gebrauch machte. Nach einigen Jahren aber hatte Pictet neue Patente auf die Verwendung eines Gemisches von schwefeliger Säure mit Kohlensäure („liquide Pictet") genommen und verkündete nun in geräuschvoller Reklame, daß diese Mischflüssigkeit durch ihr physikalisches Verhalten (bei tiefen Temperaturen sollte die Spannung der gesättigten Dämpfe wohl höher, bei höheren Temperaturen aber niedriger sein als die der reinen schwefeligen Säure) in der Kältemaschine Leistungsverhältnisse liefere, wie sie mit einfachen, „dem zweiten Satze der mechanischen Wärmetheorie unterworfenen" Flüssigkeiten unerreichbar seien, der für„ liquide Pictet" keine Geltung habe. Ich veranlaßte, daß im physikalischen Laboratorium der Technischen Hochschule in München (durch Dr. Blümcke) jenes — in Wirklichkeit offenbar unmögliche — physikalische Verhalten nachgeprüft werde, wodurch nachgewiesen wurde*), es sei die Pictetsche Beobachtung nur dadurch zu erklären, daß die von ihm benützte Menge im Verhältnisse zum Gefäßinhalte zu klein war, um bei den höheren Temperaturen den Sättigungszustand beibehalten zu können. Außerdem stellte sich heraus, daß in den Kältemaschinen die

*) Wiedem. Ann. d. Phys. & Chem. 1888.

kleinen, der schwefeligen Säure beigemischten Kohlensäuremengen sich sehr bald verflüchtigten, so daß überhaupt von einer neuen Arbeitsweise nichts übrig blieb. Diese Feststellungen hinderten jedoch Pictet nicht, an seinen Ankündigungen festzuhalten. Ja, es gelang ihm, von mehreren namhaften Physikern Zustimmung zu erlangen*).

Hierauf gestützt behandelte die Firma Rudloff Grübs & Co., an welche Pictet die neuen Patente für Deutschland verkauft hatte, in heftigem Wettbewerbe die Überlegenheit der neuen Pictetschen Maschinen als eine anerkannte und feststehende Tatsache mit dem Erfolge, daß ihr Absatz ein rasches Wachstum aufwies, und daß selbst bei unseren treuesten Geschäftsfreunden Beunruhigung entstand.

Unter solchen Umständen erschien es mir unerläßlich, Wege zu finden, um in offenkundiger und beweiskräftiger Weise die wahren Leistungsverhältnisse unserer Maschinen nachzuweisen. Ich sah einen solchen Weg in der Organisation der

Versuchstation in München.

Der erforderliche Nachweis konnte geführt werden, wenn eine hochstehende Körperschaft die Prüfung von Maschinen verschiedener Provenienz in gleicher Größe und unter vollständig gleichen Arbeitsbedingungen zu unternehmen und deren Ergebnisse zu veröffentlichen unter-

*) Pictet hatte sich in naturwissenschaftlichen Kreisen durch die angebliche Verflüssigung von Sauerstoff und Wasserstoff Ansehen verschafft. Als Cailletet (1877) in einer Sitzung der Pariser Akademie der Wissenschaften über seine erste Beobachtung eines Sauerstoffnebels berichtete, wurde ein Telegramm Pictets vorgelegt, wonach ihm jene Verflüssigung gelungen sei. In einer stattlichen Monographie (Mémoire sur la liquefaction de l'oxygène et la liquefaction et solidification de l'hydrogène. Genève 1878) ließ er dann eine genaue Beschreibung seiner Beobachtungen folgen, aus denen er auf den erfolgten Eintritt der Verflüssigung schließen zu können glaubte, weil bei Erreichung bestimmter, zwischen 212 und 470 Atmosphären liegender Drücke je der Beharrungszustand eingetreten sei. Die damalige Unkenntnis von dem physikalischen Verhalten des Sauerstoffes — insbesondere davon, daß der höchste überhaupt existierende (der „kritische") Sättigungsdruck nur 50 Atm. beträgt — machte es zu jener Zeit nicht möglich, seine Angaben zu kontrollieren, so daß Pictet mit denselben in die physikalische Literatur eingezogen ist. (Jena ernannte ihn dafür zum Ehrendoktor.) Als dann später aus der neueren Kenntnis die Unrichtigkeit der Pictetschen Schlußfolgerungen nachweisbar wurde — ganz abgesehen von den ungeheuerlichen Behauptungen hinsichtlich des Wasserstoffes — haben die Physiker offenbar die Pictetsche Monographie nicht neuerdings geprüft, und so hat er das einmal erworbene akademische Bürgerrecht beibehalten können.

nähme. Wir erbaten und erlangten beim Polytechnischen Verein in München, daß er mit den von uns angebotenen Mitteln zu diesem Zwecke eine Versuchstation an der von uns (August 1888 in der Nymphenburger Straße) erworbenen Baustelle errichtete. Als gemeinsame Energiequelle für alle zu untersuchenden Maschinen wurde eine zu genauen Feststellungen geeignete Kesselanlage eingebaut, und es wurden Einrichtungen zu Präzisionsmessungen für die produzierte Kälte und für die an Kühlwasser abzugebende Wärme vorgesehen. Die vom Verein ernannte Prüfungskommission bestand unter dem Ehrenvorsitze Zeuners aus den Münchner Herren Schröter, Aubry, Voit und Gyßling und den Herren Brauer in Karlsruhe und Schöttler in Braunschweig. Nach Aufstellung des Programmes erließ die Kommission Einladungen „zur Ausstellung und Prüfung" an alle Erbauer von Kältemaschinen.

Meine Erwartung, daß Pictet nicht werde umhin können, diese Einladung anzunehmen, wurde nicht getäuscht. Ich füge hier — dem weiteren Gange vorauseilend — hinzu, daß die ermittelten Leistungen laut Bericht*) des Vorsitzenden der Kommission noch tief unter unseren Voraussetzungen geblieben sind.

Ehe es aber zur Durchführung dieser Versuche an der Pictetschen Maschine gekommen war, wurden von den Herren Rudloff Grübs und Pictet Schritte eingeleitet, welche ich zunächst der Voraussicht ihrer technischen Niederlage zuschrieb, während sich später herausgestellt hat, daß noch dringendere Beweggründe vorlagen.

Baurat Osthoff, von dem ich oben erzählt habe, daß er mit der Anregung zur Bildung einer Gesellschaft für die Errichtung von Markthallen mit Kühleinrichtungen sich an mich gewendet habe, hatte diese Anregung vorher bei den Herren Rudloff Grübs & Co. versucht und war von denselben dazu bestimmt worden, mich aufzusuchen und zu sondieren, ob nicht eine Verständigung über gemeinsame Geschäftspolitik möglich sei und ob ich zu einer Besprechung hierüber mit Herrn Rudloff Grübs bereit sei. Ich lehnte zwar natürlich jede Geschäftsverbindung ab, erklärte mich schließlich aber bereit, den genannten Herrn unter der ausdrücklichen und schriftlich festgelegten Bedingung zu empfangen, daß von keinerlei Vereinigung — zu welcher auf unserer Seite jedes Vertrauen fehle —, sondern nur von Maßregeln zur Feststellung der Wahrheit und von Beseitigung der unwahren Mittel

*) Vergleichende Versuche an Kältemaschinen von Schröter. München 1890.

im Wettbewerbe die Rede sein dürfe. Entgegen dieser Bedingung suchte Rudloff Grübs mich bei seinem Besuche zu einer Interessengemeinschaft zu bestimmen. Obwohl ich solche Vorschläge scharf zurückwies, ließ er nicht davon ab und bot schließlich die käufliche Abtretung seines Liefergeschäftes an unsere Gesellschaft an. Obwohl er mich ohne jedes Eingehen auf sein Angebot verlassen mußte, wiederholte er dasselbe schriftlich und verfolgte mich im Herbste 1889 mit Pictet sogar nach meinem Landsitze bei Berchtesgaden. So unmöglich jede Verbindung mit Männern war, welche sich jener Mittel bedient hatten, so konnte der Gedanke doch Raum bei mir gewinnen, daß die glatte Beseitigung eines so häßlichen Wettbewerbes durch ein pekuniäres Opfer unserer Gesellschaft erkauft werden könne, und so kam es (September 1889) zu einem Abkommen, durch welches gegen eine beträchtliche Summe die Firma Rudloff Grübs & Co. ihr gesamtes Liefergeschäft mit ihrem Patentbesitze an unsere Gesellschaft abtrat und deren Teilhaber sich verpflichteten, niemals wieder mit dem Vertriebe von Kältemaschinen sich zu befassen. — Nicht lange danach hat sich herausgestellt, daß vertragsgemäß auch die neuen Patente Pictets der Pariser Gesellschaft gehörten, daß er sie also unrechtmäßigerweise zum zweiten Male an Rudloff Grübs verkauft habe, und daß alle Gerichtshöfe (auch in Deutschland) in allen Instanzen Urteile gegen Pictet in diesem Sinne erteilten; fernerhin zeigten die letzten Bilanzen der Firma Rudloff Grübs & Co., daß in Wirklichkeit ihr Liefergeschäft verlustbringend gewesen und das Gleichgewicht scheinbar nur dadurch hergestellt worden war, daß die Pictetschen Patente mit einer Million Mark unter die Aktivas eingestellt wurden. Mußte ich mir sagen, daß ich hiernach in eine Falle gegangen sei, so war doch auch unser Zweck durch sofortiges Aufhören jener Beunruhigung, insbesondere aber durch die erlangte Feststellung der technischen Überlegenheit unserer Maschinen erreicht, und es konnte die Geschäftstätigkeit der Gesellschaft ohne neue Störungen sich weiterhin entwickeln.

Naturgemäß hatte der glänzende Erfolg dieser Tätigkeit Aufmerksamkeit erweckt und in der deutschen Maschinenindustrie die Aufnahme des Kältemaschinenbaues an verschiedenen und sich rasch mehrenden Stellen veranlaßt. Demgemäß ist der Wettbewerb ein immer lebendigerer geworden, allein es ist dabei, trotz mancher Reibungen, niemals wieder zur Anwendung so unlauterer Mittel gekommen, und ich kann mit Befriedigung daran denken, daß ich an dieser stattlichen und gesunden Entwicklung einen wesentlichen Anteil gehabt habe.

Rücktritt von der Geschäftsführung.

Im Frühjahr 1889 waren die zehn Jahre abgelaufen, für welche ich mich als Vorstand der Gesellschaft verpflichtet hatte. Ich mußte mir die Frage vorlegen, ob ich meine Berufsarbeit weiterhin an dieses Amt binden oder mir einen veränderten Wirkungskreis gestalten solle. Die Aufgabe, deren Durchführung mich seinerzeit zum Rücktritte von meiner akademischen Tätigkeit bestimmt und in welcher ich volle Befriedigung gefunden hatte — Förderung der Kältetechnik mit den dem Maschineningenieur und dem Wärmetheoretiker zur Verfügung stehenden Mitteln —, durfte ich über alle Erwartung hinaus als gelöst betrachten. Wenn auch zur Ausdehnung und Vervollkommnung der bisherigen Errungenschaften weiterhin technische Arbeit zu leisten war, so handelte es sich dabei wesentlich um die richtige Anwendung der bereits erprobten Mittel, und hierfür waren nicht nur meine seitherigen Mitarbeiter, sondern nunmehr auch eine immer wachsende Anzahl der in der Maschinenindustrie für den Kältemaschinenbau beschäftigten Ingenieure tätig. Zweifellos war bei dem Arbeitsgebiete des Gesellschaftsvorstands die geschäftliche Seite völlig in den Vordergrund gerückt. Die Überlegung, ob das mir verbliebene Arbeitsvermögen — noch war ich nicht fünfzig Jahre alt — gerade hier die beste Verwendung finden werde, wurde beeinflußt durch das Verlangen nach der Rückkehr zu wissenschaftlicher Tätigkeit und nach Wiedereintritt in die Atmosphäre der geistigen und allgemeinen Interessen, die ich beim Abgang von München hatte verlassen müssen. Dazu kamen Rücksichten auf meine Gesundheit, die durch chronische Kopfschmerzen und Magenbeschwerden geschwächt war. In pekuniärer Hinsicht hatte ich durch den Ertrag der zehnjährigen Gewinnanteile völlige Unabhängigkeit von der äußeren Lebensstellung erlangt. So entschloß ich mich, nach München zurückzukehren, dort — ohne Übernahme bestimmter Verpflichtungen — eine beschränkte Lehrtätigkeit an der Technischen Hochschule wieder aufzunehmen und in unserer Kälteversuchstation mich experimentellen Forschungsarbeiten auf dem Gebiete der tieferen und tiefsten Temperaturen zu widmen. Mit Rücksicht auf die damals schwebenden Angelegenheiten verschob ich indessen meinen Rücktritt von dem Amte des Vorstands um ein Jahr bis zum März 1890 und blieb dann noch ein weiteres Jahr in Wiesbaden, um den zu meinem Nachfolger bestimmten (schon im Februar 1888 zum stellvertretenden Vorstande ernannten) Herrn Schipper im ersten Jahre seiner Amtsführung zu unterstützen. In die Hand dieses meines ältesten und erprobten Mitarbeiters konnte ich die Fortführung meines Werkes getrost legen und erfreut sich die Gesellschaft derselben bis zum heutigen Tage*).

Im Mai 1891 fand unsere Übersiedlung statt, zunächst nach Berchtesgaden, wo wir bis zum Herbste in dem Hause Wohnung nahmen, das ich auf dem Salzberg (in 960 m Höhe) gebaut hatte und in welchem wir schon seit einigen Jahren unsere Sommerferien verbracht und unter anderen Gästen die alten Freunde Billroth und Lübke empfangen hatten.

Dort feierten wir im September unsere „silberne Hochzeit", umgeben von unseren sechs Kindern und acht Geschwistern mit deren Kindern und mit den immer noch rüstigen Eltern meiner Frau.

Wenn ich beim Rückblicke auf den damals abgeschlossenen Lebensabschnitt die in zwei Jahrzehnten auf dem Gebiete des Kältewesens geleistete Arbeit mit den Urteilen vergleiche, welche darüber gefällt worden sind, so muß ich sagen, daß empfindlicher als durch ungerechte Herabsetzung ich mich getroffen fühlte, wenn ich als „der Erfinder der Kältemaschine" oder als „der Vater der Kältetechnik" oder mit anderen ähnlichen Bezeichnungen gefeiert werden sollte. Im Eingange meiner Mitteilung über den Eintritt in die kältetechnische Arbeit habe ich ausgesprochen, daß unsere drei heute bestehenden Arten von Kältemaschinen schon damals in ihren Grundformen bestanden haben, so daß keine Rede von derartigen Ehrentiteln sein darf. Soll ich selbst den Anteil zusammenfassen, welchen ich an der Entwicklung der Kältetechnik gehabt habe, so glaube ich das tun zu können wie folgt:

1. Anwendung der mechanischen Wärmelehre zur Beurteilung und Verbesserung der Arbeitsvorgänge in den Kältemaschinen.
2. Herstellung von Maschinen, welche in Leistung und Betriebssicherheit das bis dahin erreichte Maß überschritten und bis heute nicht übertroffen sind.
3. Einführung von mechanischen Mitteln, nicht bloß zur Herstellung sondern auch zur Verwendung der Kälte, in die Industrie und Volkswirtschaft als beständige und neue Betriebsgrundlagen schaffende Einrichtungen.

---

*) Die Nachfolge hat sich auch auf mein den Geschäftsräumen der Gesellschaft benachbartes Wohnhaus erstreckt, welches als Dienstwohnung für den Direktor angekauft wurde.

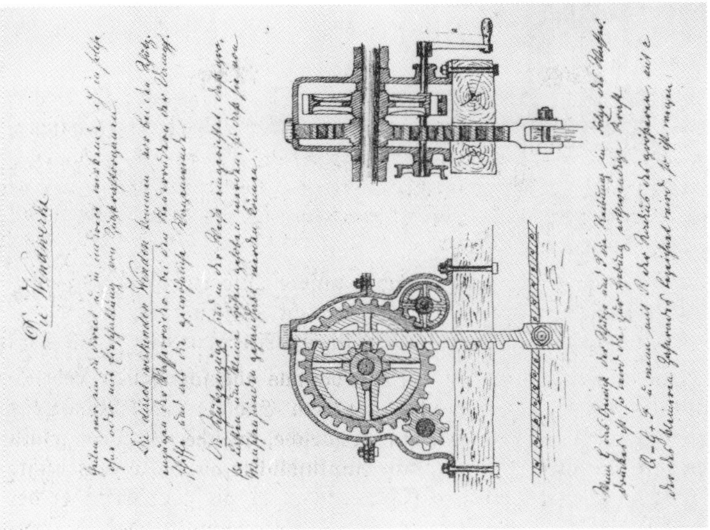

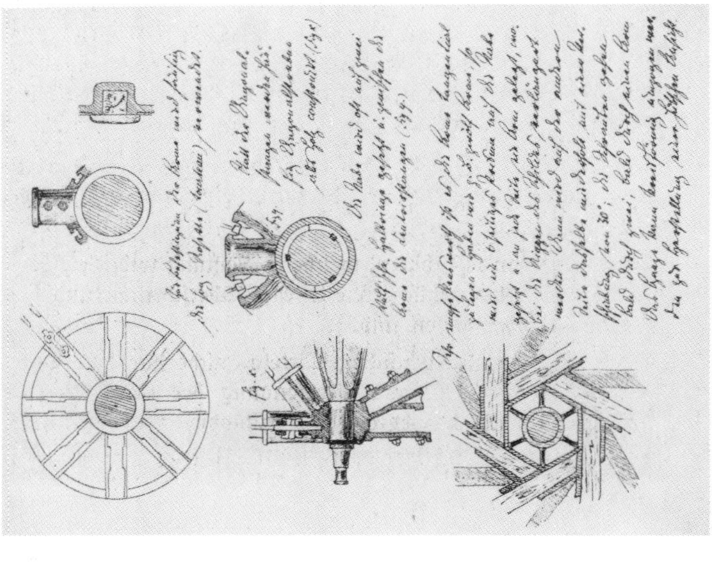

Aus frühen Münchner Vorlesungs-Konzepten C. Lindes (Zu S. 29 f.)

Das 1875 von C. Linde errichtete »Laboratorium für Theoretische Maschinenlehre« war das erste dieser Art an einer Technischen Hochschule. (Zu S. 32)

Gabriel Sedlmayr (1811–1891) nach einem Porträt von Lenbach.
Einer alten bayerischen Brauerfamilie entstammend wurde Sedlmayr nach Studienreisen in Deutschland, Österreich und England zum fortschrittlichsten deutschen Bierbrauer seiner Zeit. Carl Lindes erste Kältemaschinenversuche sind ohne seine entschiedene Förderung nicht denkbar. (Zu S. 36 ff.)

Friedrich Schipper

Friedrich Schipper war Schüler C. Lindes an der Münchner Hochschule und sein engster Mitarbeiter beim Bau der ersten Kältemaschinen. 1877 stellte er die Maschine in Triest auf, die heute im Technischen Museum in Wien steht. 1880 trat er bei Gesellsch. Linde ein, 1890 wurde er C. Lindes Nachfolger als Vorstand der Gesellschaft. (Zu S. 38, 39, 53 u. 73f.)

4. Ausbreitung dieser Mittel in Deutschland und im Auslande in einem Umfange, gegen welchen die frühere Anwendung von Eismaschinen verschwindend klein ist.

Den Rückblick auf den damals beendeten Lebensabschnitt kann ich aber nicht abschließen, ohne auszusprechen, wieviel Dank ich allen schulde, welche im ersten Vierteljahrhundert meiner Berufstätigkeit mich wirkungsvoll unterstützt und welche durch ihre Güte und treue Liebe dazu beigetragen haben, daß ich auf dasselbe als auf eine glückliche Zeit zurückschauen darf.

Dritter Teil.

9. Zwischen A und B.

Heute besteht die Gesellschaft für Lindes Eismaschinen aus zwei Abteilungen (A und B), deren erstere weiterhin die Tätigkeit zum Gegenstande hat, wie sie im letzten Kapitel geschildert ist, während die letztere, die „Abteilung B für Gasverflüssigung", hinzugetreten ist, um das neue, durch die „Technik der tiefen Temperaturen" erschlossene Gebiet zu bearbeiten, über welches meine weiteren Mitteilungen zu berichten haben werden.

Ich habe schon davon gesprochen, daß mich bei der Rückkehr nach München der Wunsch leitete, den Anschluß an die allgemeine wissenschaftliche Bewegung auf meinem Berufsgebiete wieder zu erlangen und mich experimentellen Forschungsarbeiten auf meinem Sondergebiete zu widmen. Dabei fühlte ich auch die Verpflichtung zur Beteiligung an öffentlichen Angelegenheiten, denen ich während meiner Wiesbadener Zeit gänzlich entzogen war. Wenn ich aber angenommen habe, daß die mir noch beschiedene Lebensarbeit hierdurch ausgefüllt und daß ich dem geschäftlichen Betriebe dauernd entzogen bleiben werde, so hat der Verlauf des inzwischen bald wieder abgelaufenen Vierteljahrhunderts eine andere Wendung genommen — eine Wendung, welche diesem Verlaufe (in Abteilung B) eine ähnliche Gestaltung gegeben hat, wie er während der im Arbeitsgebiete der Abteilung A vorausgegangenen Zeit gewesen war. Doch schoben sich zunächst einige Jahre zwischen A und B.

Nach München begleitete mich ein Bestand von Pflichten, welche sich aus der bisherigen Tätigkeit entwickelt hatten. Und nun wurde ich von außen her in mehrere neue Unternehmungen gezogen, so daß

mannigfache geschäftliche Aufgaben

mich neben den eigentlichen Zielen in Anspruch nahmen, welche ich mir vorgesteckt hatte.

Die Loslösung von den in Wiesbaden entstandenen und weit verzweigten Beziehungen konnte sich nicht plötzlich vollziehen. Ich blieb in laufendem Briefwechsel mit Herrn Schipper über alle wichtigen Vorkommnisse, und nur allmählich verdünnte sich das Gewebe der zu meiner Kenntnis gebrachten Angelegenheiten bis zu denjenigen Fäden, welche noch heute mich als den Vorsitzenden des Aufsichtsrates mit Wiesbaden verbinden. An der Verwaltung unserer Tochtergesellschaft in Antwerpen habe ich ununterbrochen bis in die Gegenwart teilgenommen.

In ähnlicher Weise beschäftigte mich die Beratung unserer englischen Tochtergesellschaft, der ich nicht nur als „Boardmitglied" sondern auch als „consulting engineer" bis zum Kriegsbeginne angehörte. In besonderer Weise nahm mich (im Winter 1891/92) die Bearbeitung eines Liefergeschäftes für die Bierbrauerei von Guinneß in Dublin — wohl die größte Unternehmung dieser Art — in Anspruch. Der technische Leiter derselben (Geoghean) wollte nur unter der Bedingung den Auftrag erteilen, daß die gesamten Bestandteile der, vier große Kältemaschinen umfassenden, Anlage von unseren festländischen Fabriken unter meiner persönlichen Leitung und Verantwortung bezogen würden. Dabei verlangte er neben kurzer Lieferzeit außerordentliche Bauformen zur Anpassung der Anlage an die dortigen Verhältnisse. So mußten geschlossene Verdampfer gebaut werden, welche unter dem Drucke der 25 Meter höher liegenden Sammelgefäße für das abzukühlende Wasser zu stehen hatten. Ich unternahm mit Hilfe des Herrn Mönch die Herstellung der Zeichnungen, besorgte die Vergebung aller Arbeiten, den recht schwierigen und umfangreichen brieflichen Verkehr mit Herrn Geoghean und mit den Werkstätten, die rechtzeitige Versammlung aller Bestandteile in Rotterdam und das Chartern eines Dampfers, der im eigenen Hafen der Brauerei in Dublin die Ladung auszuschiffen hatte. Daselbst waren durch die Herrn Banfield und Kaufmann alle Vorbereitungen getroffen, und sie überwachten die Aufstellung und Ingangsetzung in andauernder Verbindung mit mir.

Eine andere größere Arbeit erwuchs mir aus der schon erwähnten Stellung zu der Gesellschaft für Markt- und Kühlhallen. Den Anfang bildete eine Verhandlung mit dem Hamburger Senate wegen Errichtung eines Fleischkühlhauses (mit Eisfabrik) im Anschlusse an den städtischen Schlachthof. Es entstand das erste Hamburger Kühlhaus auf der Grundlage, daß der Staat den Baugrund und die nach meinem Entwurfe zu errichtenden Gebäude beistellte, während die Gesellschaft f. M. u. K. die innere Einrichtung und den Betrieb übernahm. Da der Vorstand Osthoff mit den Bestandteilen und Betriebsbedürfnissen einer solchen Anstalt nicht vertraut war, so oblag mir dann auch die Feststellung aller Einzelheiten, welche teils brieflich, teils in örtlichen Zusammenkünften erledigt wurde. Später sind zwei weitere Kühlhäuser in Hamburg-Altona von der Gesellschaft in vollständig eigener Unternehmung gebaut worden. In noch größerem Maßstabe hat dieselbe im Jahre 1900 in Berlin die Errichtung solcher Anlagen unternommen. Das aus vier Gebäuden bestehende Werk I an der Trebbiner Straße stellt (bei einer Tagesproduktion von 4000 Zentner Kristalleis und rund 10 000 qm vermietbarer Kühlraumfläche) eine der bedeutendsten kältetechnischen Unternehmungen in Europa dar. Das später erbaute Werk II ist wesentlich als Eisfabrik (gleichfalls für 4000 Zentner Tagesproduktion) mit Kühlräumen von geringerem Umfange ausgestattet. Bei Werk I lagen der Grunderwerb, der Entwurf des Bauplanes, die Anordnung aller Bestandteile, die Vergebung der Arbeiten und Lieferungen und die Oberleitung der Ausführung in meiner Hand. Meiner besonderen Vorliebe für die Bearbeitung von Raumeinteilungsplänen bot sich hier ein interessanter und technisch wie wirtschaftlich bedeutsamer Gegenstand dar, nicht ohne beträchtlichen Zeitaufwand und häufige Reisen an die Baustelle. Ich habe diese Anlage eingehend und mit zahlreichen Bildern durch einen Vortrag im Berliner Bezirksverein deutscher Ingenieure beschrieben*).

In einige geschäftliche Beziehungen außerhalb meines engeren Berufsgebietes bin ich durch persönliche Einflüsse geführt worden:

Schon seit 1888 gehöre ich dem Aufsichtsrate der Mainzer Aktienbierbrauerei an, deren frühere Direktoren Gustav und Adolf Jung schon seit den ersten Geschäftsjahren unserer Gesellschaft f. L. E. mit freundlicher Teilnahme als Aufsichtsratsmitglieder nahestanden, wie dies nunmehr bezüglich ihres Neffen und Nachfolgers, des Herrn Dr. Otto Jung, der Fall ist. Mit liebenswürdiger Energie haben die Mainzer Kollegen sich bisher meinem Rücktritte widersetzt.

Nach meiner Rückkehr in die bayerische Heimat hatte Herr Krauß den Wunsch ausgesprochen, daß ich in den Aufsichtsrat der Lokomotivfabrik Krauß & Co. eintreten möchte, was ich mit Rücksicht auf meine einstige dortige Gesellenzeit gern annahm. Dem im Jahre 1892 tatsächlich erfolgten Eintritte ist die Übernahme des Vorsitzes gefolgt,

---

*) Zeitschr. d. Ver. d. Ingen. 1902 S. 1643.

als Meister Krauß abgeschieden war, nachdem er auf seinem letzten Krankenlager mir ans Herz gelegt hatte: „Verlassen Sie die Lokomotivfabrik nicht!“

Noch erwähne ich hier die etwas später erfolgte Beteiligung an der Verwaltung von zwei weiteren geschäftlichen Unternehmungen, deren Gegenstand mir sachlich fernestand:

Durch Herrn Friedrich von Schoen wurde ich 1896 veranlaßt, mich der „Elektrizitätsgesellschaft Triberg“ anzuschließen und in deren Aufsichtsrat einzutreten. Letzteres mußte ich nach einigen Jahren wegen der starken Inanspruchnahme aufgeben.

Der verstorbene Direktor Krüzner der Lokalbahn-A.-G. in München erlangte, unterstützt durch Herrn Krauß, nach Überwindung starker Bedenken meinen Beitritt zur Güldner-Motoren-Gesellschaft, welche damals nur mit der allgemeinen Verwertung der Güldnerschen Patente sich befaßte, dann aber zu eigener Fabrikation, zuerst in München, dann in Aschaffenburg, übergegangen ist. Durch die besondere Gestaltung der sachlichen und persönlichen Verhältnisse sah ich mich genötigt, gegen meinen Wunsch den Vorsitz im Aufsichtsrate zu übernehmen.

Mehr als alles Übrige hat aber in jener Zeit unsere

Kälte-Versuchstation

mich beschäftigt. Der inneren Anziehung, welche dieselbe bei meiner Rückkehr nach München ausgeübt hatte, folgte dadurch eine äußere Annäherung, daß an Stelle eines alten Vorderhauses ein Neubau errichtet wurde, in dessen Erdgeschoß das Filialbureau*) der Gesellschaft f. L. E. Platz fand, während die oberen Stockwerke von mir als Wohnung gemietet wurden.

Von der Einladung des Polytechnischen Vereins „zur Ausstellung und Prüfung von Kältemaschinen“ hatte nur noch **Seyboth** mit einer Ammoniakkompressionsmaschine Gebrauch gemacht. Bei den im Jahre 1891 durchgeführten Versuchen näherte er sich den an unserer Maschine festgestellten Leistungen dadurch wesentlich an, daß er nicht mit „nassem“, sondern mit „trockenem“ Kompressorgange arbeitete. Ich hatte von Anfang an die Regel aufgestellt, daß die Druckrohre „hand-

*) Nach wenigen Jahren dehnte sich dasselbe nach oben aus, als ich meinen Wohnsitz verlegt hatte, und hat eine selbständige und fruchtbare Tätigkeit unter seinem ausgezeichneten Vorstand Negele entfaltet, welcher seine hervorragenden Fähigkeiten und Kräfte restlos und ohne jede Rücksicht auf persönliche Annehmlichkeit dafür eingesetzt hat, bis schwere, zum Tode führende Krankheit ihn uns entzog.

warm" gehalten werden sollten, was bei normalem Kühlwasser eine geringe Überhitzung der Dämpfe bedeutete. Es hat diese Arbeitsweise den Vorteil, daß die Reibungsverhältnisse außerordentlich günstige sind und (neben Verminderung der Reibungswiderstände) die Abnutzung der Kolben-Ringe und -Stangen unmerklich bleibt. Sie hat dagegen den Nachteil, daß die „schädlichen Räume" sich mit flüssigem Ammoniak füllen, wodurch die angesaugte Dampfmenge und damit die Kälteleistung vermindert wird. Wir sahen uns nun veranlaßt, in einer zweiten Versuchsreihe unsere Maschine der Kommission mit ähnlicher Überhitzung zu unterstellen wie Seyboth, wobei wir dann die Seybothschen Leistungsverhältnisse erheblich überboten. Unsere Versuchsreihe stellt

die absoluten Höchstleistungen

dar, welche je an einer Kältemaschine durch Präzisionsversuche festgestellt worden sind. Ihre Ergebnisse sind in einer Mitteilung*) eingehend von mir besprochen worden.

Aus naheliegenden Gründen waren der Einladung des Polytechnischen Vereines die Erbauer von Kaltluftmaschinen und von Absorptionsmaschinen nicht gefolgt. Aber auch von den Kompressions-Kaltdampfmaschinen waren bisher nur die mit Ammoniak und die mit schwefliger Säure arbeitenden untersucht worden, während der dritte wichtige Kälteträger — die **Kohlensäure** — einer öffentlichen Feststellung seiner Leistungen noch nicht unterzogen war. Da nun aber die Angaben über die Leistungen der Kohlensäuremaschinen in Widerspruch zu den theoretischen Voraussetzungen standen, so erschien es mir dringend wünschenswert, eine solche Maschine in die Versuchstation zu bekommen, und wir entschlossen uns deshalb, selbst das Versuchsobjekt zu bauen und zu untersuchen, weil das von anderer Seite nicht zu erreichen war.

Jene theoretischen Voraussetzungen hatte ich an Hand der damals verfügbaren (insbesondere der in den Zeunerschen Tabellen enthaltenen) Angaben über die spezifische Wärme der flüssigen Kohlensäure in mehreren Abhandlungen**) erörtert. Aus diesen Angaben folgte,

*) „Die wissenschaftlichen Ergebnisse der Münchner Kälteversuchstation." Zeitschr. d. Ver. d. Ingen. 1903.

**) 1. „Über die Kältemaschinen von heute", Bericht an die Americ. Society of Mech. Engineers in Chicago (1893), übers. in Zeitschr. f. d. ges. Kälte-Industrie 1894. 2. „Zur Theorie der Kohlensäure-Maschinen." Zeitschr. d. Ver. d. Ingen. 1894.

daß bei Temperaturen des Kühlwassers nahe der „kritischen“ Temperatur der Kohlensäure (31,4° C) die Leistungen auf ganz geringe Beträge herabsinken müssen. Dieser Folgerung widersprachen nun aber die von glaubwürdiger Seite gemachten Behauptungen über die wirklichen Leistungsverhältnisse, weshalb ich am Schlusse der letzteren Abhandlung sagte: „Ich behalte mir vor, über die Frage der Kälteleistung in der Nähe der kritischen Temperatur weitere Mitteilungen zu machen, sobald die Versuche abgeschlossen sein werden, welche demnächst in der Münchner Versuchstation an einer Kohlensäuremaschine beginnen sollen.“ Durch die Ergebnisse dieser Versuche, welche ich dann zu veröffentlichen*) in der Lage war, ist die Aufklärung der Widersprüche dahin gefunden worden, daß die von Zeuner für die Flüssigkeitswärme berechneten Zahlen tatsächlich zu groß waren. Es hat dann Mollier auf Grund der Amagatschen Isothermen eine neue Berechnung der Flüssigkeitswärme vorgenommen, welche eine sehr weitgehende Übereinstimmung mit den aus unseren Versuchen gefundenen Werten ergab.

Sachlich schließen sich hier die (zeitlich etwas später liegenden) Versuche an, welche ich mit **Stickstoffoxydul** durchführte zur Herstellung niedrigerer Temperaturen, als sie mit den bis dahin verwendeten Kälteträgern (also bis zu einer Grenze von ungefähr —50° C) erreichbar sind. Während Kohlensäure schon bei einem Sättigungsdrucke von rund 4½ Atm. bei —56° C in den festen Zustand übergeht, bleibt Stickoxydul unter sonst ähnlichem physikalischem Verhalten bis zu —97° C flüssig, so daß ein Gebiet dadurch erschließbar ist, welches

*) In der Zeitschr. d. Ver. d. Ingen. 1894 ist beschrieben, daß zwei verschiedene Versuchsreihen durchgeführt worden sind, bei welchen je in einer Reihe alle Verhältnisse unverändert blieben mit einziger Ausnahme der Temperatur t^1, mit welcher die flüssige Kohlensäure in den Verdampfer aus einem eingeschalteten „Kühler“ überströmte. Da die produzierte Kälte ($r—[q^1—q]$) genau gemessen wurde, so ließ sich bei Veränderung von t^1 bzw. q^1 innerhalb der Grenze von q bis zu q_1 die Flüssigkeitswärme berechnen. Dem weiteren Zwecke einer Vergleichung mit der Ammoniakmaschine wurde dadurch entsprochen, daß eine solche unter ganz gleichen Verhältnissen untersucht wurde, wobei beiderseits von dem Falle $q^1 = q$ ausgegangen wurde, in welchem die Leistungen der beiden Maschinen wesentlich die gleichen sein müssen und tatsächlich als solche sich erwiesen, während dann beim Anwachsen von q^1 bis zu q_k wachsende Unterschiede zugunsten der Ammoniakmaschine auftraten. — Mit Erstaunen lese ich neuerdings in den Handbüchern, „daß die früher angenommenen Unterschiede zwischen den Leistungen der verschiedenen Kälteträger in Wirklichkeit nicht bestehen“. Wenn dies in unserem Klima bei normalen Kühlwassertemperaturen tatsächlich nahezu richtig ist, so treten bei warmem Kühlwasser (in den Tropen oder im Falle ausschließlicher Rückkühlung) die Unterschiede genau in dem Maße ein, wie es durch die geschilderten Versuche endgültig festgestellt worden ist.

um ungefähr 40° C weiter herabreicht. Wir verschafften uns aus London 70 kg Stickoxydul und waren imstande, damit die Ergebnisse festzustellen, wie ich sie später veröffentlicht*) habe. Es ist inzwischen von der chemischen Großindustrie von diesen tieferen Temperaturen Gebrauch gemacht worden, wozu unsere Gesellschaft Maschinen gebaut hat, für welche aber (wegen einiger bedenklichen Eigenschaften des Stickoxyduls) zu Äthan übergegangen wurde.

10. Luftverflüssigung.

Meine Gedanken beschäftigten sich aber schon seit längerer Zeit mit den neueren Entdeckungen auf dem Gebiete weit tieferer Temperaturen, wie sie zur Verflüssigung der „permanenten" Gase erreicht werden mußten. Einen Überblick über diese Entdeckungen gab ich in einem (im Januar 1893) im Polytechnischen Verein gehaltenen Vortrag**) „über die Verflüssigung der Gase", wobei ich darlegte, es sei in den letzten anderthalb Jahrzehnten Neues und Bedeutsames darüber gefunden worden, „bedeutsam sowohl für die Erkenntnis der berührten Naturgesetze als auch für eine Verwertung der neuen Erkenntnis in technischer und industrieller Richtung".

Die von den Physikern für die Gasverflüssigung angewendeten Verfahren und Hilfsmittel hatten wohl ausgereicht, um an einigen wenigen Orten (Paris, Krakau, London und Leyden) kleine, nach Kubikzentimetern zählende Mengen von Flüssigkeit aus Sauerstoff, Stickstoff und Kohlenoxyd zu gewinnen, jedoch erschienen sie nicht geeignet zu einer Verallgemeinerung für den wissenschaftlichen Betrieb, geschweige denn zu Verwertungen „in technischer und industrieller Richtung". Noch fehlte ein gangbarer Weg aus dem Laboratorium des Naturforschers in die Werkstätte, und es drängte sich mir das Aufsuchen eines solchen Weges als nächstliegende Aufgabe auf. Im Sommer 1894 hatte ich eine Richtungslinie für denselben gefunden und ging daran, ihn auszubauen. Die Überlegung, daß bis zur Verflüssigung hinab dasselbe Verfahren anwendbar bleiben müsse, welches in den üblichen Kaltluftmaschinen zu Abkühlungen bis zu ungefähr —60° C reicht, wenn es nur gelänge, solche aufeinanderfolgende Abkühlungen in ihrer Wirkung zu summieren, führte folgerichtig zu dem Gedanken, das durch Expansion abgekühlte Gas im Gegenstrome dem zur nächsten

*) „Die wissenschaftl. Ergebnisse der Münchner Kälteversuchstation." Zeitschr. d. Ver. d. Ingen. 1903.

**) Bayer. Ind.- u. Gewerbeblatt 1893.

Expansion gelangenden entgegenzuführen und dadurch die Anfangstemperatur der nachfolgenden Expansion der Endtemperatur der vorausgehenden zu nähern. Es stellte sich ja in der Folge heraus, daß dieser Gedanke schon im Jahre 1857 von William Siemens in einer englischen prov. Specification ausgesprochen worden war (ohne daß er dabei an Luftverflüssigung dachte) und daß Solvay im Jahre 1885 ein englisches Patent auf eine Luftverflüssigungsmaschine genommen hatte, bei welchem eine ähnliche Gegenstromwirkung mit einem Zylinder verbunden war, in welchem die Luft arbeitverrichtend expandieren sollte*). Während Siemens den Gedanken nicht einmal bis zur „complete Specification" verfolgt zu haben scheint, war Solvay (wie er im Nov. 1895 in der Pariser Akademie mitteilte)**), an die Verwirklichung gegangen, hatte aber eine Temperatur von —95° C nicht unterschreiten können, weil die von außen eindringende Wärme die gewonnene Abkühlung überwog. Nach außen hin war von den Erfindungsgedanken der beiden Männer nur denjenigen etwas bekannt geworden, welchen die englischen Patentbeschreibungen in die Hände kamen. In die Literatur war nichts davon gedrungen. Auch mir hatte zuerst die Absicht vorgeschwebt, als Kältequelle die Abkühlung zu verwenden, welche bei Expansion der Luft unter Leistung mechanischer („äußerer") Arbeit bekannt war. Über verschiedene hierfür gemachte Entwürfe habe ich im Herbste 1894 mit Gebrüder Sulzer korrespondiert. Es stellten sich jedoch solche Bedenken und Schwierigkeiten bezüglich Isolierung und Schmiermaterial ein (Solvays Erfahrungen bestätigten mir später deren Richtigkeit), daß ich nach einer anderen Kältequelle Umschau hielt. Durch die Kühlwirkungen, wie sie bei Kohlensäure auch oberhalb der kritischen Temperatur noch erzielt wurden, war ich auf die Temperaturänderungen hingeleitet worden, welche schon im Jahre 1862 Thomson und Joule†) beim Ausströmen von Gasen infolge der inneren molekularen Arbeitsvorgänge festgestellt hatten, wonach bei Luft eine Abkühlung

$$\delta^0 = 0{,}29\ (p_2 - p_1) \left(\frac{273}{T_2}\right)^2$$

gefunden war, welche allerdings so geringfügig erschien (nur ungefähr 0,25° C für jede Atmosphäre des Druckabfalles p_2-p_1), daß sie von technischer Seite ganz unbeachtet geblieben war. Legte man die Drücke

*) „I produce low temperature by making a series of successive expansions of gas by mechanical power."

**) Compt. rend. 1895 p. 1141. †) Phil. Trans. Roy. Soc. 1862 p. 579.

zugrunde, wie sie in den Kaltluftmaschinen üblich waren, also Kompression auf rund 5 Atm., so würde die Ausströmung auf atmosphärischen Druck nur rund 1° C als Abkühlung liefern, ein Betrag, mit dem tatsächlich nichts anzufangen war.

Indessen ließen die beiden nachstehenden Überlegungen erkennen, daß durch geeignete Gestaltung der Verhältnisse vollkommen ausreichende Abkühlungen erreichbar seien:

1. Wie für die Kompressionsarbeit, so ist zwar für die Abkühlung durch Abgabe von „äußerer“ Arbeit das Druckverhältnis $p_2 : p_1$, dagegen für die „Entspannungsabkühlung“ infolge von innerer Arbeit die Druckdifferenz entscheidend. Die Kompression der Luft von 5 auf 25 Atm. und von 25 auf 125 Atm. erfordert je dieselbe Arbeit wie die Kompression von 1 auf 5 Atm., und es liefert die „äußere“ Expansionsarbeit innerhalb solcher Druckverhältnisse je gleiche Abkühlungswerte. Dagegen beträgt die Entspannungsabkühlung im ersten Falle zwar nur 1° C, im zweiten aber schon 5° C und im dritten Falle 25° C.
2. Da mit abnehmender Anfangstemperatur T_2 die Entspannungsabkühlung dem Quadrate der absol. Temperatur umgekehrt proportional wächst, so kann sie durch Vorkühlung wesentlich gesteigert werden. Beträgt bei einer Anfangstemperatur von 16° C die Abkühlung 0,25° C für jede Atmosphäre, so wächst dieselbe bei einer Anfangstemperatur von —30° C schon auf das Anderthalbfache (0,36° C) und erreicht den doppelten Betrag bei einer anfänglichen Temperatur von —63° C.

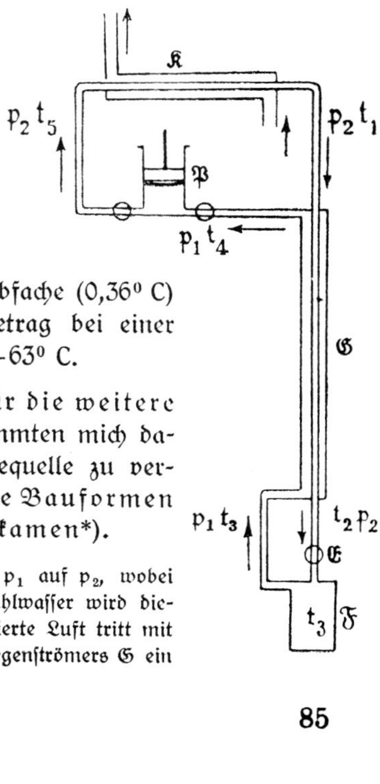

Diese Überlegungen wurden für die weitere Entwicklung entscheidend und bestimmten mich dazu, die Sache jedenfalls mit dieser Kältequelle zu versuchen, wodurch das Verfahren und die Bauformen eine überaus einfache Gestalt bekamen*).

*) Die Luftpumpe P drückt die Luft von p_1 auf p_2, wobei deren Temperatur von t_4 auf t_5 steigt. Durch Kühlwasser wird dieselbe in K auf t_1 ermäßigt. Die auf p_2 komprimierte Luft tritt mit dieser Temperatur t_1 in das innere Rohr des Gegenströmers G ein

Da es meine Absicht war, in einem technischen Maßstabe zu arbeiten, welcher die gewerbliche Brauchbarkeit des Verfahrens erproben sollte, so beschloß ich, den Kompressor unserer Kohlensäuremaschine zu verwenden und mit Drücken zu arbeiten, wie sie bei diesen Maschinen zur Anwendung kommen, nämlich mit einem Ansaugedruck von einigen zwanzig und Kompression auf einige sechzig Atmosphären. Der Gegenströmer*) und das Sammelgefäß für flüssige Luft erhielten dementsprechend solche Dimensionen, daß ihr Gesamtgewicht rund 1300 kg betrug.

Im Mai 1895 waren alle Bestandteile aufgestellt, und es konnte mit den Versuchen begonnen werden. Herr Mönch beaufsichtigte den Gang der Maschine, während die Temperaturmessungen von meinem Sohne Friedrich übernommen wurden, welcher damals nach Beendigung seiner Studien als Physiker promoviert hatte. Mit freudiger Spannung sahen wir die Temperaturen nach dem von Thomson & Joule angegebenen gesetzmäßigen Verlaufe sinken, auch nachdem die Grenzen weit unterschritten waren, innerhalb welcher jene Forscher gearbeitet hatten. Wie voraus berechnet, nahm die Abkühlung des schweren Apparates so lange Zeit in Anspruch, daß ein Tag hierzu nicht ausreichte und daß während der Nacht je ein Teil der erzielten Temperatursenkung wieder verloren ging. Erst am dritten Tage stellte sich Beharrungszustand in jener Lage ein, die den von den Physikern festgestellten Bedingungen für die Sättigung bzw. Verflüssigung entspricht. Noch arbeiteten wir solange fort, bis die Ansammlung einer bestimmten Menge von flüssiger Luft erwartet werden durfte. Dann

---

und verläßt denselben (aus sogleich ersichtlichen Gründen) mit der niedrigeren Temperatur t_2, um durch ein Entspannungsventil E in das Gefäß F überzufließen, wo der Druck p_1 herrscht. Bei dieser Entspannung sinkt (infolge Leistung innerer Arbeit) die Temperatur auf t_3. Nun wird die Luft mit t_3 im Gegenströmer der ankommenden komprimierten Luft entgegengeführt und dadurch die ebenerwähnte Absenkung der Temperatur von t_1 auf t_2 bewirkt. Die mit der Temperatur t_4 den Gegenströmer oben verlassende Luft kehrt zu neuem Kreislaufe in die Druckpumpe P zurück. Da die Entspannungsabkühlung t_2—t_3 unausgesetzt fortdauert, so müssen die Temperaturen t_2 und t_3 solange sinken, bis entweder durch Wärmezufuhr von außen oder durch Freiwerden von Wärme im Inneren das Gleichgewicht hergestellt wird. Innere (latente) Wärme aber wird frei bei dem Übergang von der Gasform in die flüssige Form.

*) Die am 7. Dezember 1894 in Lauchhammer hierfür bestellte Doppelspirale von 100 m Länge (inneres Rohr 4 cm, äußeres Rohr 10 cm Lichtweite) wurde ohne jede Zwischenverbindung sorgfältig so isoliert, daß trotz einer Höhe von 5 m und eines Durchmessers von 1,5 m des Holzmantels die Kälteverluste sehr gering blieben und bei den tiefsten Temperaturen noch ein Temperaturausgleich (t_1—t_4) bis auf $2\frac{1}{4}^{\circ}$ C erreicht wurde.

ließen wir, zwischen aufsteigenden Wolken, die schöne bläuliche Flüssigkeit in einen großen Blecheimer sich ergießen. Die stündliche Ausbeute betrug ungefähr drei Liter.

Zum ersten Male war in solcher Größenordnung Luft verflüssigt worden und dies mit Hilfsmitteln, welche gegenüber den bisher gebrauchten von verblüffender Einfachheit waren.

Ich lud eine Anzahl von Vertretern der Naturwissenschaft und Technik zur Besichtigung und Erläuterung dieses Schauspieles ein, welche in den Tagen vom 20. bis zum 25. Mai stattfand.

Am 21. Mai 1895 hat Dr. Hampson in London eine kurze prov. Specification beim Patentamte eingereicht*), welche lediglich eine Wiederholung der von William Siemens und von Solvay ausgesprochenen Erfindungsgedanken (ohne Hinweis auf Luftverflüssigung) darstellt und mit keiner Silbe einer Benützung der Thomson-Jouleschen Entspannungsabkühlung Erwähnung tut.

---

*) Folgendes ist der gesamte Wortlaut der von Hampson am 21. Mai 1895 eingereichten prov. Specification:

„The usual cycle of compression, cooling, and expansion is modified by „using all the gas, after its expansion, to reduce as nearly as possible to „its own temperature the compressed gas which is on its way to be ex- „panded; with this object all the expanded gas surrounds the pipe or „pipes of compressed gas through all their length from the point of ex- „pansion to the point of normal temperature, and this length of the pipe „is sufficient to allow of the fullest possible interchange of temperatures „between the compressed and expanded gas."

Übersetzt:

Der übliche Kreislauf von Kompression, Kühlung und Expansion ist dahin abgeändert, daß das gesamte Gas nach seiner Expansion dazu verwendet wird, das komprimierte Gas auf seinem Wege zur Expansion so nahe wie möglich auf seine eigene Temperatur zu erniedrigen; zu diesem Zwecke umströmt das gesamte expandierte Gas das Rohr oder die Rohre des komprimierten Gases auf deren ganzer Länge vom Expansionspunkte bis zum Punkte der normalen Temperatur, und diese Rohrlänge ist ausreichend, um den möglichst vollständigen Austausch der Temperaturen zwischen dem komprimierten und dem expandierten Gase zu gestatten.

Es ergibt sich daraus: 1. daß nirgends über den Inhalt der früheren Siemensschen und Solvayschen Patentanmeldungen hinausgegangen ist; 2. daß bezüglich einer Anwendung des Thomson-Joule-Effektes nicht nur jede Andeutung fehlt, sondern daß die Worte „the usual cycle" dieselbe geradezu ausschließen. Denn unter dem „üblichen Kreislaufe" kann doch nur ein solcher verstanden werden, der damals überhaupt bekannt war. Da es aber zu jener Zeit unter Theoretikern und Praktikern (und in der ganzen Literatur) feststand, daß eine Kaltluftmaschine ohne Leistung mechanischer (äußerer) Arbeit in einer Expansionsmaschine eine Abkühlung nicht erzielen lasse, so ist ein Arbeitsgang ohne solche Leistung nicht bekannt, geschweige denn „üblich" gewesen.

Auf diese Anmeldung sind Prioritätsansprüche für Hampson mir gegenüber begründet worden. Auch in der deutschen Literatur wird er vielfach vor oder neben mir als Urheber des geschilderten Luftverflüssigungsverfahrens genannt, obwohl bezüglich der beiden Grundlagen dieses Verfahrens keine Spur von Unklarheit darüber bestehen kann,

1. daß die Benützung des Gegenstromes zur Anhäufung der Abkühlungen weder von ihm noch von mir zuerst angegeben wurde, sondern von William Siemens, was ich von Anfang an in jeder Veröffentlichung betont habe;
2. daß die Verwendung und brauchbare Gestaltung des Thomson-Joule-Effektes ausschließlich von mir herrührt.

Wer sich nur die Mühe geben will, die angemerkten Tatsachen zu prüfen, wird anerkennen müssen, daß Hampson keinerlei Anspruch auf irgendeinen Teil der Erfindung zusteht.

Zu dieser etwas weitschweifigen Feststellung nötigt mich nicht nur das Recht, sondern mehr noch die Pflicht zur Abwehr aus dem Grunde, weil mir gerade aus Anlaß meines Luftverflüssigungsverfahrens mehrfache Ehrungen erwiesen worden sind, welche ich hätte abweisen müssen, wenn Autorrechte eines Dritten in Frage ständen.

Die Bedeutung des Verfahrens beruht nicht nur darauf, daß es die Grundlage für die Entwicklung einer — heute bis zur Groß-

---

Erst am 19. Februar 1896 (nachdem in der deutschen und englischen Literatur mein Verfahren vielfach erörtert war) hat Hampson den Thomson-Joule-Effekt in seine complete Specification eingeführt, und erst im April 1896 hat er vermocht, die Verwirklichung des Verfahrens in kleinem Maßstabe vorzuzeigen.

Daß unter solchen Umständen Hampson überhaupt in die Lage gekommen ist, Prioritätsansprüche zu erheben, scheint er mir ausschließlich Sir W. Ramsay zu verdanken, der wohl unter dem Eindrucke handelte, daß Hampson ihm zu seinen grundlegenden Forschungen über die Edelgase (natürlich erst nach dem April 1896) eine Verflüssigungsvorrichtung beigestellt hat. Als Ramsay das Ergebnis dieser Forschungen in Deutschland demonstrierte und dabei von Hampsons „Priorität“ sprach, veranlaßten mich Warburg und Emil Fischer zu einer Richtigstellung in den „Berichten der deutschen Chemischen Gesellschaft“ 1899 S. 925. Jede weitere öffentliche Abwehr habe ich seither unterlassen. Als ich Ramsay in dem guten und gewissen Glauben aufsuchte, daß eine Darlegung der Tatsachen ihn zur Anerkennung der Wahrheit veranlassen werde, begegnete ich einer, auch später wiederholten, abweisenden, ja feindseligen Haltung, für welche mir eine psychologische Erklärung bis zu seinem öffentlichen Auftreten nach Kriegsausbruch gefehlt hat, wo ich ihn mit derselben Verbissenheit sich auf einen Gipfel des Gebirges von Verleumdung und Lüge stellen sah, welches gegen deutsches Wesen und deutsche Wissenschaft von unseren Gegnern aufgetürmt worden ist.

industrie herangewachsenen — „Technik der tiefen Temperaturen" geworden ist, sondern auch in wissenschaftlicher Beziehung darauf, daß es einerseits die Luftverflüssigung zum Gemeingut der naturwissenschaftlichen Laboratorien gemacht und anderseits die Verflüssigung des Wasserstoffs (nach Dewars Vorgang) und in neuerer Zeit diejenige des Heliums durch Kamerlingh-Onnes ermöglicht hat.

Als eine wissenschaftliche Nebenausbeute erwähne ich die Auffindung des Zusammenhanges zwischen der Veränderlichkeit der spez. Wärme der Gase und dem Thomson-Joule-Effekt, auf welchen ich zuerst in den Annalen für Physik und Chemie 1896 S. 331 hinwies, während ich in der Bayer. Akademie der Wissenschaften (Sitzungsber. 1897 Heft 3) ausführlicher Mitteilung darüber folgen ließ.

In den Pfingsttagen 1895 hatte ich Gelegenheit, bei der Tagung des Kuratoriums der Physikalisch-Technischen Reichsanstalt einem größeren Kreise von Physikern über das Verfahren zu berichten. Den Fachmännern erschien die Möglichkeit einer Steigerung des unbedeutenden Thomson-Joule-Effektes zu so bedeutsamer Wirkung so unwahrscheinlich, daß nur die Mitteilung von der vollzogenen Verwirklichung sie daran glauben ließ. Präsident Kohlrausch entsandte die Herren Holborn und Willy Wien, nach München, um bei uns mit Hilfe von flüssiger Luft Untersuchungen für die Messung tiefer Temperaturen anzustellen, begab sich auch selbst dahin und fand unter anderem (mit Hilfe von Prof. v. Baeyer) im Petroleumäther einen Stoff, der bis zur Luftverflüssigungstemperatur flüssig bleibt und zur Füllung von Thermometern für tiefe Temperaturen brauchbar ist.

Die erste Mitteilung in der Öffentlichkeit war, einem Wunsche des Vereinsvorstandes entsprechend, der im August stattfindenden Hauptversammlung des Vereins deutscher Ingenieure vorbehalten*). Da ich damals Mitglied des Vorstandes war, so wünschte ich nicht selbst

*) Später hat mich der Berliner Bezirksverein um einen Experimentalvortrag gebeten, der im Januar 1897 im Slabyschen Hörsaale der Techn. Hochschule zu Charlottenburg (unter Inbetriebsetzung einer Luftverflüssigungsvorrichtung) gehalten wurde. Nächsten Tages mußte ich denselben vor dem Reichskanzler und den Ministern wiederholen. Der Kaiser, dem darüber berichtet war, kam mit der Kaiserin ebenfalls dorthin und übergab mir nach der Demonstration einen Orden. Durch die Aufmerksamkeit, welche die Luftverflüssigung bei den hohen Herrschaften gefunden hatte, wurde dieselbe plötzlich zum Gegenstand der Besprechung in der Tagespresse, und ich wurde mit Bitten und Einladungen zur Abhaltung weiterer Vorträge bestürmt. Die natürliche Folge war eine grundsätzliche und allgemeine Absage, um den unerfreulichen Lärm möglichst bald verstummen zu lassen.

**) Zeitschr. d. Ver. d. Ingen. 1895 S. 1157.

damit aufzutreten, sondern bat Prof. Schröter, dies zu tun. Der Titel seiner Veröffentlichung**) („Lindes Verfahren der Sauerstoffgewinnung mittels verflüssigter Luft“) zeigt, daß ich bereits über die Luftverflüssigung hinaus mit technischer Verwendung derselben mich beschäftigte.

Wenn es Aufgabe des Naturforschers ist, „ohne Rücksicht auf Nutzanwendung“ zu arbeiten, so erfüllt der Ingenieur die seinige gerade durch möglichst vielseitige Nutzanwendung der Forschungsergebnisse. In diesem Sinne fragte ich mich, und wurde ich von außen gefragt: Was ist mit der neuen Errungenschaft einer einfachen Vorrichtung zur Verflüssigung beliebiger Gasmengen anzufangen? Es hat damals Antworten auf diese Frage geregnet, und wilde Spekulation hat daraus unlauteren Gewinn zu ziehen gesucht — allen voran der Amerikaner Tripler, der eine große Aktiengesellschaft mit phantastischen und schwindelhaften Zielen begründete. Ich war fast täglich veranlaßt, auf die (gegenüber jenen Übertreibungen sehr engen) Grenzen der Anwendbarkeit zu verweisen. Noch im Jahre 1899 fand ich es nötig, gelegentlich der Naturforscherversammlung in einem Vortrage*) „über die Anwendbarkeit flüssiger Luft in der Technik“ zunächst darzulegen, „daß die Erwartungen zu einem großen Teile in das Reich der Fabel gehören“, ehe ich von möglichen Nutzanwendungen sprechen konnte. Die letzteren bezogen sich darauf,

1. daß allen wissenschaftlichen und industriellen Laboratorien durch den Bezug kleiner Luftverflüssigungsmaschinen nunmehr die Möglichkeit geboten sei, auf einem Temperaturgebiete bis zu —200° C zu experimentieren;
2. daß bei Wiederverdampfung von verflüssigten Gasgemischen dieselben in ihre Bestandteile getrennt werden können und
3. daß durch Mischung flüssiger Luft mit oxydierbaren Stoffen Sprengkörper sich herstellen lassen.

Die erste dieser drei Aufgaben konnte bereits als im wesentlichen gelöst betrachtet werden, und es bedurfte dafür nur noch baulicher Vervollkommnung und Anpassung. Die Gesellschaft f. L. E. hat sich derselben durch Lieferung von 72 Luftverflüssigungsmaschinen**) gewidmet. Ich hatte nicht die Absicht, das Luftverflüssigungsverfahren

*) Zeitschr. d. Ver. d. Ingen. 1900.

**) Davon an Laboratorien in Deutschland 35, Frankreich 12, Rußland 10, Österreich-Ungarn 5, Schweiz 3, Vereinigte Staaten von Nordamerika 2, Dänemark, Spanien und Japan je 1.

PATENT-URKUNDE

№ 1250.

AUF GRUND DER ANGEHEFTETEN BESCHREIBUNG UND ZEICHNUNG IST DURCH BESCHLUSS DES KAISERLICHEN PATENTAMTES

Professor Carl Linde, in München

EIN PATENT ERTHEILT WORDEN.

GEGENSTAND DES PATENTES IST:

Kälteerzeugungsmaschine.

GESETZ v. 25. MAI 1877

ANFANG DES PATENTES: 9. August 1877.

LÄNGSTE DAUER DES PATENTES: 24. Maerz 1891.

DIE RECHTE UND PFLICHTEN DES PATENT-INHABERS SIND DURCH DAS PATENT-GESETZ VOM 25. MAI 1877 (REICHSGESETZBLATT FÜR 1877 SEITE 501) BESTIMMT.

ZU URKUND DER ERTHEILUNG DES PATENTES IST DIESE AUSFERTIGUNG ERFOLGT.

Berlin, den 29. Mai 1878.

KAISERLICHES PATENTAMT.

Beglaubigt durch

Sekretär des Kaiserlichen Patentamtes.

Titelseite der Patentschrift Nr. 1250 »Kälteerzeugungsmaschine« (Zu S. 39)

Carl Lang

Der vielseitige und erfolgreiche Unternehmer Carl Lang schlug vor, die Gesellschaft für Lindes Eismaschinen AG mit Sitz in Wiesbaden zu gründen. Er war bis 1884 der Vorsitzende ihres Aufsichtsrats. C. Linde übernahm als Vorstand die Leitung der Geschäfte und baute sich 1880 an der Hildastraße in Wiesbaden ein Haus. (Zu S. 45 ff., S. 74)

Moritz Schröter

1888 wurde die Kälte-Versuchsstation in München Ecke Lothstr./Nymphenburger Str. gebaut. Hier wurden auf C. Lindes Anregung Untersuchungen an Kältemaschinen verschiedener Hersteller durchgeführt. 1895 gelang C. Linde dort die Verflüssigung der Luft. Moritz Schröter, 1879 als Nachfolger C. Lindes an die Techn. Hochschule München berufen, war u. a. auch Leiter der Kommission für die o.g. Untersuchungen. (Zu S. 70 ff., S. 80 ff., S. 86 ff.)

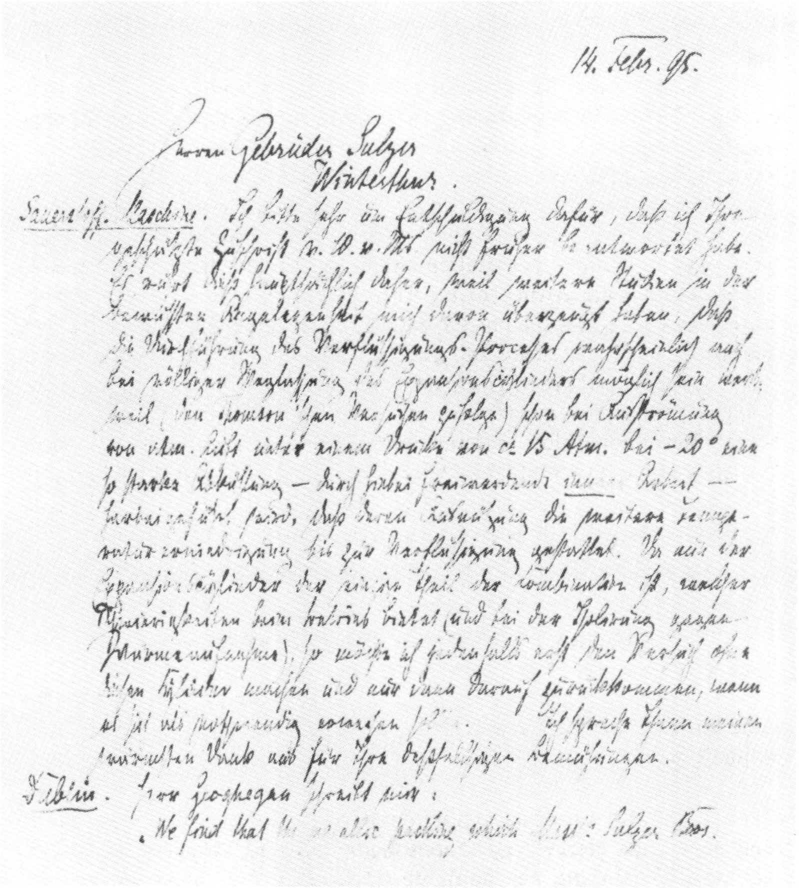

14. Febr. 95.

Herren Gebrüder Sulzer
Winterthur.

Aus diesem Schreiben C. Lindes an Gebr. Sulzer geht hervor, daß er die zur Luftverflüssigung notwendige Kälte ursprünglich mit einer Expansionsmaschine erzeugen wollte – ein Verfahren, das später eine große Rolle spielen sollte. Da er jedoch in der Ausnützung des Thomson-Joule-Effekts einen einfacheren Weg erkannte, verfolgte er seit Anfang 1895 diese Methode weiter. (Zu S. 84 ff.)

unter Patentschutz zu stellen, und es sind von uns niemals gegen die Lieferung von auswärtigen Nachahmungen Einwendungen erhoben worden, wenn es sich um wissenschaftliche Zwecke handelte*).

Anders dagegen war bezüglich der übrigen, zunächst nur in ihren naturgesetzlichen Grundlagen erfaßten Nutzanwendungen zu verfahren, bei welchen die technische Ausgestaltung bis zu der noch ungewissen industriellen Brauchbarkeit voraussichtlich noch langdauernde Arbeit und sehr bedeutende Geldmittel in Anspruch nehmen mußte. Zur Aufbringung solcher Geldmittel erschien es nötig, wieder den seinerzeit für die Entwickelung der Kältemaschine eingeschlagenen Weg zu betreten, nämlich die Anmeldung von Patenten, unter deren Schutz später im Falle des Gelingens eine entsprechende Vergütung zu erwarten war. So meldete ich jetzt in verschiedenen Ländern zunächst eine „Sauerstoffmaschine" an, wobei ich von meinem Luftverflüssigungsverfahren ausgehen mußte, weil ein anderes hierzu brauchbares Verfahren nicht bekannt war. In anderen Ländern fand die Eintragung unter obiger Bezeichnung statt, das deutsche Patentamt aber lehnte dieselbe ab und erteilte (ab 5. Juni 1895) das Patent Nr. 88824 auf „ein Verfahren zur Verflüssigung atmosphärischer Luft oder anderer Gase".

11. Abteilung B für Gasverflüssigung.

Für Erwerbung und Verwertung dieser Patente sind mir mehrfache Anträge gemacht worden, die ich ablehnte, nachdem unsere Gesellschaft f. L. E. sich bereit erklärte, selbst in diese Verwertung und in die Bearbeitung derjenigen Verfahren einzutreten, welche für die Nutzbarmachung der Gasverflüssigung sich weiterhin ergeben sollten. Von dem etwa hierbei erzielbaren Gewinne (nach Abzug aller Kosten und nach Verzinsung des dafür einzusetzenden Kapitales) wurde mir ein namhafter Teil zugesprochen. Zur technischen und geschäftlichen Bearbeitung wurde in München eine besondere Abteilung für Gasverflüssigung gebildet, welche „meinen Instruktionen unterstellt sein" sollte.

*) Hampsonsche Luftverflüssiger sind in größerer Zahl auch nach Deutschland gekommen und wurden vielfach unseren Vorrichtungen vorgezogen, weil sie (unter Verzicht auf Doppelspirale) die komprimierte Luft unmittelbar auf atmosphärischen Druck entspannend infolge viel geringerer Masse der Gegenströmer in kürzerer Zeit den Beginn der Verflüssigung erreichen.

Als ersten Gegenstand faßten wir ins Auge ein

Verfahren zur Gewinnung von Sauerstoff

aus flüssiger Luft. Die von den Physikern festgestellte Tatsache, daß der Siedepunkt des Sauerstoffs (—183° C) um etwa 13° höher liegt als derjenige des Stickstoffs (—196° C) und daß deshalb der flüchtigere Stickstoff bei der Verdampfung flüssiger Luft in verhältnismäßig größerer Menge ausscheidet, so daß in der Flüssigkeit eine Anreicherung an Sauerstoff stattfindet, hatte schon mehrfach zu dem Ausspruche geführt, daß hierdurch die Möglichkeit zu einer Trennung (Fraktionierung) der Luft in ihre Bestandteile gegeben sei.

Betrachtete man diesen Gedanken von der wirtschaftlichen Seite, so stellte sich der große Arbeitsbetrag in den Weg, der für die Verflüssigung aufzuwenden ist, weil die dabei zu entziehende Wärme aus so tiefen Temperaturen heraufgehoben werden muß.

Zur Überwindung dieses Hindernisses half nun aber die Überlegung, daß man durch geeignete Anordnung nach einmal erfolgter Verflüssigung die Wärmeentziehung für weitere Mengen durch die Verdampfung der verflüssigten Luft besorgen lassen kann. Führt man einerseits die abziehenden Dämpfe im Gegenstrom der zu zerlegenden Luft entgegen (um dieselbe auf die Verflüssigungstemperatur herunterzukühlen) und läßt man die Verflüssigung unter Austausch der latenten Wärme innerhalb solcher Wandungen sich vollziehen, welche von der verdampfenden Luft umgeben sind, so wird für jede Gewichtseinheit verdampfender Luft eine neue Gewichtseinheit Luft verflüssigt werden können. „Auf solche Weise wird" — sagt meine Patentbeschreibung — „eine vollständige Wiedergewinnung der zur Abkühlung und Verflüssigung der Luft aufgewendeten Kälte erreicht und hat die Maschine lediglich die zur Deckung der Verluste erforderliche Kälte zu produzieren." Der Arbeitsbedarf für diese Deckung aber läßt sich leicht in solchen Grenzen halten, daß hierdurch die Durchführung des Verfahrens möglich erscheint*).

*) Es wurde mir eine (unfruchtbar gebliebene) englische Patentbeschreibung von Parkinson vom Jahre 1892 entgegengehalten, worin derselbe den Gedanken an Sauerstoffgewinnung aus verflüssigter Luft (ohne Angabe eines Mittels zur Verflüssigung) ausspricht und dabei den Austausch der spezifischen Wärme der zu zerlegenden Luft und der abziehenden Dämpfe empfiehlt. Die Verdampfung der flüssigen Luft aber läßt er in einem Gefäße geschehen, dem aus der freien Atmosphäre die latente Wärme zugeführt wird, so daß gerade der wegen der tiefen Verdampfungstemperatur weit größere Teil des Arbeitsaufwandes bestehen bleibt und die wirtschaftliche Durchführung unmöglich macht.

Auf dieser Grundlage wurde die Arbeit aufgenommen.

Als Mitarbeiter schien es mir zweckmäßig, neben dem Ingenieur Mönch und dem Physiker Dr. Friedrich Linde zur Herstellung eines näheren Anschlusses an die chemische Industrie einen Chemiker in der Person des Dr. Sieder zuzuziehen.

Zunächst war es notwendig, genau festzustellen, in welchen Mengenverhältnissen bei der Verdampfung flüssiger Luft die Bestandteile der Dämpfe sich zu denen der Flüssigkeit verhalten. Die Ergebnisse dieser Untersuchung wurden erst bei Gelegenheit einer Mitteilung über Sprengstoffe in der Bayer. Akademie der Wissenschaften (Sitzungsber. März 1899, S. 65) von mir veröffentlicht*). Immerhin ist dies früher geschehen, als von seiten Balys (Phil. Mag. June 1900). Trotzdem wird in der Literatur stets auf diese letztere Mitteilung als Quelle verwiesen.

Wir hatten nun ziffermäßigen Aufschluß über das durch **fraktionierte Verdampfung** Erreichbare. Läßt man flüssige Luft verdampfen und fängt die Verdampfungsprodukte in den verschiedenen Abschnitten der Verdampfung auf, so ist man allerdings imstande, Gemische von beliebiger Zusammensetzung zwischen weiten Grenzen zu erlangen. Indessen wußten wir nunmehr auch, daß nur ein kleiner Teil des in der Flüssigkeit enthaltenen Sauerstoffes zurückbleibt, wenn sehr sauerstoffreiche Gemische erzielt werden sollen. Schon um 50proz. Sauerstoff zu gewinnen, müssen ungefähr 70% der ursprünglichen Flüssigkeitsmenge (mit rund 80% des darin enthaltenen Stickstoffs und 35% des darin enthaltenen Sauerstoffs) wegverdampft werden. Wollte man aber nahezu reinen Sauerstoff erhalten, so könnte nur ein ver-

*) Stellen N und O die Gewichtsmengen des Stickstoffes und Sauerstoffes einer Flüssigkeit von der Zusammensetzung der Atmosphäre dar, so enthalten beim Beginne der Verdampfung die Verdampfungsprodukte rund 93% Stickstoff (und Edelgase) und 7% Sauerstoff. Die Linie a c b zeigt, wie sich bei andauernder Verdampfung das Verhältnis der Stickstoffmenge N^1 zur Sauerstoffmenge O^1 in den Verdampfungsprodukten ändert, wogegen die Linie d b die Anreicherung der jeweilen noch vorhandenen Flüssigkeitsmenge an Sauerstoff zeigt.

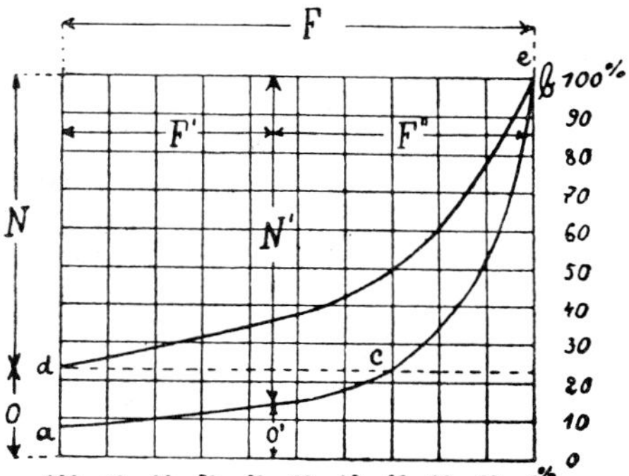

schwindend kleiner Teil des ursprünglich in der Flüssigkeit enthaltenen Sauerstoffs gewonnen werden.

Das Verfahren der einfachen fraktionierten Verdampfung war also zur wirtschaftlichen Herstellung von reinem Sauerstoff nicht brauchbar.

Wir glaubten aber darin kein entscheidendes Hindernis gegen Einführung desselben in die Industrie erblicken zu müssen, weil wir annahmen, daß derselben mit einer mäßigen Anreicherung von Sauerstoff schon genügend gedient werden könne, und wir richteten unsere weiteren Bemühungen dahin, Gemische mit gleichen Mengen von Sauerstoff und Stickstoff herzustellen. Bestärkt wurden wir in dieser Voraussetzung dadurch, daß einerseits auf dieser Grundlage Verträge mit chemischen Fabriken abgeschlossen werden konnten*) und daß andererseits Autoritäten wie Bunte und Hempel Aussichten für weitgehende Anwendung von „Lindeluft“ — so nannten sie dieses Gemisch — eröffneten. Ja, der letztere veranlaßte den Verein zur Beförderung des Gewerbefleißes in Preußen zu einem Preisausschreiben für solche Anwendungen).

Die bauliche Anordnung, welche wir den Trennungsvorrichtungen gaben, war durch die Überlegung bestimmt, daß bei Durchführung der Verdampfung in einem einzigen Gefäßraum nur ein diskontinuierlicher Betrieb möglich war, weshalb wir die flüssige Luft eine Anzahl n von Gefäßräumen durchlaufen (z. B. dieselbe über n übereinanderliegende Schalen herabrieseln) ließen, wobei in jedem derselben der nte Teil der Flüssigkeitsmenge verdampfte, welcher der gewollten Anreicherung an Sauerstoff entsprach, während die Verdampfung des verbleibenden Restes (also von 30% der ursprünglichen Menge, wenn 50proz. Gemische zu erzielen waren) in einem letzten Gefäße das Endprodukt lieferte.

*) So schloß ich im April 1897 mit der chemischen Fabrik Rhenania in Stolberg einen Liefervertrag für eine Anlage ab, welche stündlich 50 cbm eines 50proz. Gemisches zur Darstellung von Schwefelsäureanhydrit herstellen sollte. Nicht lange nach ihrer Ingangsetzung aber wurde das Winklersche Kontaktverfahren bekannt und dadurch ihre Verwendung aussichtslos. Unter den Personen, welche mit unserer Erlaubnis die Anlage in Stolberg besichtigt haben, befand sich der junge französische Ingenieur Georges Claude, welcher sich an mich mit der Frage gewendet hatte, ob ich ihm nicht in unserer Versuchsstation Gelegenheit geben wolle, eine Abänderung meines Luftverflüssigungsverfahrens unter Benutzung der Abkühlung durch mechanische Arbeitsleistung als Kältequelle auszuarbeiten. Ich hatte mit der Begründung abgelehnt, daß wir selbst solche (schon von Siemens und Solvay vorgesehene) Arbeitsweise ausprobieren würden, sobald uns dieselbe Vorteile zu bieten scheinen werde.

Nachdem durch den Schröterschen Vortrag und durch meine Veröffentlichungen*) das Verfahren bekannt geworden war, ließ sich ein vielfaches Echo von Patentanmeldungen vernehmen, welche in verschiedenen Ausführungsformen die soeben erörterte Absicht verfolgten, zur Erreichung kontinuierlichen Betriebes die Verdampfung der flüssigen Luft in aufeinanderfolgenden Räumen erfolgen zu lassen. Von diesen Anmeldungen haben später insbesondere zwei (Hampson 9. April 1896 und Pictet 14. Dez. 1901) uns zu wiederholter Abwehr genötigt, während zunächst jeder Versuch zur Verwirklichung derselben unterblieb.

Als Ursache für diese Zurückhaltung wird weniger das Bekanntwerden meines Patentes als der Umstand zu gelten haben, daß nach den vorerwähnten, aber kurzlebigen Anläufen die Industrie kein nachhaltiges Verlangen und Bedürfnis nach sauerstoffreichen Gasgemischen an den Tag legte.

Dagegen zeigte sich eine wachsende Nachfrage nach reinem Sauerstoff, welcher seit mehreren Jahren in Stahlflaschen unter hohem Drucke in den Handel kam. Wir erkannten, daß entgegen unserer bisherigen Meinung, die anzustrebenden Fortschritte ihre Richtung demnach auf reinen Sauerstoff zu nehmen haben, und daß hiezu (unter Festhaltung des Grundsatzes einer vollen Wiedergewinnung der Verflüssigungskälte) ein neues Trennungsverfahren gefunden werden müsse, wenn wir weiterhin Anteil an dieser Entwicklung haben wollten. Es war in diesem Zusammenhange wiederholt auf das in der chemischen Technologie insbesondere zur Trennung von Alkohol und Wasser bekannte

Rektifikationsverfahren

hingewiesen worden, allein die Anwendbarkeit wurde allerseits bezweifelt oder verneint. Es fehlten hier mehrere der Glieder, aus welchen dort die Kette sich zusammensetzt. Während bei der Alkoholrektifikation neben den beiden zu trennenden Stoffen ein Körper eingreift, der unten Wärme zuführt, und oben ein anderer (Kühlwasser), der dem flüchtigen Bestandteile Wärme zu entziehen vermag, weil seine Temperatur niedriger ist als der Siedepunkt des Alkohols, so müssen im vorliegenden Falle die Luft und ihre Bestandteile allein ausreichen, und es fehlt insbesondere die Möglichkeit, dem flüchtigeren Stickstoff Wärme durch einen Körper zu entziehen, dessen Temperatur unter der Siedetemperatur des Stickstoffes liegt. Wenn wir heute die ein-

*) Ann. f. Phys. u. Chem. 1896, S. 331, Bayer. Ind. u. Gew.-Bl. 1896, S. 361, Engineer 1896, S. 485 und Genie Civil 1897.

fache Lösung betrachten, welche die Aufgabe gefunden hat, so ist es uns schwer erklärlich, daß längere Bemühungen vergeblich blieben, bis wir die nunmehr so selbstverständlich scheinende Wärmebilanz erfaßt hatten und zu derjenigen Ausbildung des Verfahrens und zu denjenigen Bauformen gelangten, wie sie in meinem D. R. P. Nr. 173620 und in dem Vortrage*) niedergelegt sind, den ich im Juni 1902 auf der Hauptversammlung des Vereins deutscher Ingenieure gehalten habe.

Das Wesen des Verfahrens besteht darin, daß der in einer „Rektifikationskolonne“ herabrieselnden, flüssigen Luft Sauerstoff entgegenströmt, welcher sich (vermöge seiner höheren Siedetemperatur) kondensiert und herabfließt, während die hiebei freiwerdende Wärme zur Verdampfung einer äquivalenten Menge von Stickstoff dient, welcher oben abgeführt wird**).

Damit war der Weg eröffnet, auf welchem die Technik der tiefen Temperaturen mit endgültigem Erfolge in die Industrie eingezogen ist.

Die Bedeutung dieses Erfolges kommt auch darin zum Ausdruck, daß alle auf die Sauerstoffgewinnung aus flüssiger Luft bezüglichen Patentanmeldungen und Mitteilungen in der Literatur, welche bis

*) Zeitschr. d. Ver. d. Ingen. 1902, S. 1173.

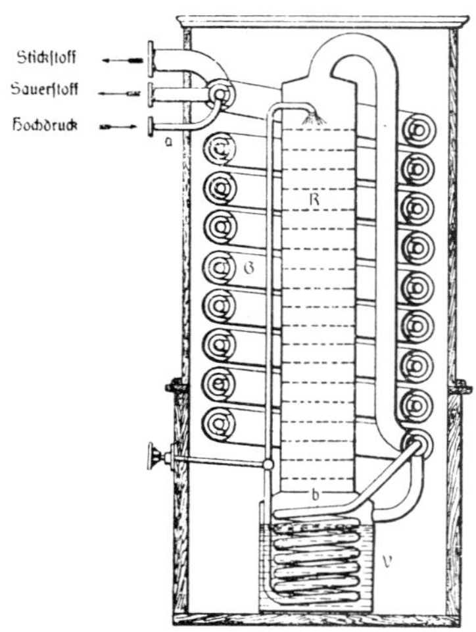

**) Die einfachste, im Aufrisse hier dargestellte Bauform hat die Vorrichtung durch meinen Sohn Friedrich erhalten. Die durch Rohr a ankommende komprimierte Luft kühlt sich im Gegenströmer G nahezu auf die Temperatur ab, bei welcher in der Rohrspirale b ihre Verflüssigung erfolgt. Durch das Ventil E entspannt, wird die flüssige Luft der Rektifikationssäule R oben zugeführt und rieselt in großer Oberflächenentfaltung nach unten, während die im Gefäße V sich ansammelnde Flüssigkeit ihre Dämpfe entgegenschickt. Der Sauerstoffgehalt dieser Flüssigkeit nimmt nach der Ingangsetzung infolge fraktionierter Verdampfung so zu, daß bald diese Dämpfe aus nahezu reinem Sauerstoffe bestehen. Der nun stattfindende Rektifikationsvorgang (Kondensation des wärmeren Sauerstoffs an der kälteren Flüssigkeit und Verdampfung äquivalenter Stickstoffmengen) setzt sich bei genügender Höhe der Säule solange fort, bis oben der Gleichgewichtszustand zwischen den Dämpfen und der flüssigen Luft erreicht ist (mit rund $93\,^0/_0$ Stickstoff und $7\,^0/_0$ Sauerstoff). Das so abziehende Gasgemisch tritt durch die äußere Spirale des Gegenströmers aus, während das mittlere Spiralrohr denjenigen Teil des reinen Sauerstoffs abführt, welcher als Endprodukt gewonnen wird.

Juni 1902 ausschließlich nur mit fraktionierter Verdampfung sich befaßt haben, nunmehr mit derselben Ausschließlichkeit nur das Rektifikationsverfahren zum Gegenstand haben.

Ich werde später — mehr als mir lieb ist — von den Kämpfen zu berichten haben, welche unserer Gesellschaft zur Abwehr gegen Verletzung ihrer Patentrechte auferlegt worden sind, nachdem sie in deren Verwertung eingetreten war, was teils durch Lieferung von Sauerstoffanlagen an industrielle Werke*) für deren Selbstbedarf, teils durch Organisation von Herstellung und Verkauf des verdichteten Sauerstoffs in Stahlflaschen geschehen ist.

Zunächst aber muß ich einer anderen Verwendung flüssiger Luft gedenken, welche uns eingehend beschäftigt hatte, und deren Ausbildung damals bereits abgeschlossen war.

Der Sprengstoff „Oxyliquit".

Die überaus lebhaften Verbrennungserscheinungen, die uns schon bei der ersten Beschäftigung mit flüssiger Luft entgegengetreten waren, veranlaßten mich zu dem Versuche, durch Verbindung mit geeigneten Brennstoffen ein neues Sprengmittel herzustellen. Schon am 14. Aug. 1897 waren wir in der Lage, in einer Patentanmeldung auf „Flüssigen Sauerstoff enthaltendes Sprengmittel" das Folgende auszusprechen: „Eingehende Versuche erwiesen, daß ein Gemisch aus flüssiger Luft, aus welcher durch Abdampfen ein mehr oder weniger großer Teil des Stickstoffs entfernt ist, und aus oxydierbaren Substanzen (wie Holzkohle, Schwefel, Petroleum) sich ähnlich wie Dynamit verhält."

Den neuen Sprengstoff nannte ich „Oxyliquit", und wir vereinigten uns mit der Dynamit A.-G. vorm. Nobel in Hamburg zu einer G. m. b. H., die diesen Namen erhielt und in größerem Maßstabe Sprengversuche sowohl in der Sprengstoffversuchsstation in Schlebusch als in der „Zentralstelle für wissensch.-techn. Untersuchungen" in Neubabelsberg ausführen ließ. Über die Ergebnisse solcher Versuche berichtete ich in der Akademie der Wissenschaften**) unter Hinweis darauf, daß eine Mischung von Petroleum und flüssiger Luft (mit Kieselgur) sowohl hinsichtlich der Verbrennungsdauer (Brisanz) als der volumetrischen Wirkung die Sprenggelatine übertraf.

Für die Handhabung des Oxyliquit zeigte es sich als notwendig, nicht (wie zuerst versucht) die oxydierbare Substanz in die Spreng-

*) Im Anhange S. V sind über deren Umfang Nachweisungen gegeben.

**) „Über Vorgänge bei der Verbrennung in flüssiger Luft." Sitzungsberichte 1899 S. 65.

löcher einzusetzen und dann flüssige Luft zuzuführen, sondern die erstere (in einer zum Aufsaugen der Flüssigkeitsmengen in großer Oberflächenentfaltung geeigneten Form) in Papierhülsen zu füllen und vor dem Besetzen der Sprenglöcher in die flüssige Luft einzutauchen. Immer entsteht erst an der Verwendungsstelle unmittelbar vor dem Gebrauch aus seinen Bestandteilen der Sprengstoff. Da nach Herausnahme der Patrone aus der flüssigen Luft der Bestandteil Sauerstoff sofort wieder auszuscheiden beginnt, so kann Oxyliquit nicht als Sprengstoff aufbewahrt werden, wodurch auf der einen Seite die beim Transport und aus widerrechtlicher Entnahme erwachsenden Gefahren beseitigt werden, während auf der anderen Seite der Nachteil entsteht, daß man es vom Augenblicke der Herausnahme bis zur Detonation mit einem Körper von veränderlicher Sprengkraft zu tun hat, und daß von einem gewissen Zeitpunkte an überhaupt nicht mehr die zu vollkommener Verbrennung erforderliche Sauerstoffmenge vorhanden ist. Je kleiner der Durchmesser der Patronen, desto früher tritt dieser Zustand ein. Hierin lag, abgesehen von den widerstreitenden Interessen der mächtigen Sprengstoffindustrie, ein starkes Hindernis gegen Aufnahme des Oxyliquit in den Betrieb, obwohl die Billigkeit des Verfahrens ihm überall da hätte günstig sein müssen, wo an einer Stelle andauernd in größerer Menge Sprengstoffe gebraucht werden*).

*) Als im Jahre 1899 der Beginn des Tunnelbaus am Simplon eine besonders günstige Gelegenheit zu bieten schien, setzte ich mich mit den beiden mir bekannten Mitgliedern des viergliedrigen Baukonsortiums, dem Herrn Brandt und der Firma Gebrüder Sulzer in Verbindung und erlangte, daß daselbst Dauerversuche mit einer kleinen Verflüssigungsanlage in Angriff genommen werden konnten, deren Durchführung mein Sohn Friedrich während der Sommermonate in Brieg übernahm. Die Sprengwirkungen waren im allgemeinen zufriedenstellend, zeitweise jedoch reichte der bei der Detonation noch vorhandene Sauerstoff nicht aus, weil von den acht je gleichzeitig zur Detonation kommenden Sprengladungen nur je eine oder zwei aus Oxyliquit bestanden und der Detonationszeitpunkt von verschiedenen Umständen abhängig war. Im Herbste 1899 fand ich Herrn Brandt geneigt, die Verwendung des Oxyliquit in größerem Maßstab (mit einem Verflüssiger für 50 l in der Stunde) fortzusetzen, womit die Herren Gebr. Sulzer einverstanden waren. 14 Tage nach meiner Besprechung mit Herrn Brandt erhielt ich die Nachricht von seinem plötzlichen Tode. Sein Nachfolger in der Bauleitung aber wollte von weiterer Verwendung von Oxyliquit nichts wissen. Wertvolle Aufschlüsse über den Zusammenhang technischer und geschäftlicher Ursachen für diese Haltung gab mir später Herr Pressel (jetzt Professor an der Techn. Hochschule in München), welcher seine mehrjährige erfolgreiche Tätigkeit bei unserer Gesellschaft in Wiesbaden zu unserem besonderen Bedauern aufgegeben hatte, um die Leitung der Arbeiten an der Südseite des Tunnels zu übernehmen.

Unter der Einwirkung der in anderer Richtung unsere Kräfte in Anspruch nehmenden Erfolge wurde die Verwendung des Oxyliquit von uns nicht weiter verfolgt, bis während der Kriegszeit die eingetretene Knappheit an Sprengstoffen die Aufmerksamkeit wieder darauf gelenkt und plötzlich eine starke Nachfrage insbesondere von seiten des Bergbaus herbeigeführt hat. Dem äußeren Anstoß kommt zur Einschränkung des oben geschilderten, durch die Verdampfung herbeigeführten Mangels, der günstige Umstand entgegen, daß nunmehr statt der flüssigen Luft reiner flüssiger Sauerstoff zur Verfügung gestellt werden kann. In kurzer Zeit sind teils durch unsere Gesellschaft teils durch andere Firmen (gegen Lizenzabgabe) zahlreiche Anlagen zur Herstellung von flüssigem Sauerstoff für Sprengzwecke geliefert worden, und es steht gegenwärtig im Bergbau die Verwendung von Oxyliquit in voller Blüte.

Höllriegelskreuth.

Die Abteilung B hatte bis zum Jahre 1901 ihren Sitz in der Kälteversuchstation in München. Als der Durchführung ihrer Aufgaben in größerem Maßstabe sich örtliche und räumliche Schwierigkeiten entgegenstellten, suchte ich nach einem geeigneten außerhalb gelegenen Arbeitsplatz, und fand einen solchen in Höllriegelskreuth. Die Erwerbung eines unmittelbar neben dem Bahnhofe der Isartalbahn (in 15 km Entfernung von München) gelegenen größeren Grundstückes mit Bahnanschluß bot die Möglichkeit jeder wünschbaren Erweiterung und ungestörter Ausführung der mannigfachen Arbeiten, welche mit der (nach Art und Umfang noch nicht übersehbaren) Ausbildung der Technik tiefer Temperaturen verbunden sein würden. Dabei konnten wir uns an das dortige Elektrizitätswerk „Isarwerke" anschließen, was mit Rücksicht auf die oft wochenlang unterbrochenen und dann nur tageweise dauernden Versuche mit größeren Kräften (bis zu 150 PS) zweckmäßig erschien.

Zunächst errichteten wir dort neben dem Bureaugebäude eine Versuchshalle und stellten eine Maschine auf, welche bis zu 70 l flüssiger Luft stündlich zu beschaffen vermochte. Hier sind die entscheidenden Erfolge auf dem Gebiete der Sauerstofftechnik erlangt worden, über die ich berichtet habe, und schlossen sich diejenigen an, von denen noch zu berichten sein wird.

Im Jahre 1902 schritten wir hier zur Einrichtung unserer ersten Sauerstofffabrik und weiterhin zum Bau von Werkstätten, in welchen unsere Gesellschaft die Verflüssigungs- und Trennungsvorrichtungen selbst herzustellen begann. Bei der Eigenart derselben und bei der Wichtigkeit, welche dem Zusammenhalten aller Erfahrungen an einer Stelle beizulegen war, entschlossen wir uns hiezu im Gegensatze zu dem allgemeinen Grundsatze, nach welchem die Gesellschaft f. L. E. sich auf Entwurf und Lieferung der Anlagen beschränkt, den Bau aber hervorragenden Maschinenbauanstalten überläßt. An diesem Grundsatze wurde übrigens auch in der Abteilung B für den eigentlich maschinellen Teil der Gasverflüssigungsanlagen festgehalten, insbesondere für Beschaffung der Kompressoren, so daß nur die ebengenannten (vorwiegend Kupferschmiede und Schreiner beschäftigenden) Vorrichtungen eine Ausnahme bilden. Die Werkstätten haben nach und nach einen stattlichen Umfang angenommen und beschäftigen jetzt mehr als 100 Arbeiter. Die Zahl der Beamten ist auf 38 gestiegen. An ihrer Spitze steht heute mein Sohn Dr. Friedrich Linde, gleichzeitig stellvertretender Vorstand der Gesellschaft, während nach dem Ausscheiden des Herrn Dr. Sieder (i. J. 1914) Herr Mönch sowie mein im Jahr 1905 eingetretener Schwiegersohn, Dipl.-Ing. Wucherer, und mein seit 1906 hier tätiger Sohn Dr.-Ing. Rich. Linde mit Kollektivprokura an der Verwaltung teilnehmen.

Die Entfernung von der Stadt hat den Nachteil, daß Fahrzeit (25 Min.) und Fahrkosten die Arbeitslöhne erhöhen. Wenig macht sich diese Entfernung bei den Beamten geltend, da sich dieselben meist in der Nähe niedergelassen haben. Die ebengenannten Herren wohnen, wie ich selbst, in der (mitten zwischen München und Höllriegelskreuth liegenden) Villenkolonie Prinz-Ludwigshöhe und sind mit 12 Minuten Fahrzeit an Ort und Stelle.

Stickstoff.

Bei der Trennung der Luft in ihre Bestandteile war es ursprünglich nur einer derselben, der Sauerstoff, dessen Gewinnung angestrebt wurde. Darin trat jedoch bald (i. J. 1904) eine Änderung, insbesondere dadurch ein, daß Frank und Caro das Zyanamidverfahren ausbildeten, bei welchem Kalziumkarbid in erhitztem Zustande Stickstoff aufnimmt, die Einwirkung von Sauerstoff aber ausgeschlossen bleiben muß. Es erwuchs daraus für uns die Aufgabe, den aus unserer Rektifikationssäule austretenden Stickstoff noch von den verbliebenen 7% Sauerstoff zu befreien. Naheliegend war der Gedanke, daß bei Wiederholung des bisherigen Trennungsverfahrens mit diesem Gemische ein weiterer

Teil des Sauerstoffs herausgeholt werden könne, und daß die Fortsetzung solcher Wiederholungen zu einer beliebigen Verminderung des Sauerstoffgehaltes führen müsse. Um diesen zunächst umständlich erscheinenden Arbeitsgang in einer Vorrichtung zu verwirklichen, entwarf ich die Bauart unserer selbsttätig wirkenden Stickstoffapparate (D. R. P. 180014.)*)

Es arbeiten zahlreiche Stickstoffanlagen im In- und Auslande nach diesem Verfahren zur stündlichen Herstellung von je 125 bis 700 cbm Stickstoff, worüber im Anhange auf S. V einige Angaben zu finden sind. In noch erhöhter Größenordnung sind neuerdings (ich komme hierauf bei Besprechung der „Kriegsaufgaben" zurück) solche Anlagen nach einer neuen Bauart der Lufttrennungs-Vorrichtungen, dem

„Zweisäulen-Apparat"

ausgeführt, welcher durch Rud. Wucherer und Rich. Linde ausgebildet wurde, und in einem Zuge (ohne zweite Kompression) die nahezu vollständige Trennung so erreicht, daß je nach Art der Regelung des Arbeitsganges entweder Sauerstoff oder Stickstoff in technisch reiner Form ge-

*) Die bei l eintretende komprimierte, im Gegenströmer nahezu auf Verflüssigungstemperatur herabgekühlte atm. Luft durchläuft in Spirale a, Entspannungsventil E_1 und dem unteren Teile der Säule denselben Kreislauf, wie bei Herstellung von Sauerstoff. Die durch den oberen Teil der Säule aufsteigenden Dämpfe, welche anfänglich 7% Sauerstoff enthalten, werden nun aber zu einem bestimmten Teile durch Rohr n einer Druckpumpe zugeführt, neuerdings komprimiert, durch Kühlwasser gekühlt und treten, im Gegenströmer nahezu auf Verflüssigungstemperatur gebracht, bei p in die Verflüssigungsspirale b ein. Durch das Entspannungsventil E_2 wird die hier gewonnene Flüssigkeit oben der Säule zugeführt und rieselt den aufsteigenden Dämpfen entgegen herunter, wobei nun die selbsttätige Reinigung des Stickstoffs sich vollzieht wie folgt: Dem anfänglichen Sauerstoffgehalte der Flüssigkeit von 7% entspricht eine Zusammensetzung der Verdampfungsprodukte mit 2%; nach kurzer Zeit bringt die aus b durch E_2 der Säule zugeführte Flüssigkeit diesen Sauerstoffgehalt mit; den 2% der Flüssigkeit entspricht aber nunmehr ein Sauerstoffgehalt der Dämpfe von 0,5% welcher weiterhin in demselben Sinne sich vermindert.

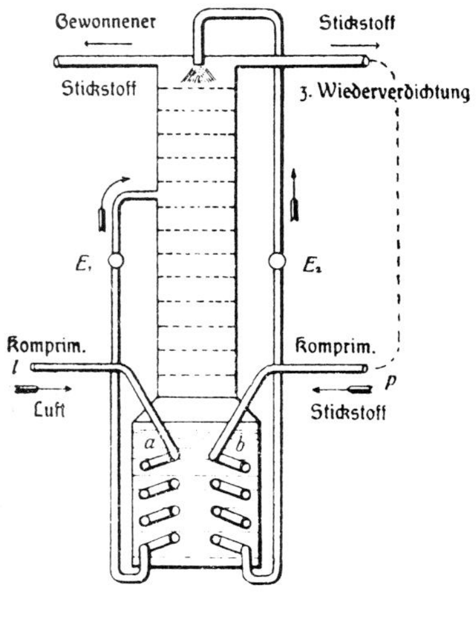

wonnen werden kann*). Auf diesem Wege läßt sich der Arbeitsaufwand innerhalb derselben Grenzen halten, wie bei Anwendung der Abkühlung durch äußere Arbeit, wenn man damit die, schon in früheren Veröffentlichungen von mir vorgeschlagene, Anordnung verbindet, daß die ganze zu zerlegende Luftmenge nur auf den Druck gebracht wird, welcher zur Übertragung der latenten Wärme auf den verdampfenden Sauerstoff erforderlich ist, während nur ein kleiner Teil auf den hohen Druck gehoben wird, wie er zur Gewinnung der, für die Deckung der Kälteverluste erforderlichen, Abkühlung nötig ist.

Der weiteren Aufgabe, aus atmosphärischer Luft den Bestandteil Argon auszuscheiden, welcher nahezu 1% derselben ausmacht, haben sich der seit 1911 bei uns zur Bearbeitung von Fragen aus dem Gebiete der physikalischen Chemie tätige Dr. Pollitzer und R. Wucherer mit gutem Erfolge gewidmet, nachdem dieses Gas dadurch zu wirtschaftlicher Bedeutung gekommen war, daß es zum Füllen der Halb-Watt-Lampen verlangt wird. Argon bleibt bei den bisher beschriebenen Trennungsverfahren zunächst dem Sauerstoff beigemischt, da die beiderseitigen Siedepunkte einander nahe liegen, läßt sich jedoch durch eine gesonderte Rektifikation bis auf gewisse Reste von letzterem trennen.

Wasserstoff (partielle Kondensation).

Andere Gasgemische als atmosphärische Luft zu verflüssigen und bei der Wiederverdampfung zu trennen, ist bisher nicht unternommen worden. Dagegen lag uns schon früh die Frage vor, ob es möglich sei, gewisse Gasgemische durch partielle Kondensation, d. h. dadurch zu zerlegen, daß nur der weniger flüchtige Teil verflüssigt wird, während der flüchtigere gasförmig bleibt. An Versuche in dieser Richtung sind wir schon im Jahre 1904 mit Leuchtgas herangetreten, um daraus Wasserstoff abzuscheiden. Störungen, welche durch festwerdende Bestandteile herbeigeführt wurden, unterbrachen zunächst diese Arbeit.

Im Sommer 1906 wandte sich Prof. Frank mit der Anregung an mich, die Gewinnung des Wasserstoffes aus Wassergas mit ihm zu studieren. Er hatte in Anlehnung an sein Zyanamidverfahren die Ueberleitung des Wassergases über erhitztes Kalziumkarbid ins Auge ge-

*) Dieser Fortschritt beruht darauf, daß in einer ersten Säule unter demjenigen Drucke gearbeitet wird, welcher zur Verflüssigung der aufsteigenden Dämpfe in einem darüber liegenden Kondensator ausreicht, unter Abgabe der Verflüssigungswärme an die auf atmosphärischen Druck entspannte mit Sauerstoff angereicherte Flüssigkeit, deren Dämpfe nunmehr in eine zweite darüber liegende Säule eintreten und die Sauerstoffabgabe an die herabrieselnde Flüssigkeit vollenden.

faßt, fand es aber aus wirtschaftlichen Gründen erforderlich, aus dem Wassergase die Hauptmenge des Kohlenoxyds auf andere Weise herauszuholen und dachte an partielle Kondensation desselben. Ich antwortete, daß diesem Vorgehen nichts im Wege stehe, wenn er die vorherige Ausscheidung der Kohlensäure in einfacher und billiger Weise herbeiführen könne, was er als leicht erfüllbar bezeichnete. Es bildete sich dann eine Studiengenossenschaft, bestehend aus: der Berlin-Anhalter-Maschinenbau-A.-G. (welche den Wassergasgenerator beistellte), den Herren Frank und Caro (unter Beistellung des Karbidofens zur Reinigung des Wasserstoffs) und unserer Gesellschaft (für die Beschaffung der Verflüssigungs- und Trennungsvorrichtung). Die in Höllriegelskreuth (1909 und 1910) durchgeführten Versuchsarbeiten lieferten ein durchaus befriedigendes Ergebnis*), wobei allerdings die Beseitigung der Kohlensäure (durch Absorption in Wasser unter Druck) uns überlassen blieb. Um den gewonnenen Wasserstoff von den verbleibenden Resten an Kohlenoxyd und Stickstoff zu befreien, erwiesen sich andere Mittel günstiger als die Anwendung von Kalziumkarbid.

Nunmehr begründete sich die Studiengenossenschaft als Verwertungsgenossenschaft für das „Linde-Frank-Caro-Verfahren", sowie für einige andere, von den Mitgliedern erworbene Wasserstoffgewinnungsarten. Das ausschließliche Lieferungsrecht für das erstgenannte behielten wir uns vor.

Von sachverständiger Seite wurde unser Verfahren in technischer und wirtschaftlicher Richtung als das zurzeit beste bezeichnet. So er-

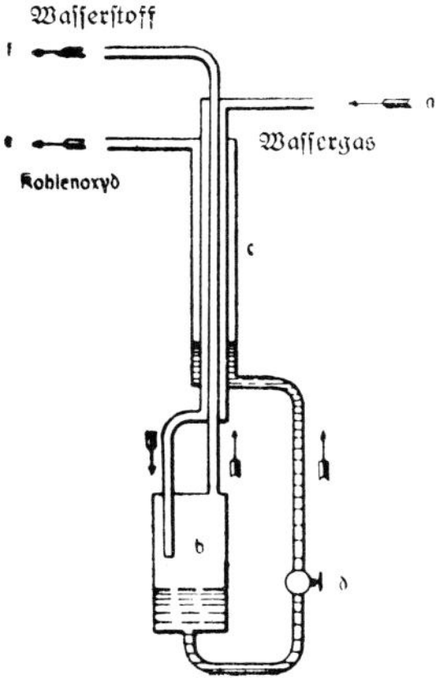

*) Das in die Trennungsvorrichtung eintretende komprimierte Wassergas (ein Gemisch von Wasserstoff (50%), Kohlenoxyd (45%), Kohlensäure und Stickstoff) kühlt sich im Gegenströmer nahezu auf den Siedepunkt des Kohlenoxyds (— 190° C) ab, worauf dessen Kondensation stattfindet unter Abgabe der latenten Wärme an die auf atmosphärischen Druck entspannte Flüssigkeit, deren Dämpfe — ebenso wie der gasförmig bleibende Wasserstoff — im Gegenströmer ihre Temperatur gegen die des ankommenden Wassergases vor ihrem Austritte austauschen. Da der Thomson-Joule-Effekt des Wassergases keine ausreichende Abkühlung liefert (Wasserstoff zeigt bei der Entspannung sogar eine leichte Erwärmung), so muß zwischen den Gegenströmer und die Entspannung eine weitere Kältequelle durch Anwendung flüssiger Luft oder flüssigen Stickstoffes eingeschaltet werden, deren Temperatur zwecks möglichst weitgehender Kondensation des Kohlenoxyds unter ihren Siedepunkt gesenkt wird, indem ihre Verdampfung bei niedrigerem Drucke, als dem atmosphärischen, erfolgt.

klärten mir die Leiter der Bad. Anilin- u. Soda-Fabrik, als sie an ihr großes Unternehmen der synthetischen Darstellung von Ammoniak herangingen, daß sie nach einem Studium aller bestehenden Gewinnungsarten der unseren den Vorzug einräumen, was zur Lieferung einer Anlage zu stündlicher Gewinnung von 2000 cbm Wasserstoff und 700 cbm Stickstoff geführt hat, die zu voller Zufriedenheit der Besteller ausgefallen ist.

Während bis zum Jahre 1910 der industrielle Verbrauch von Wasserstoff recht beschränkt war, so wurden damals neben dem obenerwähnten (für Ammoniak) ein neues großes Gebiet durch das aus den Arbeiten von Sabatier hervorgegangene Verfahren der „Fetthärtung" erschlossen, so daß in kurzer Zeit eine größere Anzahl von Wasserstoffanlagen von uns zu bauen war (worüber Näheres auf S. V d. Anh.). Dieses Anwachsen der Nachfrage nach Wasserstoff hat zur Folge gehabt, daß andere Verfahren*) teils verbessert, teils neu erfunden wurden, welche in scharfen Wettbewerb zu dem unseren getreten sind. Die größere Anzahl von Vorrichtungen und Maschinen, aus denen sich unsere Anlagen zusammensetzen, hat zur Folge, daß ihr Anschaffungspreis hoch ist und die Anforderungen an die Betriebsführung erhebliche sind, so daß die ursprüngliche Überlegenheit unseres Verfahrens in Frage gestellt ist und von weiteren, immerhin möglichen, Vereinfachungen abhängig erscheint.

Für fraktionierte Kondensation haben sich mehrere andere Aufgaben gezeigt, ohne daß es bisher zu ihrer Verwirklichung gekommen ist — abgesehen von solchen Einrichtungen, bei welchen es sich um eine sehr weitgehende T r o c k n u n g v o n G a s g e m i s c h e n handelte. Nachdem die neue „Technik der tiefen Temperaturen" nicht nur das durch flüssige Luft aufgeschlossene Gebiet bis zu ungefähr — 200° C beherrscht, sondern auch bereit und fähig ist, den Bereich zu betreten, den flüssiger

*) Die Bad. Anilin- und Sodafabrik hat gefunden, daß aus dem Wassergas ungefähr die doppelte Menge von Wasserstoff gewonnen werden könne, wenn man dem Wassergase Wasserdampf unter der Einwirkung geeigneter Kontaktstoffe zuführt, wobei derselbe sich zersetzt. Der Sauerstoff wird von dem zu Kohlensäure sich umbildenden Kohlenoxyd gebunden, während eine dem Wasserstoffgehalte des Wassergases nahezu gleiche Menge von Wasserstoff frei wird. Auch das ältere Lane-Verfahren wurde durch wesentliche technische Verbesserungen, das elektrolytische Verfahren aber dadurch wirtschaftlich konkurrenzfähig, daß nunmehr die Gesamtheit der dabei gewonnenen Gase zur Verwertung gelangt.

Wasserstoff mit seiner Siedetemperatur von -259^0 C eröffnet, so darf erwartet werden, daß die Zukunft von diesen Möglichkeiten noch mancherlei Gebrauch machen wird.

Organisation für Herstellung und Vertrieb des Sauerstoffs.

Da wir seit Anfang 1902 ein Verfahren zur Gewinnung technisch reinen Sauerstoffs in Händen hatten, welches den bisherigen Verfahren in wirtschaftlicher Hinsicht überlegen ist, und da die Verwendung solchen Sauerstoffs (in Stahlflaschen verdichtet) in raschem Wachstum begriffen war, so führten geschäftliche Erwägungen dazu, daß unsere Gesellschaft beschloß, die Herstellung des Sauerstoffs für Zwecke des Vertriebes soweit möglich sich selbst vorzubehalten, weshalb die Lieferung von Anlagen an die Industrie unter der Beschränkung erfolgte, daß das Produkt nur zum eigenen Gebrauch dienen, nicht aber an Dritte verkauft werden dürfe. Da es aber nicht in unserer Absicht lag, den Verkauf des Sauerstoffs selbst zu betätigen, so galt es, geeignete Organisationen hiefür ins Leben zu rufen. Ich bin in diese Aufgabe eingetreten, ohne vorauszusehen, daß damit eine Kette von Verpflichtungen verbunden war, die für ein Jahrzehnt meine Arbeitskraft zu einem großen Teile gebunden hat.

In Deutschland

bestanden damals zwei Fabriken, welche sich mit Herstellung und Vertrieb von verdichtetem Sauerstoff beschäftigten: Die „Sauerstofffabrik Berlin" (vorm. Elkan) arbeitete schon seit mehreren Jahren nach dem Barytverfahren und die Kohlensäurewerke C. G. Rommenhöller A.-G. waren kürzlich unter Anwendung des Kastnerschen Kalzium-Plumbat-Verfahrens in Wettbewerb getreten. Mit diesen beiden Firmen vereinigten wir uns im Jahre 1904 zu der G.m.b.H. „Vereinigte Sauerstoffwerke" in Berlin auf der Grundlage, daß bei nahezu gleichem Liefer- und Gewinnbeteiligungsrechte der drei Gesellschafter uns allein die Lieferungsverpflichtung zu einem bestimmten Einheitspreise oblag. Diese Einrichtung hatte die Wirkung, daß die Firma Rommenhöller schon nach einigen Monaten ihren Betrieb einstellte und daß die „Sauerstofffabrik Berlin" zwar ihre Fabrikation auf ungefähr gleicher Höhe beibehielt, jedoch bei der schnellen Zunahme des Gesamtabsatzes von Jahr zu Jahr mit ihrem prozentualen Anteil zurückging, so daß derselbe am Ende der siebenjährigen Gesellschaftsdauer kaum noch 3% betrug. Vom Jahre 1910 an geschieht der Verkauf des von unseren Werken hergestellten Sauerstoffs durch die G. m. b. H. „Sauerstoffwerke“ in Berlin unter der energischen Leitung des Herrn Wurster, der schon in den „Vereinigten Sauerstoffwerken“ uns vertreten hatte. Im Jahre 1905 hatte der jährliche Gesamtverkauf in Deutschland 30700 cbm betragen, während gegenwärtig aus unseren Werken monatlich mehr als 300000 cbm abgesetzt werden, wobei der Verkaufspreis auf ein Zehntel des damaligen gesunken ist. Zur Herstellung dieser Mengen mußte um so mehr eine größere Anzahl von Werken erbaut werden, als die Kosten für den Transport der schweren Stahlflaschen eine überwiegende Rolle spielen. Unsere Gesellschaft hat in Deutschland zurzeit zehn Werke*) in Betrieb, während die Chemische Fabrik Griesheim, mit welcher wir aus später zu erörternden Gründen im Jahre 1908 einen Lizenzvertrag abgeschlossen haben, in acht Werken nahezu die gleichen Mengen herstellt wie wir.

In Frankreich

haben wir im Jahre 1904 durch Vermittlung unseres Vertreters Desvignes mit Herrn Bardot uns dahin verständigt, daß wir in dessen Fabrik eine Sauerstoffanlage für stündliche Produktion von 5 cbm einstellten, welche für gemeinsame Rechnung zu betreiben war. Später wurde die Anlage für 25 und schließlich für 125 cbm erweitert. Unter denselben Bedingungen baute Bardot eine Sauerstofffabrik in Lyon. Dieses Pachtverhältnis ist im Jahre 1914 durch die Bildung einer Kommanditgesellschaft ersetzt worden, einer Gesellschaftsform, unter welcher wir bereits im Jahre 1910 mit Duffour, Igon & Co. in Bordeaux ein Unternehmen desselben Gegenstandes begründet haben.

Großbritannien.

Bei Gelegenheit der Patentstreitigkeiten, über die ich später zusammenhängend berichten muß, kam ich im Jahre 1906 mit dem Leiter (Murray) von Brins Oxygen Works in London, welche nach dem Barytverfahren arbeiteten, zu einem Abkommen, wonach unter unserer Beteiligung die Umwandlung genannter Firma in die A.-G. British Oxygen Works vorgenommen wurde. Es sind seitdem von uns die Einrichtungen für elf von dieser Firma errichtete Werke in England und Schottland, für zwei solche in Indien und für eines in Sidney geliefert worden.

*) Neben Höllriegelskreuth sind als deren Sitze zu nennen: Berlin, Düsseldorf, Mülheim a. Ruhr, Altona, Dresden, Nürnberg, Erfurt, Hannover und Bielefeld.

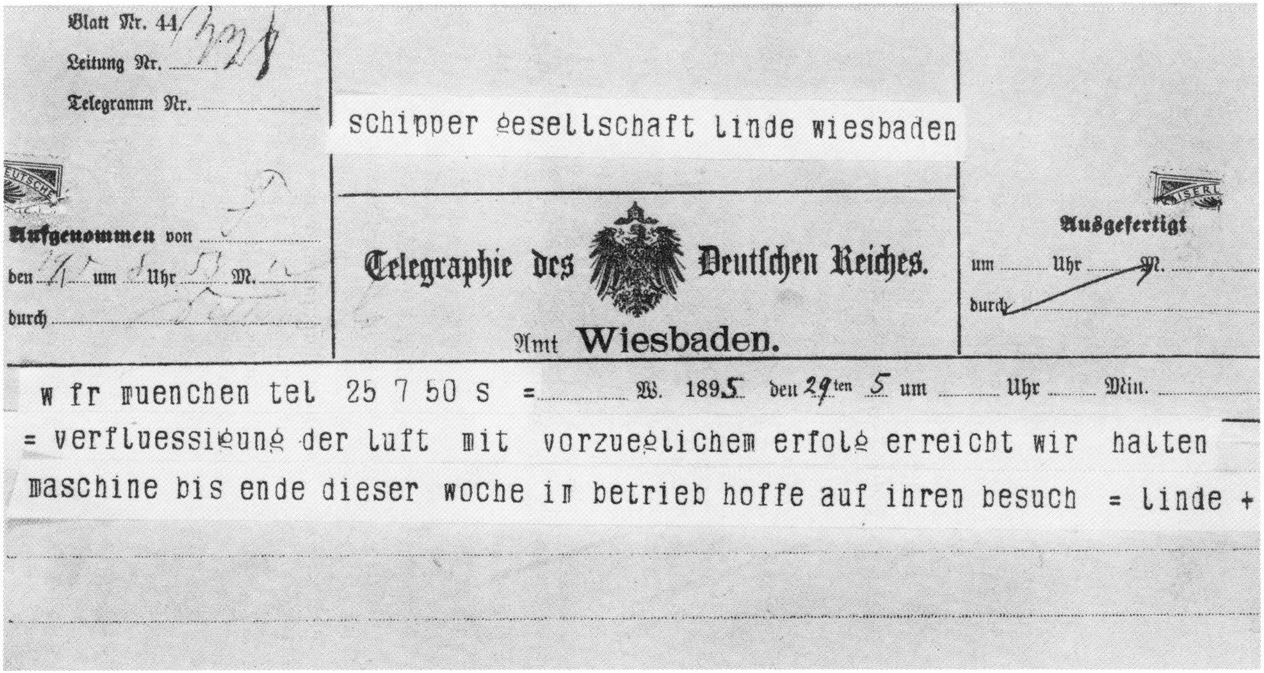

Blatt Nr. 44/
Leitung Nr.
Telegramm Nr.

schipper gesellschaft linde wiesbaden

Aufgenommen von
den 29 um 5 Uhr 50 M.
durch

Telegraphie des Deutschen Reiches.
Amt Wiesbaden.

Ausgefertigt
um Uhr M.
durch

w fr muenchen tel 25 7 50 s = W. 1895 den 29ten 5 um Uhr Min.
= verfluessigung der luft mit vorzueglichem erfolg erreicht wir halten
maschine bis ende dieser woche im betrieb hoffe auf ihren besuch = linde +

Am 29. Mai 1895 verständigte C. Linde Friedrich Schipper in Wiesbaden telegraphisch vom Gelingen des Luftverflüssigungs-Versuchs. (Zu S. 87)

Ernst Mönch

Ein Blick in die Versuchsstation ums Jahr 1900 zeigt einen der damals bereits »serienmäßig« gebauten Luftverflüssiger »System Linde«. Ernst Mönch, der von 1890 bis 1932 bei Ges. Linde tätig war, arbeitete seit 1892 in der Versuchsstation. Er assistierte neben Dr. Friedrich Linde beim ersten Luftverflüssigungsversuch und leitete später die Offertenabteilung in Höllriegelskreuth. 1903 erhielt er Prokura. (Zu S. 86, 93)

Friedrich Linde

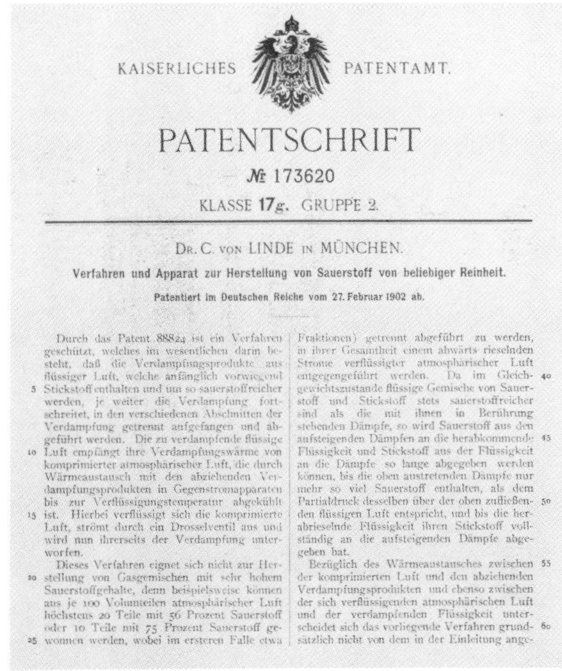

KAISERLICHES PATENTAMT.

PATENTSCHRIFT

№ 173620

KLASSE 17g. GRUPPE 2.

DR. C. VON LINDE IN MÜNCHEN.

Verfahren und Apparat zur Herstellung von Sauerstoff von beliebiger Reinheit.

Patentiert im Deutschen Reiche vom 27. Februar 1902 ab.

Durch das Patent 88824 ist ein Verfahren geschützt, welches im wesentlichen darin besteht, daß die Verdampfungsprodukte aus flüssiger Luft, welche anfänglich vorwiegend Stickstoff enthalten und um so sauerstoffreicher werden, je weiter die Verdampfung fortschreitet, in den verschiedenen Abschnitten der Verdampfung getrennt aufgefangen und abgeführt werden. Die zu verdampfende flüssige Luft empfängt ihre Verdampfungswärme von komprimierter atmosphärischer Luft, die durch Wärmeaustausch mit den abziehenden Verdampfungsprodukten in Gegenstromapparaten bis zur Verflüssigungstemperatur abgekühlt ist. Hierbei verflüssigt sich die komprimierte Luft, strömt durch ein Drosselventil aus und wird nun ihrerseits der Verdampfung unterworfen.

Dieses Verfahren eignet sich nicht zur Herstellung von Gasgemischen mit sehr hohem Sauerstoffgehalte, denn beispielsweise können aus je 100 Volumteilen atmosphärischer Luft höchstens 20 Teile mit 56 Prozent Sauerstoff oder 10 Teile mit 75 Prozent Sauerstoff gewonnen werden, wobei im ersteren Falle etwa

Fraktionen) getrennt abgeführt zu werden, in ihrer Gesamtheit einem abwärts rieselnden Strome verflüssigter atmosphärischer Luft entgegengeführt werden. Da im Gleichgewichtszustande flüssige Gemische von Sauerstoff und Stickstoff stets sauerstoffreicher sind als die mit ihnen in Berührung stehenden Dämpfe, so wird Sauerstoff aus den aufsteigenden Dämpfen an die herabkommende Flüssigkeit und Stickstoff aus der Flüssigkeit an die Dämpfe so lange abgegeben werden können, bis die oben austretenden Dämpfe nur mehr so viel Sauerstoff enthalten, als dem Partialdruck desselben über der oben zufließenden flüssigen Luft entspricht, und bis die herabrieselnde Flüssigkeit ihren Stickstoff vollständig an die aufsteigenden Dämpfe abgegeben hat.

Bezüglich des Wärmeaustausches zwischen der komprimierten Luft und den abziehenden Verdampfungsprodukten und ebenso zwischen der sich verflüssigenden atmosphärischen Luft und der verdampfenden Flüssigkeit unterscheidet sich das vorliegende Verfahren grundsätzlich nicht von dem in der Einleitung ange-

C. Lindes älterer Sohn, der Physiker Dr. Friedrich Linde, war maßgebend an der Entwicklung von Gasverflüssigungs- und -Trennungsverfahren beteiligt. – Auf dem 1902 erprobten und patentierten Rektifikations-Prinzip beruhte der bald darauf eintretende große Erfolg der von Ges. Linde gebauten Sauerstoff- und Stickstoffgewinnungsapparate. (Zu S. 86, 93, 95 ff., 100, 121 ff.)

Eine der frühesten Ansichten des seit 1901 bestehenden Werks in Höllriegelskreuth bei München, Sitz der 1897 gegründeten »Abteilung B für Gasverflüssigung«. Heute arbeiten hier zwei große Werksgruppen der Linde AG: »Tieftemperatur- und Verfahrenstechnik« und »Technische Gase«. (Zu S. 99f.)

In Italien

bezog im Jahre 1905 eine Mailänder Gesellschaft eine kleine Anlage mit dem Vertriebsrechte unter Abgabe von Lizenzgebühren, schloß sich aber dann im Jahre 1909 mit der Pariser Gesellschaft l'Air liquide (über welche ich mehreres zu sagen haben werde), mit der elektrolytisch arbeitenden italienischen Gesellschaft Ossidrica Italiana und mit unserer Gesellschaft zu der Aktiengesellschaft

Societa Italiana Ossigeno ed altri gas

auf der Grundlage von Lizenzverträgen zusammen.

Bei den vorgenannten Organisationen war keinerlei Mitwirkung und Anteilnahme an der Entwickelung der Verfahren und Hilfsmittel zur Verwendung des Sauerstoffs ins Auge gefaßt worden. Nunmehr wurde uns — insbesondere durch den Leiter der „Sauerstoffabrik Berlin", Dr. Michaelis — nahegelegt, daß die Verbindung mit den Trägern des in jener Richtung liegenden Fortschrittes und mit den Lieferanten der zugehörigen neuen Hilfsmittel die Steigerung des Sauerstoffbedarfes besonders in denjenigen Ländern wesentlich beschleunigen werde, welche noch keinen ausgiebigen Gebrauch davon machten. Von diesem Gedanken ausgehend, bildeten wir (mit Dr. Michaelis als Vorstandsmitglied) die Aktiengesellschaft

Internationale Sauerstoffgesellschaft (J. S. G.)

in Berlin unter Beteiligung der Soc. An. des Applications de l'Acetylène in Paris, welche Inhaberin der Patente auf die Fouchéschen Schweißbrenner und auf die Pyrokopt-Schneidebrenner war, also von Werkzeugen der neuen Technik zur Bearbeitung von Eisen und Stahl, welcher der heutige Großverbrauch von Sauerstoff hauptsächlich zu danken ist. Alle auf die Sauerstoffindustrie bezüglichen Rechte unserer und der Pariser Gesellschaft sollten für alle Länder mit Ausnahme der vorgenannten, in welchen schon darüber verfügt war, nunmehr an die Internationale Sauerstoffgesellschaft übergehen und durch sie ihrer Verwertung zugeführt werden.

Von der Mitwirkung der hier beteiligten Geschäftsleute hoffte ich für die gesamte weitere Bearbeitung dieses Geschäftszweiges eine wesentliche Entlastung erwarten zu können, hatte aber dafür gesorgt, daß wir in die Leitung aller Angelegenheiten jederzeit entscheidend einzugreifen in der Lage blieben und zu diesem Zwecke in Generalversammlung und Aufsichtsrat die Mehrheit besaßen, eine Vorsicht, die sich um so nötiger erwiesen hat, als wir in jener Erwartung uns sehr bald enttäuscht sahen. Der Pariser Gesellschaft, welche für das Einbringen ihrer Patente, ebenso wie unsere Gesellschaft, neben der Aktienbeteiligung Genußscheine erhalten hatte, war es nur um schnelle Versilberung der letzteren und um Verkauf ihrer Fabrikate zu tun. Die Vorschläge, die von ihr für das Vorgehen in verschiedenen Ländern gemacht wurden, trugen so sehr den Stempel eigennütziger Sonderinteressen, daß wir sie unannehmbar fanden. So bezüglich

Spanien,

wo wir es dann vorzogen, dem langjährigen und bewährten Vertreter unserer Gesellschaft Abello die Errichtung und Verwaltung einer zunächst kleinen, später wesentlich erweiterten Sauerstofffabrik in Barcelona zu übertragen.

Ebenso konnten wir die aus mehrfachen Reisen hervorgegangenen Vorschläge des Dr. Michaelis bezüglich einer Unternehmung in

Rußland

nicht gutheißen (die jetzige Kriegslage bestätigt die Richtigkeit unserer Ablehnung), beschränkten uns vielmehr darauf, an die Tentelewschen Werke in St. Petersburg eine Sauerstoffmaschine mit dem Vertriebsrechte gegen Lizenzgebühren zu liefern.

Die Verwertung in Österreich hatte schon seit längerer Zeit der Großindustrielle Ed. Medinger in die Hand zu nehmen gewünscht. Ich schritt nunmehr dazu, durch die J. S. G. mit ihm und unserem Herrn Heimpel die G. m. b. H.

Österreichisch-Ungarische Sauerstoffwerke

in Wien zu begründen, welche zunächst in gemietetem Lokale in Penzing eine kleinere Sauerstoffmaschine einbaute, bald aber ein Fabrikanwesen in Gumpoldskirchen erwarb und sich daselbst für eine größere Produktion einrichtete, während die Penzinger Anlage nach Aussig verlegt wurde. Ein drittes Werk endlich ist später in Barcola bei Triest in Betrieb gekommen.

Im Jahre 1910 erhielt ich gelegentlich des zweiten Internationalen Kältekongresses in Wien den Besuch von vier in der Kälteindustrie interessierten Herren aus Ungarn, welcher zur Folge hatte, daß ich mit ihnen dorthin reiste und die Aktiengesellschaft

Hydroxygen in Budapest

ins Leben rief.

Besondere Wichtigkeit mußten wegen ihrer Größe und ihrer hochentwickelten Eisenindustrie

die Vereinigten Staaten von Nordamerika

für uns haben. Als eine wesentliche Voraussetzung für ein dortiges Vorgehen betrachtete ich die Gewinnung einer in technischer und geschäftlicher Hinsicht bewährten, die englische Sprache völlig beherrschenden Person, welche zunächst an Ort und Stelle die Verhältnisse studieren, den geeignetsten Ort für eine erste Sauerstoffanlage ermitteln und die einleitenden Schritte für die Schaffung einer Organisation tun sollte, wie sie zur Bearbeitung des ungeheuren Gebietes nötig sein mußte. Zur Übernahme dieser Mission fand ich den älteren Sohn Cecil unseres Herrn Lightfoot in London bereit, dem ich schon im Jahre 1894 eine längere Werkstättenpraxis bei Gebr. Sulzer vermittelt hatte, und der alsdann in London (unter anderem auch bei unserer ersten englischen Sauerstoffanlage) als Ingenieur der Linde Brit. Refr. Co. tätig war. Seiner Aufgabe entledigte er sich bezüglich der beiden ersten Teile durch sicheres und schnelles Anfassen in vortrefflicher Weise. Noch war die Verwendung des hochgespannten Sauerstoffs in Amerika so unbekannt, daß er zuerst für die Eisenbahnverwaltungen den Entwurf zu Betriebsregeln für den Transport der Stahlflaschen ausarbeiten mußte. Als geeignetsten Ort für die erste Anlage bezeichnete er Buffalo mit überzeugender Begründung. Bezüglich der Anbahnung der von uns angestrebten Bildung einer amerikanischen Gesellschaft aber versagte er. Ich hatte ihn an den als Elektrotechniker bekannten Großindustriellen Brush in Cleveland verwiesen, der infolge seiner (später zu besprechenden) Mitwirkung bei Erlangung meiner amerikanischen Patente im Kampfe gegen Tripler, einen Anteil an diesen Patenten besaß. Auch der Besitzer Busch der Riesenbrauerei „Anhäuser & Busch" in St. Louis hatte mir bei seinem kürzlichen Besuche in Europa sein lebhaftes Interesse an der Sache ausgesprochen. Lightfoot vermochte indessen weder die Genannten noch Herrn Wolf in Chicago zu aktiver Teilnahme zu gewinnen, und auch meine brieflichen Versuche führten nicht zu einer Annahme der von uns aufgestellten Bedingungen.

Da nun aber sowohl die finanzielle Tragweite des Unternehmens als auch die Rücksicht auf die notwendige Sicherstellung desselben in fernem Auslande es mir unerläßlich erscheinen ließ, daß amerikanische Geschäftsleute daran in hervorragender Weise teilnehmen, so entschloß ich mich, während der Weihnachts- und Neujahrszeit 1906/07 selbst hinüberzufahren und persönlich die Erreichung dieses Zieles zu versuchen. Der Schwiegersohn Reisinger des Herrn Busch empfing mich in New York mit liebenswürdiger Gastfreundschaft und vermittelte telegraphische Verständigung mit letzterem dahin, daß ich am 1. Januar bei ihm in St. Louis eintreffen sollte. Mit Cecil Lightfoot reiste ich nach Buffalo zur Besichtigung und Erwerbung eines Baugrundes und zum Abschluß eines Vertrages mit dem Bauunternehmer für die zu errichtende Sauerstoffabrik. Am Weihnachtstage machten wir eine von wunderbarem Frostwetter begünstigte Fahrt nach den Niagara-Fällen und fuhren dann zu Herrn Brush nach Cleveland, wo ich die telegraphische Nachricht von der schweren Erkrankung des Herrn Busch erhielt, wodurch die Reise nach St. Louis gegenstandslos wurde. Nach einem Abstecher nach Chicago zum Besuche des Herrn Fred. Wolf, der seines Alters wegen eine Beteiligung an unserem Unternehmen ablehnte, konzentrierte ich nun meine Bemühungen dahin, Herrn Brush zur Inangriffnahme der Bildung einer amerikanischen Gesellschaft zu bestimmen. Als er sich hierzu entschlossen hatte, nahm er die Ausführung in einer Weise in die Hand, welche mir einen charakteristischen Einblick in amerikanische Gepflogenheit gab. Fünfzehn „captains of industry“ wurden zu einem Frühstücke eingeladen, an dessen Schlusse ich einen Vortrag über unsere bisherigen Erfolge in Europa halten mußte und die Grundlage darlegte, auf welcher wir an eine amerikanische Gesellschaft unsere Rechte abtreten wollten. Alsdann ließ Herr Brush eine Einzeichnungsliste herumgehen, die sich mit dreizehn Unterschriften bedeckte. Nächsten Tages wurde die Satzung festgestellt und nach erfolgter Konstituierung der

Linde Air products Co.

konnte ich von New York aus (wo Herr Reisinger seinen Beitritt vollzog) die Heimreise auf demselben „Kaiser Wilhelm II.“ antreten, mit welchem ich 17 Tage vorher gelandet war. Den Erwartungen entsprechend hat sich unter der Geschäftsführung durch Herrn Lightfoot und unter Vertretung unserer Interessen im board of directors durch den leider im Jahre 1914 verstorbenen Herrn Reisinger die Gesellschaft (1913) mit elf bedeutenden Werken über einen großen Teil ihres gewaltigen

Gebietes ausgedehnt, und ist mit einem Aktienkapitale von 5 Millionen Dollar zur größten Unternehmung auf dem Gebiete der Sauerstoffindustrie herangewachsen. Amerikanisches Kapital beherrscht sie heute vollständig, da wir uns mehr und mehr zurückgezogen haben in der Überlegung, daß uns von hier aus die Möglichkeit genügender Kontrolle um so mehr fehlt, als auch Herr Lightfoot zurückgetreten ist.

Tatsächliche Ergebnisse hat die Tätigkeit des Dr. Michaelis für die J. S. G. in folgenden Fällen gehabt.

Für **Rumänien** und **Bulgarien** sind unsere Rechte an eine Gesellschaft in Bukarest käuflich abgetreten worden, welche nach kümmerlichem Dasein im letzten Jahre vor dem Kriege sich zu kräftigen begann. Für **Südamerika** (Chile, Argentinien und Brasilien) sind Verträge über Lieferung von Sauerstoffanlagen mit Vertriebsrecht abgeschlossen worden, welche sich dadurch als ungesund erwiesen haben, daß wohl die Vermittler große Gewinne einheimsten, daß es aber in jenen Ländern überhaupt nicht zu einer fruchtbaren Arbeit gekommen ist.

Für **Schweden** gewann Michaelis die Inhaber einer elektrolytischen Anlage zur Bildung der Nordisca Syrgasverken A. B. unter unserer Beteiligung. Es hat sich hieran später angeschlossen die von meinem Sohne Friedrich auf derselben Grundlage durchgeführte Begründung der Aktiengesellschaften: Dansk Ilt & Brintfabr. A. S. in Kopenhagen für Dänemark i. J. 1910 und Norsk Surstof & Vanstof Fabr. A. S. für Norwegen i. J. 1912.

Endlich in der Schweiz leitete Dr. Michaelis Verhandlungen mit Herrn Gmür in Luzern ein, welche später von uns in München fortgesetzt wurden und zur Bildung der Aktiengesellschaft

Sauerstoff- und Wasserstoff-Werk Luzern

führten, welche das elektrolytische Werk des Herrn Gmür mit einer unserer Sauerstoffmaschinen ausbaute und in Turgi ein zweites Werk errichtet hat.

Nach fünfjährigem Bestehen der J. S. G. mußte ich mir sagen, daß weder die Mitwirkung der Pariser Gesellschaft noch die Geschäftsführung des Dr. Michaelis bei uns das Vertrauen erweckt habe, welches zu einer wirklichen Überlassung der Vertretung unserer Interessen nötig gewesen wäre, und ich erhielt den immer bestimmteren Eindruck, daß nicht nur die recht erheblichen Betriebskosten der J. S. G. umsonst aufgewendet wurden, sondern daß auch an Stelle einer Entlastung umgekehrt eine Vermehrung der Arbeitslast und Verantwortung herbeigeführt war. So entschloß ich mich i. J. 1911 unserer Gesellschaft f. L. E. vorzuschlagen, daß wir alle nicht in ihrem Besitze befindlichen Aktien und Genußscheine der J. S. G. ankaufen und deren Vermögen als Ganzes (ohne Liquidation) in unseren Bestand aufnehmen möchten, was sich mit einigen Opfern hat durchführen lassen.

Als durch ein Lizenzabkommen mit einer englischen Gesellschaft auch für **China** und **Japan** unsere Rechte abgetreten waren, hatten wir für 19 Länder über dieselben verfügt unter Beteiligung in 13 Gesellschaften, mit deren Verwaltung ich in 8 Fällen (in Deutschland, Österreich, Ungarn, Schweiz und — bis Kriegsausbruch auch in Italien — als Vorsitzender) dauernd zu tun gehabt habe, wozu natürlich zahlreiche Reisen gehörten.

Schon im Eingange dieses Kapitels habe ich angedeutet, daß die Organisation unserer Sauerstoffindustrie im In- und Auslande während eines Zeitraumes von mehr als zehn Jahren den größten Teil meiner Zeit und Kraft in Anspruch genommen hat. Ich kann auf dieses Arbeitsgebiet nicht mit ungeteilter Befriedigung zurückblicken und habe mir oft die Frage gestellt, ob es für unsere Gesellschaft und ob es für mich persönlich zweckmäßig war, in dasselbe einzutreten.

Das Bestreben unserer deutschen Industrie, die von ihr erlangten Fortschritte nicht nur im Inlande zu verwerten, sondern in die Welt hinauszutragen, dient sicherlich zunächst der Befriedigung, welche in der Anerkennung und Fruchtbarmachung eigener Leistungen liegt, wird aber vom volkswirtschaftlichen Standpunkte aus auch für die Allgemeinheit als nützlich begrüßt werden müssen, weil dadurch heimische Arbeitskräfte beschäftigt und Beiträge zum Aktivmachen der Handelsbilanz gewonnen werden. Die jetzt im Kriege offenbarte wirtschaftliche Stärke beruht zu einem gewissen Teile auf der Expansivkraft unserer Industrie. In diesem Sinne bedürfen unsere Unternehmungen keiner allgemeinen Rechtfertigung, und es wird sich nur darum handeln, ob der angestrebte Erfolg für unsere Gesellschaft wirklich erzielt worden ist oder nicht. Diese Frage kann ich nur unter Hinweis auf zwei unvorhergesehene Einschränkungen bejahen. Die erstere bezieht sich darauf, daß durch den Weltkrieg unsere Beteiligungen im Auslande von Verlusten bedroht sind*). Die zweite Einschränkung ist an der Voraus-

*) Die bis zum Kriegsausbruche durchaus erfreulichen Beziehungen zu unseren Gesellschaften in Frankreich und England sind so vollständig unterbrochen, daß uns zurzeit nicht das mindeste über den Einfluß bekannt ist, welchen der Krieg auf unsere Geschäftsanteile hat. Die italienischen „Bundesgenossen“ dagegen haben bereits offizielle Wege gefunden, um uns die Loslösung von gewissen Verpflichtungen anzukündigen.

setzung zu machen, von welcher wir ausgegangen waren, wonach wir im Besitze eines Sauerstoffverfahrens seien, welches den seitherigen Herstellungsmitteln wirtschaftlich überlegen ist. Die Überlegenheit hat sich ja wohl vollständig bewährt, nicht aber sind wir im alleinigen Genuß des Besitzes geblieben, vielmehr haben sich von verschiedenen Seiten Hände ausgestreckt, welche denselben trotz unserer Gegenwehr zum großen Teile in Stücke gerissen haben. Die Geschichte dieser Gegenwehr wird den üblen Inhalt des nächsten Abschnittes zu bilden haben.

Die weitere Frage aber, ob es notwendig und zweckmäßig war, mich persönlich an die Spitze der in Rede stehenden Unternehmungen zu stellen, anstatt andere Personen hierfür heranzuziehen, muß ich dahin beantworten, daß für mich auf jeden Fall eine innere Notwendigkeit hierfür bestand. Die Gestaltungen, unter denen unsere Sauerstoffindustrie in die verschiedenen Länder eingeführt wurden, waren jeweilen durch gleichzeitige Überlegungen in technischer, patentrechtlicher und geschäftlicher Richtung mit so großer finanzieller Tragweite bedingt, daß unser Aufsichtsrat kaum in der Lage gewesen wäre, seine Zustimmung zu erteilen, wenn er nicht aus der Vergangenheit das nötige Zutrauen zu meiner Person geschöpft hätte. Die Erfahrungen, welche ich bei dem mißglückten Entlastungsversuche mit der J. S. G. gemacht hatte, bestärkten mich in dem Vorsatze, die Verantwortung für die erforderlichen Schritte selbst zu übernehmen und mich nur von meinen Sohne Friedrich unterstützen zu lassen, der in voller Übereinstimmung mit meinen Grundsätzen als besonnener und zuverlässiger Vorstand der Abteilung B die Geschäfte führte, wobei seine umfassende Sprachenkenntnis ihm wesentlich zustatten kam.

Abwehr gegen Patentverletzungen.

Wer sich nicht für Patentangelegenheiten interessiert, wird besser diesen Abschnitt übergehen. Ich würde das auch meinerseits getan haben, wenn ich nicht annähme, daß sich aus den nachstehenden Erzählungen solche Schlußfolgerungen ergeben, welche allgemeinere Bedeutung haben und in Zukunft nützlich sein könnten.

Ohne ein Urteil über die Richtigkeit des Prüfungsverfahrens vor Erteilung von Patenten in Deutschland und Amerika abgeben zu wollen, möchte ich doch auf zwei Übelstände verweisen, unter denen wir gelitten haben. Die ungeheure Arbeitslast, welche das Patentamt sich dadurch auferlegt, kommt nicht nur in dem außerordentlich zahlreichen Amtspersonale, sondern zum Nachteile der Patentsuchenden auch in dem langen Zeitraume zum Ausdruck, welcher in allen nicht ganz einfach liegenden Fällen bis zu erfolgter Klärung in Anspruch genommen wird. Aber noch viel bedenklicher ist es, daß meist eine Umarbeitung der Anmeldungen erfolgt, welche häufig etwas ganz anderes hervorbringt, als der Anmelder beabsichtigt hat, der — durch die fortgesetzten Einsprüche und Abweisungen ermüdet und entmutigt — schließlich annimmt, was ihm bewilligt wird. Ich will nicht weiter davon sprechen, daß ich im Juni 1895 ein Patent auf eine „Sauerstoffmaschine" angemeldet und im September 1896 das Patent Nr. 88824 auf ein „Verfahren zur Verflüssigung atmosphärischer Luft" erhalten habe. Wichtiger war, daß (wohl durch das Wort „Sauerstoff" veranlaßt) meine Anmeldung in die Klasse 12 („Chemische Verfahren und Apparate") verwiesen wurde, während es sich dabei (und insbesondere für die Luftverflüssigung) nicht um ein chemisches, sondern physikalisches Verfahren und eine Beurteilung thermodynamischer Fragen handelte, welche durchschnittlich den Chemikern ferne liegen. So konnte nur mühsam das Verständnis für den Gegensatz zwischen „äußerer" und „innerer" Arbeit erlangt werden, auf welchem der eigentliche Patentanspruch beruht*).

In Amerika hatten wir Widerstände anderer Art zu überwinden. In langen Zwischenräumen wiederholten sich Einwendungen, welche uns unverständlich blieben, bis uns klar wurde, daß sie aus Bemühungen Triplers zur Verhinderung der Patenterteilung hervorgingen. Als im Jahre 1899 Herr Brush einen jungen Professor zu uns sandte, um eine Luftverflüssigungsmaschine für die Universität in Cleveland und eine zweite für sein Laboratorium anzukaufen, setzte ich demselben die Sachlage auseinander und erklärte, daß wir die Maschinen erst dann liefern könnten, wenn wir im Besitze des amerikanischen Patentes sein würden. Es führte dies zu einem Abkommen mit Brush, durch welches er sich verpflichtete, auf seine Kosten gegen Abtretung eines Besitzanteils an dem Patent dessen Erteilung zu betreiben. Die alsdann in Washington durchgeführten Verhandlungen hatten das Ergebnis,

*) An die Verneinung dieses Gegensatzes haben sich alle diejenigen geklammert, welche sich durch mein Patent in der Nachahmung des Verfahrens behindert sahen. Es sind von „Physikern", wie Pictet, Mix, Mewes, Giese u. a. dicke und dünne Bücher geschrieben worden, um die Entspannungsabkühlung „infolge innerer Arbeit" zu bestreiten und gegen mich Schmähungen aller Art auszusprechen, denen ich keinerlei Beachtung geschenkt habe. Erst nach Ablauf jenes Patentes habe ich in einem Vortrage über „Abkühlung von Gasen beim Ausströmen durch eine Drosselstelle" (Zeitschr. f. d. ges. Kälte-Industrie 1911, S. 132) mich sachlich zu der Frage ausgesprochen.

daß Tripler in allen vier Instanzen abgewiesen wurde. Der in einer dickbändigen Druckschrift wiedergegebene Wortlaut dieser Verhandlungen deckt die völlige Unkenntnis Triplers von den physikalischen Vorgängen auf, deren Anwendung er mir bestreiten wollte.

Noch weit schwieriger gestaltete sich die Erlangung meines im Februar 1902 in Berlin angemeldeten Patentes für die Gewinnung reinen Sauerstoffs durch Rektifikation, dessen Erteilung (Nr. 173620) im Juli 1906 erfolgt ist. Hier führten wir einen langen Kampf um die Klarstellung des grundsätzlichen Unterschiedes zwischen der bloßen „fraktionierten Verdampfung", d. h. der Anreicherung an Sauerstoff durch Ausscheidung stickstoffreicher Dämpfe und der „Rektifikation", d. h. der Kondensation von Sauerstoff aus aufsteigenden Dämpfen an herabrieselnder flüssiger Luft unter äquivalenter Abgabe von Stickstoff an den aufsteigenden Dampfstrom. Insbesondere wurde uns ein amerikanisches Patent von Pictet entgegengehalten, bei welchem die flüssige Luft über zehn, durch komprimierte Luft geheizte, Schalen herabfließt, während die Verdampfungsprodukte in drei Abteilungen getrennt aufgefangen werden (oben vorwiegend Stickstoff, unten vorwiegend Sauerstoff, in der Mitte Dämpfe von nahezu atmosphärischer Zusammensetzung), bis wir vor der Beschwerdeabteilung zwei genau nach den beiderseitigen Patentbeschreibungen gebaute Vorrichtungen in Höllriegelsgreuth arbeiten ließen, woraus die grundverschiedene Wirkung der beiden Verfahren überzeugend hervorging. Auch dann noch mußten wir einen Wortlaut für die Patentansprüche annehmen, der später zu Anfechtungen die Handhabe geboten hat. Je mehr indessen das Patentamt (bei Abweisung von Nichtigkeitsklagen) mit diesem Patente zu tun bekam, desto vollständiger ist das Verständnis für seinen wahren Inhalt zutage getreten, so daß wir mit den letzten Entscheidungen, welche gefallen sind, vollständig einverstanden waren — leider erst gegen Ende seiner Laufzeit.

Ich habe diese Darstellung der Erteilungsverhandlungen der Geschichte unserer Abwehrkämpfe vorausgeschickt, weil daraus eine teilweise Erklärung für den mühsamen Verlauf sich ergibt, welchen der eine derselben genommen hat.

Wir haben es wesentlich mit drei Gegnern zu tun gehabt, mit den Gesellschaften, an welche Georges Claude, Pictet und Hildebrandt (und Genossen) je ihre Patente abgetreten hatten*).

*) Unter diesen Gegnern, sowie den uns außerdem entgegengehaltenen Patentinhabern (Hampson, Thrupp, le Sueur u. a.) ist nur Georges Claude mit selbständigen und wertvollen Erfindungsgedanken hervorgetreten. Zunächst war es ihm gelungen,

Der erste gerichtliche Zusammenstoß fand i. J. 1907 in England zwischen der französischen Gesellschaft l'Air liquide, an welche Claude seine Patente abgetreten hatte, und der im Besitze meiner Patente befindlichen Brit. Oxygen Co. statt, als letztere gegen den versuchten Wettbewerb der ersteren auftrat, was Air liquide mit einer Feststellungs- und Nichtigkeitsklage gegen Brit. Oxygen beantwortete.

Das britische Gerichtsverfahren unterscheidet sich von dem deutschen insbesondere in zwei Punkten: 1. Während in Deutschland Patentverletzungsklagen bei demjenigen Landgerichte einzureichen sind, in deren Bezirk der Verletzer seinen Wohnsitz hat, bestehen für ganz Großbritannien in London besondere gemeinsame Gerichtsabteilungen, in welchen demnach die Erfahrungen sich sammeln. 2. In Deutschland geht den möglichst abgekürzten mündlichen Verhandlungen der Austausch meist sehr langer Schriftsätze mit je mehrmonatlichen Pausen zwischen den Parteien voraus, wogegen in England ausschließlich mündliche Verhandlungen von unbeschränkter Dauer stattfinden.

Der Verlauf des englischen Prozesses war der folgende: In erster Instanz vor dem Einzelrichter Nov. 1907 wurde neun Tage lang (je von 10 bis 4 Uhr) verhandelt, wobei jede Partei mit ihren sämtlichen Vertretern zu völliger Aussprache gelangte. Die Nichtigkeitsklage wurde abgewiesen, aber der Air liquide das Recht der freien Verwertung des Claudeschen Patentes zugesprochen. In zweiter Instanz (Mai 1908) sprachen sich nach siebentägiger Verhandlung die drei Richter**) einstimmig dahin aus, daß die Nichtigkeitsklage abzuweisen und die Claudesche Bauart als mein Patent verletzend („as an infringement") zu erklären sei. In dritter Instanz (house of Lords) wurde nach vier Tagen (März 1909) das Urteil zweiter Instanz von fünf Richtern einstimmig bestätigt.

---

die von Solvay vergeblich versuchte Abkühlung bis zur Luftverflüssigung durch Leistung „äußerer" Arbeit herbeizuführen, wobei ihm das von Kohlrausch in unserem Laboratorium festgestellte Flüssigbleiben von Petroleumäther (als Schmiermaterial) zu Hilfe kam. Sodann hatte er durch Patent vom Februar 1903 eine „ergänzende Rektifikation" bekannt gemacht, wobei er die zu zerlegende Luft in seinem „retour en arriere" in zwei Abteilungen — einer sauerstoffreicheren und einer stickstoffreicheren verflüssigt und erstere inmitten der eigentlichen Rektifikationskolonne einführt, letztere aber oberhalb derselben, so daß die austretenden Dämpfe einen kleineren Teil des (nach unserem Verfahren ungefähr 7% ausmachenden) Sauerstoffes wegführen. Wir anerkannten hierin einen Fortschritt, der aber die Benutzung unseres Rektifikationsverfahrens voraussetzt.

**) Der Lord Justice Moulton Fletcher hat sein Urteil in besonders ausführlicher und in so klarer und überzeugender Weise begründet, wie es nur aus einem vollen Verständnis von den naturwissenschaftlich-technischen Grundlagen der Erfindung geschehen konnte. Weder vorher noch nachher sind wir einer solchen Beherrschung des Gegenstandes in unseren Patentangelegenheiten begegnet.

Durch dieses Urteil war der Alleinbesitz unseres Rektifikationspatentes in dem britischen Gebiete gewährleistet, und es ist kein Versuch mehr unternommen worden, uns denselben streitig zu machen.

Nachdem das Urteil zweiter Instanz gesprochen war, kamen die Vorstände der Air liquide zu mir nach München, um zu versuchen, ob bezüglich der übrigen Ländergebiete eine Einigung herbeigeführt werden könne. Da ich jederzeit eine solche dem Prozessieren vorzog, so verständigten wir uns auf einer allgemeinen Grundlage, welche (unter Ausschluß von Großbritannien und Nordamerika) für die einzelnen Länder (je nach dem Stande der bereits begonnenen Unternehmungen) durch besondere Verhandlungen weiter auszubauen war, was überall gelungen ist.

Für Deutschland hatte Air liquide die Verwertung ihrer Patente bereits an die Chemische Fabrik Griesheim-Elektron in Frankfurt übertragen, so daß besonders wichtige Verhandlungen mit dieser Firma zu führen waren. Am 24. Juli 1908 kam ein zehnjähriger Vertrag zustande, durch welchen einerseits bezüglich des Sauerstoffverkaufes eine Teilung des Absatzes (gegen Zahlung einer Lizenzgebühr an uns) und des Bruttoertrages vereinbart und anderseits das alleinige Lieferrecht für Sauerstoffmaschinen an uns gegen gewisse Abgaben überlassen wurde. Die gegenseitige Gewährung von ausschließlichen Lizenzen auf die Patente hat sich später insofern nachteilig für uns erwiesen, als wir nicht mehr frei über unsere Patentrechte entscheiden konnten und sowohl bei deren Verteidigung, als insbesondere auch bei Vergleichsverhandlungen an Griesheims Zustimmung gebunden waren.

Die Abwehr gegen den zweiten Gegner (Pictet und Genossen) ist auf außergerichtlichem Wege zum Ziele gelangt. Wir mußten schon Einsprache gegen Pictet erheben, als sein i. J. 1900 in Berlin zum Patente angemeldetes „Verfahren zur Trennung der Bestandteile flüssiger Luft" ausgelegt war. Der Gegenstand dieser Anmeldung war derselbe wie bei seinem oben erwähnten amerikanischen Patente. Für die Gewinnung flüssiger Luft war einfach die Benutzung meines Verfahrens zugrunde gelegt und ebenso die in meinem Patent von 1895 als Anspruch aufgenommene Übertragung der latenten Verflüssigungswärme auf die verdampfende flüssige Luft neuerdings beansprucht. Nach mehreren mündlichen Verhandlungen vor Anmelde- und Beschwerdeabteilung erlangte ich, daß ihm die Umarbeitung seiner Patentbeschreibung und seiner Ansprüche unter Weglassung jener mir gehörenden Bestandteile aufgegeben wurde. Da inzwischen unser Rektifikationsverfahren bekannt geworden war, versuchte er dasselbe in die neue Bearbeitung einzuführen. Das Patentamt strich ihm zwar auf unser Verlangen die Mehrzahl dieser Neuheiten. Immerhin blieb einiges davon zurück, worauf die Gesellschaft „Sauerstoff-Industrie A.-G.“ (S.J.A.G.), an welche er seine Patente abgetreten hatte, sich später gestützt hat, als sie zur Errichtung einer Sauerstoff-Fabrik in Berlin schritt.

Die von uns gegen dieselbe angestrengte Patentverletzungsklage führte zu einem Urteil, welches die Entscheidung von einem, dem Leiter der S. J. A. G. (Dr. Hecker) auferlegten Eide abhängig machte. Zu dieser bedenklichen Entscheidung ist es nicht gekommen, da inzwischen Griesheim zu gleichzeitiger Beseitigung einer anderen zwischen den beiden Gesellschaften schwebenden Streitsache einen Vergleich herbeiführte, dem wir unsere Zustimmung gaben. Die S. J. A. G. verzichtete auf das Lieferrecht von Sauerstoffmaschinen in Deutschland, sowie auf den Verkauf von Sauerstoff, wogegen Griesheim und unsere „Sauerstoffwerke“ eine gewisse Sauerstoffmenge von S. J. A. G. abzunehmen sich verpflichteten. Nach wenigen Jahren sah sich letztere veranlaßt, ihre gesamten Aktiven an Griesheim und uns zu verkaufen.

Weit schwieriger und zeitraubender als die beiden eben geschilderten Abwehrkämpfe hat sich die ununterbrochen bis heute fortdauernde Verteidigung unserer Patentrechte gegen **Hildebrandt** und seine Nachfolger gestaltet.

Im Jahre 1904 wandte sich die „Nürnberglicht-Gesellschaft“ an uns mit der Mitteilung, daß sie im Besitze eines Verfahrens zur Herstellung von Licht durch Verbrennung von Gas mit Sauerstoff sei. Sie erbat unsere Beteiligung und meinen Beitritt in ihren Aufsichsrat. Beides wurde abgelehnt, jedoch jede Unterstützung zugesagt, insbesondere die Lieferung einer Sauerstoffmaschine zu Selbstkosten, fernerhin die Durchführung einer versuchsweisen Straßenbeleuchtung in Barmen und bei der Ausstellung in Nürnberg, endlich die kostenfreie mehrmalige örtliche Versetzung der Maschine. Das Beleuchtungsverfahren vermochte jedoch — wegen der Kurzlebigkeit der Gasstrümpfe — nicht Fuß zu fassen, und die Gesellschaft gab nach zweijähriger Arbeit mit unserer Maschine die Sache auf. Nunmehr verkaufte der Geschäftsführer Hildebrandt die Maschine zu erhöhtem Preise, nachdem er sich mit Bau und Arbeitsweise derselben völlig vertraut gemacht hatte, und verlegte sich frischweg auf den Vertrieb von Nachbildungen, wobei er der Rektifikationssäule eine veränderte (zum Patent angemeldete) Form gab. Abgesehen von ihrer verräterischen Entstehung war die Patentverletzung so plump und schien so offenkundig, daß ich annahm, es werde die einfache Feststellung des Tatbestandes genügen, um dem Rechte Geltung zu verschaffen. Als aber dahingehende Versuche abgewiesen wurden, schritten wir im Jahre 1908 zur Klage in der sicheren Erwartung schneller Entscheidung, da die Sache noch klarer und einfacher lag, als bei Claude und Pictet. Die Taktik unserer Gegner und unser deutsches Gerichtsverfahren haben es indessen möglich gemacht, daß heute nach sieben Jahren der Rechtsstreit noch fortdauert und wohl kaum zu Ende kommen wird, ehe mein zu verteidigendes Patent (1917) zum Ablauf kommt.

Zunächst sei hervorgehoben, daß die Personalverhältnisse des Gegners vielfach gewechselt haben. Hildebrandt übertrug seine Patente an die unter Mitwirkung der mächtigen Diskontogesellschaft gebildete „Industriegas-Ges. m. b. H. für Sauerstoff- und Stickstoffanlagen" („Indusgas"). Diese übernahm (trotz und während des Rechtsstreites) die Lieferung einer großen Zahl von Sauerstoffmaschinen, was ihr zu hohen Preisen gelang, weil sie nicht, wie wir, den Käufern die Verpflichtung auferlegte, den Sauerstoff nicht in den Handel zu bringen. Die Besitzer aller dieser Anlagen wurden hierdurch Verletzer unserer Patente. Ein gewisser Teil derselben ist von der in Mannheim begründeten G. m. b. H. „Süddeutsche Industrie-Gas-Gesellschaft" umfaßt worden, welche sich später mit der deutschen Filiale der „Oxhydrique"*) zur „Deutschen Oxhydric-A.-G." (D. O. A. G.) vereinigt und neuerdings auch die „Indusgas" sowie die Maschinenfabrik Sürth aufgenommen hat.

In unserer Klage gegen Hildebrandt erging wohl sogleich das Urteil, daß ihm in den beiden wichtigsten Punkten (Luftverflüssigung und Rektifikation) die Benutzung seiner Bauart untersagt wurde, jedoch begann jetzt die Durchführung der von den Gegnern offen ausgesprochenen Taktik, alle derartigen Gerichtsurteile dadurch unwirksam zu machen, daß sie jeweilen nach erfolgter Verurteilung erklärten: Wir unterlassen die Benutzung der untersagten Bauart, bedienen uns aber nunmehr einer neuen, zum Patent angemeldeten, Bauart, welche das Lindesche Patent nicht verletzt. Obwohl es sich dabei immer nur wieder um eine andere Ausführungsform der Rektifikationssäule han-

*) Die belgische Gesellschaft „Oxhydrique Internationale" ist die Inhaberin von Patenten auf das Verfahren zum Schneiden von Eisen und Stahl mittels Sauerstoff und Wasserstoff, wozu sie an ihre Abnehmer diese, auf elektrolytischem Wege hergestellten, Gase verkaufte.

delte, während das Wesen unseres Verfahrens in unveränderter Weise beibehalten war, so blieb uns nichts anderes übrig, als je eine neue Patentverletzungsklage einzureichen und durch die Instanzen zu führen, wobei durch die umfangreichen Schriftsätze, welche mit Repliken und Dupliken unter jeweiliger Einräumung einer mehrmonatlichen Frist für jede derselben und durch die Beschaffung von Sachverständigengutachten die lange Zeit in Anspruch genommen wurde, auf die es den Gegnern ankam, um die Entscheidung bis zum Ablaufe meines Patentes zu verschleppen. Erleichtert war ihnen dieses Vorgehen dadurch, daß unsere Klagen je an denjenigen Landgerichten zu erheben waren, in deren Bezirk die Patentverletzung geschah. So wurde in Berlin, Düsseldorf, Arnsberg, Zwickau und Köln vor stets neu zu informierenden Richtern verhandelt, deren Urteile natürlich je unter dem Eindrucke der beigebrachten Äußerungen von „Sachverständigen" wesentliche Unterschiede aufwiesen. Die Gegenseite unterließ es auch nicht, durch Angriffe von ihrer Seite hemmend einzuwirken. Sie stellte Antrag auf Nichtigkeitserklärung meines Patentes, welche, vom Patentamte und vom Reichsgerichte völlig zurückgewiesen wurde unter weitgehender Anerkennung der grundlegenden Bedeutung des Patentinhaltes. Sodann erhob sie in Wiesbaden eine Feststellungsklage bezüglich einer bestimmten Bauart (bei welcher die flüssige Luft in der Säule durch zahlreiche Gummischläuche herabfließt). Nicht nur wurde diese Klage abgewiesen, sondern unserer Widerklage gegen 22 in Rede stehende Patentverletzer Folge gebend wurden deren Anlagen zum Stillegen verurteilt. Ein Teil derselben wußte sich aber dadurch der Wirkung des Urteils zu entziehen, daß die Inhaber ihre Firma wechselten, was zur Folge hatte, daß wir gegen die neuen Firmen neue Klagen einreichen mußten. Das Oberlandesgericht Frankfurt a. M. bestätigte dieses Urteil in erweitertem Umfange (die Rektifikation aus flüssiger Luft schlechtweg als uns geschützt erklärend), und auch das Reichsgericht trat in einem ausführlich begründeten Urteile der Frankfurter Bestätigung bei. Trotzdem vermochte die D. O. A. G. in das gegen die Firmenwechsler schwebende Verfahren unter Hinweis auf einen, ihr als Ausweg geeignet erscheinenden Satz des reichsgerichtlichen Urteils eine neue Säulenbauart (bei welcher die Wärmezufuhr nicht durch Sauerstoff, sondern durch den im Gegenströmer erwärmten Stickstoff geschehen soll) zum Gegenstande einer neuen Feststellungsklage zu machen, welche noch jetzt im Gange ist.

Bei dem Rückblicke auf unseren Rechtsstreit gegen Hildebrandt und seine Nachfolger treten folgende Tatsachen hervor: 1. Obwohl die, während der 7 Jahre vernommenen, gerichtlichen Sachverständigen (die Hochschullehrer Seitz, Haber*), Mollier, Hanszel und Leist) ausnahmslos und unbedingt bejahten, daß Patentverletzung vorliege und erklärten, daß das Wesen der Erfindung nicht durch veränderte Bauart der Rektifikationssäule berührt werde, und obwohl die Urteile der Gerichte immer klarer und bestimmter sich auf diesen Standpunkt gestellt haben, so ist die Laufzeit des Patentes ihrem Ende nahe, ohne daß wir in den vollen Besitz seiner Schutzrechte gelangen konnten. 2. Es wird auch nicht möglich sein, nachträglich einen nennenswerten Schadenersatz für die jahrelangen Patentverletzungen zu erlangen, weil es den Gegnern wiederholt möglich gewesen ist, Parteisachverständige zu finden, welche ihren Standpunkt vertraten, und weil in zwei vereinzelten Fällen erstinstanzliche Urteile zu ihren Gunsten ausfielen, was nach dem bisher bestehenden Rechte genügt, um wegen „Gutgläubigkeit" die Schadenersatzpflicht auszuschließen.

Steht auch das Ergebnis dieses langen Rechtsstreites in einem für uns ungünstigen Verhältnisse zu den aufgewendeten Mühen und Kosten, so daß es fraglich erscheinen könnte, ob es nicht zweckmäßiger gewesen wäre, der Patentverletzung untätig gegenüberzustehen, so konnte es doch für die verantwortlichen Leiter der Gesellschaft, insbesondere für meinen, die Hauptlast der Arbeit tragenden, Sohn Friedrich, keinen Zweifel über den einzuschlagenden Weg geben, da es einfach Pflicht war, den Besitz der Gesellschaft zu schützen und gegen Angriffe zu verteidigen.

Ein Vergleich zwischen dem oben geschilderten englischen — in kaum anderthalb Jahren endgültig entschiedenen — und dem nach 7 Jahren hier noch schwebenden Patentstreit drängt Schlußfolgerungen auf, welche zwar wohl nicht verallgemeinert werden dürfen, auf welche ich aber bestimmt hinweisen zu sollen glaube.

Die von Hildebrandt ausgestreute Saat ist nicht allein in Deutschland, sondern auch fast überall im Auslande aufgegangen. Wir hatten i. J. 1902 das Rektifikationspatent nur in einer beschränkten Zahl von Ländern angemeldet in der Meinung, daß wir durch mein früheres Patent (von 1895) genügend geschützt seien. So haben wir es ohne Ver-

*) Geheimrat Haber hat sich nicht auf Abgabe seines Gutachtens beschränkt, sondern hat sich (im Sommer 1914) bemüht, Vorschläge für eine unseren Ansprüchen gerecht werdende Verständigung zu vermitteln. Der Annahme dieser Vorschläge waren die maßgebenden Stellen unserer Gegner nicht abgeneigt und auch unsere Gesellschaft war dazu bereit, sie scheiterte jedoch daran, daß Griesheim an bestimmten den Gegnern unannehmbar erscheinenden Forderungen festhielt.

hinderungsversuche geschehen lassen müssen, daß in Österreich, Ungarn, Rußland, Spanien, Skandinavien, Schweiz und in anderen Ländern die Nachfolger Hildebrandts sich festgesetzt und die Früchte unserer Arbeit mit gepflückt haben, woraus die wesentlichen Beschränkungen hervorgingen, von denen im vorigen Abschnitte die Rede war. In Italien stand zwar unser Patent in voller Gültigkeit, wir mußten aber erleben, daß eine, von Indusgas mit einer Sauerstoffmaschine ausgerüstete Gesellschaft in Genua vor dem dortigen Gerichte ein obsiegendes Urteil erlangte, obwohl die drei von diesem Gerichte bestellten Sachverständigen ebenso übereinstimmend und unbedingt die Patentverletzung bestätigten, wie unsere deutschen Sachverständigen. In Frankreich haben sich Air liquide und unsere Gesellschafter von dem Wettbewerbe der Indusgas durch einen jährlichen Tribut losgekauft.

Zum Schlusse dieses unerfreulichen Abschnittes muß ich leider feststellen, daß nach der (durch eigene Leistungen begründeten) Verständigung mit Claude es von keiner anderen Seite, als von deutschen Gesellschaften unternommen worden ist, das von unserer Gesellschaft mit großen Opfern an Zeit und Geld ausgebildete Verfahren zur Gewinnung von Sauerstoff aus verflüssigter Luft sich anzueignen und auszunutzen.

Kriegsaufgaben.

Der August 1914 brachte der Gesellschaft f. L. E. einerseits den jähen Abbruch aller Verhandlungen über Lieferung von Kältemaschinen und Gasverflüssigungs-Einrichtungen sowie aller Verbindungen mit ihren Tochterunternehmungen im feindlichen Auslande und anderseits einen erheblichen Rückgang des Absatzes ihrer Eiswerke und Sauerstoffabriken, welcher bei den letzteren unter die Hälfte des seitherigen Betrages herabsank. Selbstredend wurde auch ein großer Teil unserer Beamten und Arbeiter zum Kriegsdienste eingezogen. Von den Mitgliedern der Verwaltung mußte in Wiesbaden der Prokurist Banfield als englischer Staatsbürger ausscheiden. In München kam als felddiensttauglich und in den Waffen ausgebildet hauptsächlich mein vierundvierzigjähriger Sohn Friedrich in Betracht. Er meldete sich zur Dienstleistung bei dem Artillerieregiment, in welchem er vor zwanzig Jahren seine Übungen gemacht hatte. Dort hat er zuerst mit der Rekrutenausbildung zu tun gehabt, bis er im Dezember als Führer eines Ballonabwehrzuges an die französische Front geschickt wurde. Im Mai 1915 der Armee Mackensen zugeteilt, hat er den Feldzug durch Galizien nach Rußland mitgemacht. Im September 1915 waren wir genötigt,

Rudolf Wucherer

Mr. Brush

Produktion und Vertrieb von reinem Sauerstoff entwickelten sich etwa seit 1904 zu einem neuen Geschäftszweig der Ges. Linde. Innerhalb Deutschlands errichtete sie eine Reihe von Sauerstoffwerken – es war die Domäne von C. Lindes Schwiegersohn Rudolf Wucherer. (Zu S. 100 ff., 148)
Um auch im Ausland einen möglichst großen Teil des Sauerstoffgeschäfts in der Hand behalten zu können, schloß C. Linde Verträge mit zahlreichen Firmen. 1907 knüpfte er bedeutsame Beziehungen zu den USA. Mr. Brush aus Cleveland spielte dabei als Vermittler eine wichtige Rolle. (Zu S. 105 ff., 114 f.)

Das auf dem Obersalzberg bei Berchtesgaden gelegene Haus »Oberbaumgart« ließ C. Linde 1887/88 erbauen. Der Architekt war Franz Schwechten, von dem u. a. die Kaiser-Wilhelm-Gedächtniskirche in Berlin stammt. Das Aquarell mit der Ansicht des Hauses von Südwesten malte Theodor Ziemendorff. (Zu S. 74)

Richard Linde

Dr. Richard Linde, C. Lindes jüngerer Sohn, betätigte sich in seiner freien Zeit gerne als Bergwanderer oder als tüchtiger Cellist in zahlreichen Kammermusikabenden. Auf die Firma, der er von 1906 bis 1950 angehörte, übte er bestimmenden Einfluß aus. (Zu S. 100, 127)

Das in der Villa »Oberbaumgart« geführte Gästebuch enthält viele interessante Eintragungen. Eine von Theodor Ziemendorff geschaffene Federzeichnung zeigt das unterhalb der Villa gelegene »Baumgartlehen«. Hier verlebten C. Linde und seine Familie sowohl vor dem Bau von Oberbaumgart wie auch in späterer Zeit ihre Sommerferien.

Felix Klein

Oskar v. Miller

Walther v. Dyck

Mit dem bedeutenden Mathematiker Felix Klein war C. Linde seit Kleins Münchner Hochschultätigkeit befreundet. (Zu S. 34 u. 134 ff.)
Den genialen Organisator O. v. Miller, der namentlich auf dem Gebiet der Wasserkraftnutzung bahnbrechend wirkte, lernte C. Linde anläßlich der Gründung des Deutschen Museums näher kennen.
Drittes Mitglied im Gründungskomitee war der Mathematiker Walther v. Dyck. (Zu S. 139 ff.)

seine Rückstellung zu erbitten, weil die weiterhin zu schildernden Kriegsaufgaben im Bereiche der Abteilung B seine Mitwirkung unerläßlich erscheinen ließen.

Die Kriegsaufgaben der Gesellschaft bezogen sich auf folgende Gegenstände:

1. Die von der Abt. A eingerichteten Kühl- und Gefrieranlagen wurden bis zum Äußersten für die Einlagerung von Nahrungsmitteln in Anspruch genommen. Insbesondere war dies der Fall, als wegen Futtermangels die Abschlachtung großer Mengen von Schweinen durchgeführt wurde. So sind in den Kühlhäusern zu Antwerpen, Berlin, Hamburg, Köln, Leipzig, Dresden, Barmen und Nürnberg mehr als 20000 t Fleisch eingelegt worden. Aber auch die Kühlräume in zahlreichen Schlachthöfen — nicht zu reden von den Gefrierräumen in den Festungen — füllten sich, und es hatte die Abt. A rasch an verschiedenen Orten ergänzende Einrichtungen herzustellen, um die Bedingungen bezüglich Temperatur und Feuchtigkeitsgrad erfüllbar zu machen.

2. Im Frühjahre 1915 folgten Aufträge zu schneller Lieferung von Eismaschinen für die Feldlazarette.

3. Bei mehreren unserer Sauerstoffwerke trat bald eine gesteigerte Nachfrage zur autogenen Bearbeitung des Eisens für Heereszwecke ein, wobei die Flugzeugwerke an erster Stelle standen.

4. Nachdem durch den gewaltigen Munitionsverbrauch die Sprengstoffe knapp geworden waren, kam — wie ich früher schon berichtete — plötzlich unser „Oxyliquit" zu Ehren und veranlaßte die beschleunigte Lieferung von möglichst vielen Vorrichtungen zur Herstellung von flüssigem Sauerstoff. Die allgemeine Bedeutung des Fortbetriebes besonders in den Kohlenbergwerken bewirkte nicht nur die Freigabe des erforderlichen Personals und Materials sondern auch die von Berlin angeregte Abgabe von Lizenzen an andere Firmen, um in möglichst kurzer Zeit dem Bedürfnisse entsprechen zu können. Die beim Bergbau mit Oxyliquit erzielten Erfolge scheinen seine Verwendung über die Kriegszeit hinaus sicherzustellen.

5. Noch viel bedeutsamer sollte sich für uns die Wirkung des durch den Munitionsverbrauch gesteigerten und durch den Wegfall der Einfuhr von Chilesalpeter gefährdeten Bedarfs an Stickstoffverbindungen gestalten. Kam doch hier hinzu, daß auch die Landwirtschaft nicht nur Ersatz für diesen Wegfall, sondern zur Steigerung ihrer Erträgnisse einer Mehrung der Düngemittel bedurfte. Deutschland durch künstliche Herstellung der erforderlichen Stickstoffverbindungen vom Auslande

unabhängig zu machen, mußte der Reichsregierung als eine Aufgabe ersten Ranges erscheinen. Drei Wege stehen hierfür zu Gebote: a) die Herstellung von Kalkstickstoff, wie sie bisher schon an zwei Stellen in Deutschland (Trostberg und Knapsack) mit Erfolg betrieben wurde; b) die in Ludwigshafen ausgebildete synthetische Darstellung von Ammoniak (nach Haber) und c) die Bildung von Stickstoffoxyden im elektrischen Flammenofen. In allen drei Richtungen wurde die Aufgabe energisch in die Hand genommen. Für die Einrichtung von fünf neuen Kalkstickstoffanlagen gingen unserer Abteilung B Aufträge zu, bei welchen es sich um 15 Einheiten zur stündlichen Gewinnung von je 1500 cbm Stickstoff handelt. Die Bad. Anilin- und Sodafabrik ließ die früher von uns gelieferte Wasserstoffanlage zur Beschaffung von stündlich 7000 cbm Stickstoff umbauen, welchen sie in Verbindung mit ihrem früher beschriebenen neuen Wasserstoffverfahren zu Ammoniak verarbeitet. Diese Werke werden imstande sein, größere Mengen von Stickstoffverbindungen herzustellen, als sie der früheren Einfuhr von Chilesalpeter entsprechen. Der gesamte Stickstoffbedarf, welcher hierzu der Atmosphäre zu entnehmen ist, wird nach unserem Verfahren und mit den von uns gebauten Vorrichtungen gewonnen werden. Aber auch für den dritten Weg ist unsere Mitwirkung herangezogen worden. Für zwei Werke, welche die Oxydation des Stickstoffes betreiben, sind von uns Anlagen zu liefern gewesen, durch welche zusammen in jeder Stunde 2700 cbm Sauerstoff der atmosphärischen Luft beigemischt und dem Flammenofen zugeführt werden sollen, um die Ausbeute zu erhöhen.

Entwurf und Ausführung aller dieser großen Anlagen lagen in den Händen der Oberingenieure Wucherer und Rich. Linde. Nachdem sie — insbesondere der letztere — durch die Ingangsetzung an Ort und Stelle ganz in Anspruch genommen werden mußten, ist die zeitweise Rückkehr des Abteilungsdirektors Friedr. Linde aus dem Frontdienste nötig geworden. Sie alle sind in der glücklichen Lage, durch Erfüllung ihrer amtlichen Pflichten gleichzeitig für die Rüstung des Vaterlandes wertvolle Dienste leisten zu können.

Vierter Teil.

Dieser vierte Teil mag besonders unnötig erscheinen. Die kollegiale Mitwirkung in öffentlichen Körperschaften, wie ich sie zu schildern habe, wird durch ungezählte Mengen von Männern ohne Sang und Klang als pflichtmäßige Berufssache ausgeübt, und sie wird über ihre tatsächliche Dauer hinaus kaum Spuren hinterlassen. Nachdem ich aber einmal unternommen habe, meine Lebensgeschichte zu schreiben, so gehören auch die nachstehenden Mitteilungen dazu, weil nicht unerhebliche Teile meiner Tätigkeit innerhalb der letzten Jahrzehnte in München und anderwärts dadurch umfaßt worden sind. Nur in diesem Zusammenhange soll das Nachstehende erzählt werden.

12. In staatlichen Körperschaften.

Schon im Herbste 1892 habe ich Vorlesungen über „Theorie der Kältemaschinen“ an der

Technischen Hochschule in München

aufgenommen und je im Wintersemester bis zum Jahre 1910 fortgesetzt, zu welcher Zeit ein Halsleiden ihnen ein Ende machte. Als Lehrfach, mit welchem ich in das „Programm“ aufgenommen wurde, hatte ich „Angewandte Thermodynamik“ angegeben und dabei die Absicht gehabt, mich nicht auf Kältemaschinen zu beschränken, sondern mich in einige Gebiete der physikalischen Chemie und der Meteorologie einzuarbeiten. Dazu ist es unter dem Drucke der anderweitigen Unternehmungen nicht gekommen, welche im „dritten Teile“ beschrieben sind.

Dagegen ist es mir vergönnt gewesen, bei der Organisation eines neuen Instituts der Hochschule und bei der erfolgreichen Aufnahme seiner Arbeiten beteiligt zu sein. Im Verlauf einer später zu besprechenden, besonders durch Prof. Klein hervorgerufenen Bewegung hatte der Verein deutscher Ingenieure in seiner Hauptversammlung (Aachen 1895) ausgesprochen, daß es notwendig sei, an den technischen Hochschulen „über den allgemeinen Lehrplan hinaus für die Maschineningenieure Einrichtungen zu schaffen, welche möglichst weitgehende physikalisch-technische Ausbildung in theoretischer und experimenteller Richtung gewähren". Im Sinne dieses Ausspruches unternahm es Prof. Dyck während seines Rektorats ein

Laboratorium für technische Physik

ins Leben zu rufen, welches Lehr- und Forschungszwecken dienen sollte. Zu den Beratungen zugezogen, mußte ich mit Freuden zustimmen nicht nur als Mitverfasser jenes Ausspruches sondern auch als Vertreter der Meinung, daß vereinzelte Gebiete der Experimentalphysik nur unter Vereinigung der dem Physiker und der dem Maschineningenieur zur Verfügung stehenden Mittel und Erfahrungen erfolgreich bearbeitet werden können. Nachdem es Dyck gelungen war, für die erste Ausstattung eines solchen Laboratoriums aus Kreisen der bayerischen Industrie Mittel zu sammeln, und nachdem ich mich bereit erklärt hatte, die von mir gemietete Kälteversuchstation so lange zur Verfügung zu stellen, bis in Verbindung mit den übrigen geplanten Neubauten der Hochschule die erforderlichen räumlichen Einrichtungen getroffen werden könnten, wurde die staatliche Genehmigung der Mittel für einen Professor der Physik und einen Maschineningenieur als Assistenten erlangt. Im Jahre 1902 konnte unter der Leitung von Prof. Knoblauch der Betrieb des Laboratoriums eröffnet werden, und (zur Erfüllung einer von den beitragenden Industriellen aufgestellten Bedingung) wurde ich von der mech.-techn. Abteilung der Hochschule als Mitdirektor berufen. Für die ersten größeren Forschungsarbeiten (auf dem Gebiete der Wärmezustands-Änderungen von Gasen und Dämpfen) habe ich Vorschläge gemacht, zu deren Durchführung ich die erforderlichen Geldmittel von seiten des Vereins deutscher Ingenieure, der „Jubiläumsstiftung der deutschen Industrie" und unserer Gesellschaft f. L. E. zu erhalten vermochte. Es gelang, durch zwei umfangreiche Arbeiten das physikalische Verhalten der überhitzten Wasserdämpfe festzustellen und damit nicht nur eine Lücke in dem Bestande der Physik auszufüllen, sondern auch wichtiges

Material für die Dampfmaschinentechnik zu gewinnen*). Sofort war dadurch das Institut — weit über den Beweis für seine Daseinsberechtigung hinaus — zu allgemeiner Anerkennung gelangt.

Eine weitere Arbeit über den Ausfluß von erhitztem Wasser**) und eine solche über die Temperaturänderungen von Gasen

*) Schon im Jahre 1879 (s. S. 32) hatte ich begonnen, das Verhalten von Druck und Temperatur der überhitzten Wasserdämpfe bei konstantem Volumen zu ermitteln, war aber durch meinen Weggang von München an der Fortsetzung verhindert worden. Die Physikalisch-Technische Reichsanstalt trat später auf meine Veranlassung an diese Untersuchung heran. Der damit betraute Physiker Thiesen vermochte indessen in zweijähriger Arbeit nicht, die damit verbundenen technischen Schwierigkeiten zu überwinden, und bestätigte damit die Auffassung, daß für solche Arbeiten auch die Erfahrungen des Maschineningenieurs heranzuziehen sind. Nunmehr stellte ich in München die vollständige Apparatur zusammen (darunter auch ein Quecksilbermanometer für Präzisionsmessungen, das später der Reichsanstalt als Muster gedient hat). Schon vor Begründung des Laboratoriums für technische Physik war dieselbe vollendet, wurde nun aber demselben überwiesen, und hier wurde unter den Händen insbesondere meines Sohnes Richard die Aufgabe endgültig gelöst mit dem Ergebnisse, daß bei konstantem Volumen der Druck der überhitzten Dämpfe genau proportional der Temperatur wächst, wobei jedoch für jedes spez. Volumen von einem Nullpunkte der Temperatur auszugehen ist, welcher bei sehr großem spez. Volumen wohl mit dem absoluten Nullpunkte zusammenfällt, mit abnehmendem spez. Volumen jedoch in die Höhe rückt.

Noch wichtiger in technischer Hinsicht war die Bestimmung der spezifischen Wärme des überhitzten Wasserdampfes, für welche bis dahin wesentlich der von Regnault herrührende konstante Wert $c_p = 0{,}48$ verwendet wurde. In drei großen Versuchsreihen mit je aufsteigenden Drücken bis zu 30 Atm. und bis zu Temperaturen von 550° C ist nunmehr festgestellt, daß in der Nähe der Sättigungsgrenze c_p mit steigenden Drücken wächst und bei 15 Atm. das Anderthalbfache des Regnaultschen Wertes erreicht, fernerhin, daß von der Sättigungsgrenze ab bei zunehmender Temperatur die spez. Wärme bis zu einem Minimum abnimmt, um alsdann bei weiterhin steigender Temperatur wieder zu wachsen, ein Verlauf, der wohl einer ganz allgemeinen, hier erstmalig genau ermittelten Gesetzmäßigkeit entspricht.

**) Die Mengen von Wasser, welches mit der seinem Drucke entsprechenden Sättigungstemperatur durch eine Mündung sich ergießt, waren (insbesondere von Zeuner und von Rateau) unter der Voraussetzung theoretisch berechnet worden, daß in der Mündungsebene der äußere Druck herrsche. Die einzige bekannte wirkliche Messung stand in sehr starkem Gegensatze hiezu. Ein in der Kälteversuchstation befindlicher, für Präzisionsmessungen eingerichteter Dampfkessel bot zu experimenteller Klarstellung die Möglichkeit. Ich entwarf einen Apparat, welcher neben der Mengenbestimmung auch die Verfolgung der Veränderung von Druck und Temperatur innerhalb der Mündung gestattete. Hierdurch konnte nicht nur festgestellt werden, daß die Ausflußmenge das Mehrfache der unter jener Voraussetzung berechneten beträgt, sondern es konnte auch die volle Erklärung hierfür gefunden werden.

beim Strömen durch eine Drosselstelle*) erhöhten dieses Ansehen. Es sind seither eine ganze Reihe von Forschungsarbeiten bedeutsamer Art zur Veröffentlichung gelangt, bei welchen ich nur gelegentlicher Zuschauer gewesen bin. Heute bewegen sich Lehrer, Schüler und Laboranten in den schönen und weiten Räumen des die neuen prächtigen Ingenieurlaboratorien der Hochschule umfassenden Neubaues.

Die Physikalisch-Technische Reichsanstalt.

Meine Berufung in das Kuratorium der Reichsanstalt erfolgte Anfang 1895, und habe ich seitdem regelmäßig an den alljährlich bei Beginn der Osterferien (1895 ausnahmsweise in der Pfingstwoche) erfolgten je mehrtägigen Tagungen in Charlottenburg teilgenommen. Diese, aus einigen zwanzig Mitgliedern bestehende Körperschaft umfaßt in erster Linie eine Anzahl der hervorragendsten Physiker, sodann Leiter von staatlichen Instituten, für welche Präzisionsmessungen Bedeutung haben, fernerhin Vertreter der angewandten Physik und endlich solche des Maschinenwesens. Der Verkehr in diesem Kreise beschränkte sich, besonders in den früheren Jahren, nicht auf die eigentlichen Verhandlungen, sondern die Abende wurden von einzelnen Gruppen in anregender Gemeinschaft verbracht. Dem Kuratorium

*) Diese Temperaturänderungen, welche die Grundlage für mein Luftverflüssigungsverfahren gebildet haben (s. S. 84), sind von Thomson und Joule (1862) nur innerhalb Temperaturen von 4° bis 100° und bei Drücken von 1 bis 4½ Atm. experimentell festgelegt worden. Die von ihnen gegebene Formel: $\delta = 0{,}29\,(p_2 - p_1)\left(\frac{273}{T_2}\right)^2$ war weit über diesen Bereich hinaus als nahezu zutreffend befunden worden. Immerhin bestand kein Zweifel darüber, daß insbesondere die Proportionalität der Temperaturänderung δ mit der Druckdifferenz $p_2 - p_1$ bei hohen Drücken nicht mehr bestehen könne. Deshalb wurde eine Reihe von Untersuchungen begonnen, welche zwar noch nicht abgeschlossen ist, aber bereits sehr wichtige Ergebnisse geliefert hat. Ich schlug vor: 1. mit einer konstanten Druckdifferenz von etwa 6 Atm. unter Steigerung der absoluten Drücke bis zu 200 Atm. zu arbeiten; 2. die Temperatur vor der Drosselstelle nach unten und oben innerhalb möglichst weiter Grenzen zu ändern und 3. verschiedene theoretisch und praktisch wichtige Gase zu untersuchen. Die Durchführung eines solchen Programms stellt außergewöhnlich hohe Forderungen sowohl an die erforderlichen mechanischen Hilfsmittel als insbesondere an die Fähigkeit der Experimentatoren und haben insbesondere die beiden Assistenten Vogel und Noell Ausgezeichnetes in dieser Richtung geleistet. Die Ergebnisse sind in den beiden Dissertationsschriften niedergelegt: 1. „Über die Temperaturveränderung von Luft und Sauerstoff beim Strömen durch eine Drosselstelle bei 10° C und Drücken bis zu 150 Atm." von Emil Vogel, und 2. Die Abhängigkeit des Thomson-Joule-Effektes für Luft von Druck und Temperatur bei Drücken bis 150 Atm. und Temperaturen von −55° bis +250° C von Noell.

gehörte damals noch Zeuner an, bis zunehmende Altersbeschwerden ihn zum Rücktritte veranlaßten. Ich holte ihn jeweilen in seinem Gasthofe ab und begleitete ihn dahin zurück (wie ich auch alljährlich einmal in Dresden ihn aufzusuchen pflegte). Fernerhin fand ich Prof. Bach hier vor, und bald schlossen wir uns zur Vertretung der besonderen Aufgaben zusammen, welche uns vom Standpunkte des Ingenieurwesens geboten schienen. So uneingeschränkt wir den Physikern bei der Verfolgung rein wissenschaftlicher Ziele zustimmten, so mußten wir anderseits verlangen, daß auch diejenigen Experimentalforschungen in den Arbeitsplan aufgenommen würden, durch welche die nötigen physikalischen Unterlagen zur Nutzbarmachung der technischen Wissenschaften besonders auf dem Gebiete der Wärme — die Elektrotechnik fand bereits weitgehende Berücksichtigung — gewonnen werden sollten. Wir hatten anfangs bei dem damaligen Präsidenten Kohlrausch mit Schwierigkeiten zu kämpfen. Nur ungern ließen die Physiker eine Einwirkung der Techniker auf ihre Arbeiten zu, auch wenn dieselben sich bemühten, durch möglichste Zurückhaltung begreiflichen Empfindlichkeiten aus dem Wege zu gehen. Bei den oben erwähnten erfolglosen Versuchen mit überhitzten Wasserdämpfen ist eine Berücksichtigung der von mir früher gemachten Erfahrungen über den Einfluß der Adsorption (s. S. 33) abgelehnt worden. Diese Verhältnisse bestimmten mich einerseits, einen Teil jener Forschungsarbeiten im Münchner Laboratorium für technische Physik anzuregen und zu ermöglichen und anderseits gemeinschaftlich mit dem Kollegen Bach dahin zu wirken, daß ein Maschineningenieur unter die Mitarbeiter der Reichsanstalt aufgenommen werde. Der gegenwärtige Präsident Warburg der Reichsanstalt hat sich zu diesen Anträgen entgegenkommend verhalten, besonders nachdem er die in München erzielten Ergebnisse kennen gelernt hatte. Auch ist einer der in München bewährten Experimentatoren, Dr.-Ing. Jacob, in die neugebildete Abteilung für „Wärme und Druck“ der Reichsanstalt als Mitarbeiter aufgenommen worden.

Akademie der Wissenschaften.

Angesichts der Tatsache, daß der Schwerpunkt meiner Arbeit seit anderthalb Jahrzehnten auf technisch-industriellem Gebiete gelegen hatte, kam mir im Jahre 1896 die Berufung in die Bayerische Akademie der Wissenschaften, also in eine rein wissenschaftliche Körperschaft, sehr überraschend. Zweifellos ist die Wahl veranlaßt worden durch den Wert, der auch von wissenschaftlicher Seite meinem Luftverflüssigungs-Verfahren beigelegt wurde. Wohl aus demselben Grunde folgte kurz darauf meine Ernennung zum korrespondierenden Mitgliede der Kaiserl. Akademie der Wissenschaften in Wien. Während mit der letzteren Auszeichnung die rein passive Stellung eines Empfängers aller Veröffentlichungen verbunden ist, so habe ich in München den je am ersten Samstage jeden Monats stattfindenden Sitzungen der math.-physikalischen Klasse regelmäßig beigewohnt, soweit ich nicht durch geschäftliche Reisen verhindert war. Immerhin hat sich meine aktive Beteiligung darauf beschränkt, daß ich zwei bereits früher (S. 89 u. 97) erwähnte Mitteilungen (über „Spez. Wärme der Gase" und „Verbrennung in flüssiger Luft") vorgelegt und außerdem mehrfach über Arbeiten im Laboratorium für technische Physik Bericht erstattet habe. Als die Reihe des Redners in einer Festsitzung der Akademie (1912) an mich kam, habe ich einen Vortrag über „Physik und Technik auf dem Wege zum absoluten Nullpunkte der Temperatur" gehalten.

13. Vereinstätigkeit.

Nachdem ich im Herbste 1891 in München Wohnung genommen hatte, suchte ich wieder Anschluß an die berufsgenossenschaftlichen Vereinigungen, denen ich in früherer Zeit angehört habe — an den Polytechnischen Verein und an den seinerzeit von mir mitbegründeten Bezirksverein deutscher Ingenieure. In dem letzteren schlug mich der abtretende Vorsitzende Schröter zu seinem Nachfolger vor, und war ich hierdurch veranlaßt, mehrere Jahre lang den Versammlungen regelmäßig beizuwohnen. An seinem 25jährigen Stiftungstage erfreute mich der Bezirksverein durch die Ernennung zum Ehrenmitgliede.

Der Verein deutscher Ingenieure

umfaßte damals in 35 Bezirksvereinen rund 10000 Mitglieder. Durch seine Hauptversammlung 1904 in Berlin wurde ich in den fünfgliedrigen Vorstand berufen. Bald trat ich insbesondere zu dem Vereinsdirektor Peters in freundschaftliche Beziehung, dessen unbestechlich feste und taktvolle Geschäftsführung durch die Feinheit und Güte seiner Persönlichkeit geadelt war. In jener Hauptversammlung ist als ein Mittel zur Auszeichnung hervorragender Ingenieure und zum Andenken an den um die Gründung und Entwicklung des Vereins hochverdienten Lehrer der theoretischen Maschinenlehre Franz Grashof die nach ihm benannte goldene Denkmünze gestiftet worden*).

*) Ich hatte im Jahre 1896 die Freude, dieselbe im Namen des Vereins Herrn Krauß überbringen zu dürfen. Durch Beschluß der Hauptversammlung im Jahre 1897 wurde mir die Ehre der Verleihung an mich selbst zuteil.

In meine damalige zweijährige Amtszeit fielen die beiden Hauptversammlungen in Aachen 1895 und Stuttgart 1896. An die erstere knüpft sich, abgesehen von dem Schröterschen Vortrage über mein Luftverflüssigungsverfahren, die Erinnerung an den „Aachener Frieden“ mit Prof. Klein (worauf ich später zurückkomme) und an Beschlüsse mit bestimmten Forderungen für die Einrichtung von „Ingenieurlaboratorien“ an den Technischen Hochschulen und bezüglich einer mindestens einjährigen „praktischen Werkstattstätigkeit als Vorbedingung für die Zulassung zu den akademischen Abschlußprüfungen der Ingenieure“. Über den letzteren Punkt wich ich von der allgemeinen Meinung insofern ab, als ich zwar die Forderung der Werkstattstätigkeit unterstützte, jedoch die Zwangsverbindung mit den akademischen Abschlußprüfungen ablehnte, ein Standpunkt, den bis heute die Technische Hochschule in München festgehalten hat. Es kam zu einer etwas erregten Aussprache zwischen mir und Professor Bach, den ich damals nur in der Kraft kennen lernte, mit welcher er seine Meinung verteidigte, während ich im weiteren Verlauf mannigfacher Zusammenarbeit den hohen Wert des Verkehrs mit diesem charaktervollen und klarblickenden Manne immer mehr erfahren durfte. Während der Stuttgarter Hauptversammlung wandte sich der Graf von Zeppelin an den Vorstand mit dem Ersuchen, ihn bei Herstellung einer wirtschaftlichen Grundlage für die Durchführung seiner Luftschiffpläne zu unterstützen. Der Vorstand berief auf meinen Vorschlag eine Kommission, bestehend aus den Herrn Müller-Breslau, Bach, Slaby, Schröter, Busley, Finsterwalder, unter meinem Vorsitze zur Beurteilung dieser Pläne in Hinsicht der statischen und der Bewegungsverhältnisse sowie der Antriebsmaschinen und Propeller. Es machte mir nicht geringe Mühe, auf schriftlichem Wege ohne Zeitverlust (während der Ferienzeit) ein Programm mit Arbeitsteilung zustande zu bringen und im Oktober eine Zusammenkunft zur Festlegung des Gutachtens herbeizuführen, durch welches der Vorstand veranlaßt wurde, mich mit der Abfassung eines Aufrufes an die deutschen Industriellen zu beauftragen, um (in Form einer Aktiengesellschaft) die erforderlichen Mittel aufzubringen*).

*) Ich vermochte, neben meiner eigenen Beteiligung, auch einige Beiträge meiner Geschäftsfreunde zu gewinnen. Immerhin blieben die Zeichnungen weit unter der erwarteten Summe. Obwohl Graf Zeppelin inzwischen in die Lage gekommen war, selbst einen großen Betrag zu zeichnen, so waren doch die gesamten Mittel der Gesellschaft aufgebraucht, als das erste Luftschiff die Flugversuche beginnen konnte, in deren Verlauf es durch ungünstige Windverhältnisse im Allgäu zerstört wurde. Als sich dann später Graf Zeppelin neuerdings an den Verein d. I. wendete, fand im Juni 1901 in Kiel eine Beratung mit der Kommission statt, bei welcher insbesondere über die

Meine Beziehungen zum Verein d. I. blieben seither dadurch lebendig, daß ich dem technisch-wissenschaftlichen Ausschusse angehöre, welcher den Vorstand zu beraten hat, wobei die Vorschläge über Verwendung der alljährlich zur Förderung technisch-wissenschaftlicher Forschungen aufgewendeten erheblichen Geldmittel einen wichtigen Gegenstand bilden. Ich habe es stets als ein Glück empfunden, bei den Verhandlungen dieses Ausschusses mit Männern wie Bach, Karl Sulzer und Rieppel zusammenzukommen, deren hohe Gesinnung nicht minder als ihr sachverständiges Urteil die jeweilige Aussprache für mich zu einer genußreichen macht.

Als Gegenstand für die Vorträge in der Hauptversammlung 1903 zu München hatte der Ausschuß die „Auswertung der Brennstoffe als Energieträger" dem Vorstande vorgeschlagen. Man bat mich um dessen Behandlung vom thermodynamischen Standpunkte, während Ostwald in chemischer Richtung darüber sprach. Die beiden Vorträge sind in der Vereinszeitschrift (1903) abgedruckt.

Durch diese Hauptversammlung wurde ich zum Vereinsvorsitzenden für die nächste Amtsperiode gewählt. Ernstliche Bedenken, ob ich den Anforderungen dieses Amtes gewachsen sei, ließen mich nur zögernd die Annahme aussprechen. Ich war übrigens stolz darauf, an die Spitze der großen (nunmehr rund 18000 Mitglieder zählenden) Vereinigung meiner deutschen Berufsgenossen berufen zu sein. Mit lebhafter Freude habe ich während meiner zweijährigen Amtszeit die Geschäfte geleitet. Alle Verhandlungen waren von dem Geiste ernster und strenger Sachlichkeit unter völliger Ausschaltung von persönlichen oder parteilichen Sonderwünschen getragen, und fand ich hier das

Berechnung der bei jenen Flugversuchen erreichten Geschwindigkeit Meinungsverschiedenheiten auftauchten. Da ich meinerseits auch Zweifel darüber aussprach, ob — angesichts der Unmöglichkeit, große starre Körper bei ungünstigem Wetter außerhalb der Luftschiffhallen zu bergen — nicht dem unstarren System der Vorzug zu geben sei, so machte diese Meinungsäußerung leider meinem Verkehre mit der verehrungswürdigen Person des Grafen Zeppelin zunächst ein Ende. Nach dem Echterdinger Unfalle hatte ich Gelegenheit, durch Unterzeichnung des Aufrufes an das deutsche Volk meiner unveränderten Teilnahme an den bewundernswerten Leistungen des Grafen Zeppelin Ausdruck zu geben. Aus seiner Umgebung sind später wegen der Kieler Beratung scharfe Äußerungen gegen die Kommission und besonders gegen mich gefallen. Bin ich auch weit davon entfernt, mir wegen meiner Mitwirkung bei der Bildung der ersten Gesellschaft irgendein Verdienst an der Verwirklichung der Zeppelinschen Pläne beizumessen, durch deren glanzvolle Durchführung er zum deutschen Volksheros geworden ist, so glaube ich doch, daß jene positive Mitarbeit mich vor solchen Vorwürfen wegen pflichtmäßiger Aussprache meiner Überzeugung hätte schützen sollen.

Reden und das Handeln in ein richtigeres Verhältnis zueinander gesetzt als in vielen anderen hochstehenden Vereinigungen.

Ich hatte mich vor den unter meinen Vorsitz fallenden Hauptversammlungen gefürchtet — sowohl wegen mangelnder Begabung zu Stegreifreden als wegen meiner gesundheitlichen Verhältnisse. Es ist indessen in Frankfurt a. M. (1904) und in Magdeburg (1905) ohne unangenehme Wirkung solcher Schwächen abgegangen, so daß ich eine ungetrübt angenehme Erinnerung an diese Tagungen wie an die ganze Amtszeit behalten habe.

Bayerischer Revisionsverein.

Im März 1892 hat der Vorstand des „Bayer. Dampfkessel-Revisionsvereins", an dessen Wiege ich gestanden hatte und dem ich als Ehrenmitglied noch angehörte, mich zu seinem Vorsitzenden gewählt, ein Amt, das ich noch jetzt verwalte. Während ursprünglich nur die Sicherheit und Wirtschaftlichkeit des Dampfkesselbetriebes Gegenstand seiner Tätigkeit war, traten damals auch andere, auf die Sicherheit technischer Einrichtungen bezügliche Aufgaben an ihn heran. Insbesondere die Aufnahme der elektrotechnischen (Starkstrom-)Anlagen unter seine Aufsicht hatte eine erhebliche, auch in der Änderung seines Namens zum Ausdruck kommende Erweiterung seines Tätigkeitsbereiches zur Folge, woran die Überwachung der Azetylenanlagen, der Personenaufzüge u. a. sich anschloß. Der Verein war unter der Direktion des Herrn Gyßling zu stattlichem Umfange auf technisch und wirtschaftlich gesunder Grundlage herangewachsen, als schon im Juli 1893 ihm dieser vortreffliche Leiter durch den Tod entrissen wurde. Die Bestellung der Nachfolge war dadurch erschwert, daß von den beiden bisherigen Mitarbeitern keiner dem anderen unterstellt werden konnte, aber keiner von beiden dem Verein verloren gehen sollte. Für die Hauptaufgabe des Sicherheitsdienstes war Reischle unentbehrlich, während Eberle durch fruchtbare Vorschläge und Nachweisungen in wirtschaftlicher Hinsicht eine Tätigkeit von allgemeiner Bedeutung entfaltet hatte. So kam es zu einer zweigliedrigen Direktion, bis Eberle einem Rufe nach außen folgte und Reischle die Führung allein übernahm. Wie Gyßling es schon verstanden hatte, an der Spitze des umfangreichsten deutschen Revisions-Vereines eine führende Rolle in dem Verbande von Schwestervereinigungen des In- und Auslandes zu erwerben, so hat Reischle dieses Ansehen zu behaupten und zu mehren verstanden, wozu auch die Herausgabe der überall geschätzten „Zeitschrift des Bayerischen Revisionsvereines" beiträgt. Zweimal haben die Tagungen des „Internationalen Verbandes der Dampfkessel-Überweisungs-Vereine“ in Bayern stattgefunden (1892 in Nürnberg und 1912 in München) und machten meine Mitwirkung notwendig. Das Bewußtsein der wichtigen und erfolgreichen Arbeit, welche der Bayer. Rev.-Verein zum Wohle seiner Mitglieder und im Interesse der öffentlichen Sicherheit ausübt, läßt mich mit Befriedigung auf meine Anteilnahme zurückblicken.

Göttinger Vereinigung

für angewandte Physik und Mathematik.

Felix Klein, der (23 Jahre alt) im Jahre 1872 als ordentlicher Professor in Erlangen seine ungewöhnliche Laufbahn als Lehrer der Mathematik begonnen und 1875 an der Technischen Hochschule in München fortgesetzt hatte, folgte im Jahre 1880 einem Rufe an die Universität Leipzig und hat sich endlich 1886 in Göttingen dauernd niedergelassen. Ich habe (S. 34) davon gesprochen, welch nachhaltigen Eindruck auf mich der Verkehr mit dem Manne machen mußte, der später mit zündender Kraft weite Kreise zu erfassen vermocht hat.

Im September 1894 schrieb mir Klein: „In der Tat habe ich einen großen Plan mir Dir durchzusprechen. Es handelt sich darum, an hiesiger Universität ein Laboratorium für angewandte Physik einzurichten, in welchem in ähnlicher Weise Versuchsreihen auszuführen wären wie in verschiedenen Laboratorien des Münchner Polytechnikums, für welches anderseits aber unsere Vorlesungen über Mathematik und mathematische Physik eine Anlehnung bilden müßten. Ich suche dafür nicht nur die direkte Bezugnahme mit der Industrie, sondern geradezu deren materielle Unterstützung. Schon diese wenigen Zeilen werden genügen, um Dir zu sagen, daß es sich dabei um ein Projekt handelt, dessen Wurzeln in die Zeit zurückgehen, die ich mit Dir in München zubrachte, und das anderseits bestimmt ist, gewisse Einseitigkeiten, die der heutigen Einrichtung der Universitäten anhaften, im Interesse aller Beteiligten zu überwinden.“

Klein hatte während seiner Wirksamkeit in München den Eindruck empfangen, daß die technischen Wissenschaften eine Entwicklung genommen haben, an der die Universitätskreise großenteils achtlos vorübergingen. Von den Ergebnissen z. B., welche bei der Untersuchung der Festigkeit und Elastizität der Baustoffe gefunden waren, hatten die Physiker noch keine Notiz genommen. „Es tritt uns“, sagt Klein, „eine geradezu unübersehbare Fülle von Material entgegen, das mit dem herkömmlichen Bestand der Physik noch nicht in Verbindung gesetzt ist." Er stellte sich die Aufgabe, zur Überbrückung der Kluft beizutragen, welche er in diesem Zustande erblickte. Unter seinen Kollegen in Göttingen fand er neben vielstufiger Ablehnung warmen Anklang, insbesondere die wichtige Unterstützung des Physikers Riecke, der sich später auch Voigt anschloß*). Daß Klein eine Beeinträchtigung der rein wissenschaftlichen Ziele der Universität weit abgewiesen hätte, vielmehr nur daneben den Anschluß an die Arbeit suchte, welche außerhalb der Universitäten geleistet wurde, brauche ich nicht besonders auszusprechen. „Nicht die Vermengung der beiden Sphären ist es, was wir anstreben, sondern ihre Bezugnahme." Mit Freuden sagte ich jede mir mögliche Mitwirkung zur Verwirklichung dieser Absichten zu. Als Klein dieselben in einer Denkschrift weiteren Kreisen vorgelegt hatte, fand er nicht nur den schon angedeuteten Widerspruch in Universitätskreisen, sondern auch einflußreiche Mitglieder der Technischen Hochschulen erklärten sich mit Heftigkeit dagegen, weil sie darin einen herabsetzenden Wettbewerb erblickten. Klein hatte bei Darlegung seiner Ziele nebenbei davon gesprochen, daß auch Ingenieure zur Vertiefung in physikalischer Richtung von der geplanten Organisation Nutzen ziehen könnten, und es war ihm in diesem Zusammenhange das Wort von „Generalstabsoffizieren der Technik" entschlüpft. Ich empfahl ihm, mit dem Verein deutscher Ingenieure Fühlung zu nehmen (dessen Vorstand ich damals angehörte), und so kam es zur Aussprache in Aachen (1895), durch welche festgelegt wurde, daß die Ausbildung der Ingenieure den Technischen Hochschulen zu überlassen sei, und daß es bei den für Göttingen in Aussicht genommenen Lehrzwecken sich darum handle, den künftigen Lehrern der Mathematik und Physik an höheren Schulen Einblick in die Anwendung dieser Disziplinen auf technischem Gebiete zu geben und den Chemikern, Juristen und Landwirten eine Grundlage für das Verständnis der Aufgaben zu bieten, welche für diese Berufe aus der heutigen Bedeutung der Industrie erwachsen.

*) In einer Ansprache als Rektor der Universität sagte später Voigt: „Das Einfügen von technischen Wissenschaften in unseren Lehr- und Forschungsbetrieb ist ja manchen Bedenken begegnet, und ich verhehle nicht, daß ich selbst geraume Zeit hindurch bei aller Dankbarkeit für die uns gebotene Bereicherung die Befürchtung nicht unterdrücken konnte, es möchten ‚die Trompetenklänge technischer Erfolge die leise Musik der Naturgesetze übertönen, der wir hier lauschen'. Und die Erforschung der allgemeinen Gesetzmäßigkeiten muß doch für alle Zeiten das Haupt- und Grundproblem der wissenschaftlichen Arbeit an den Universitäten bleiben."

Die Verwirklichung dieser Lehrzwecke und die Einrichtung von Laboratorien, welche auch Forschungszwecken zu dienen hätten, blieb abhängig von der Beschaffung genügender Geldmittel. Obwohl Klein im Preußischen Kultusministerium grundsätzliche Zustimmung, ja von seiten des Ministerialdirektors Althoff*) ein weitgehendes Entgegenkommen gefunden hatte, so konnten für solch neue Unternehmungen um so weniger staatliche Mittel bereitgestellt werden, als über Notwendigkeit, ja Zweckmäßigkeit derselben Meinungsverschiedenheiten bestanden. Nun hatte Klein zur Gewinnung der materiellen Unterlagen sich an verschiedene Vertreter der Großindustrie gewendet, u. a. an Herrn Böttinger in Elberfeld. Bei zufälliger Reisebegegnung erzählte ich demselben, was ich von Klein wußte und mit ihm erlebt hatte. Wir trafen dann bald in Göttingen zusammen und übernahmen es, eine erste Summe aufzubringen, um zunächst dem Physikalischen Institute einige Bestandteile zu einer künftigen Abteilung für technische Physik anzugliedern. Böttinger hat dann, mit eigenen Mitteln vorangehend, viele Häupter der deutschen Industrie zu gewinnen vermocht, welche sich im Jahre 1898 zur „Göttinger Vereinigung für angewandte Physik" zusammenschlossen. Diese besteht nunmehr (ohne ein festes Band von Satzungen) aus etwa vierzig industriellen bzw. zahlenden Mitgliedern und aus mehr wie zwanzig Universitätslehrern. Neben den erheblichen einmaligen Zahlungen beim Eintritt bringen die ersteren namhafte Jahresbeiträge auf. Auf Grund dieser Leistungen konnte nun auch die Staatsregierung dazu bestimmt werden, Mittel für die neuen Institute und Lehreinrichtungen zur Verfügung zu stellen, und verstehen es die inzwischen in das Herrenhaus berufenen Vorsitzenden Böttinger und Klein, auf dem Wege des Kompromisses in dieser Richtung wirksam einzutreten.

Damit war der äußere Rahmen gegeben, innerhalb dessen sich jetzt die Durchführung der von Klein aufgestellten Aufgaben vollzieht. Ende 1896 konnte ein außerordentlicher Professor für („landwirtschaftliche") Maschinenlehre in Person des Münchner Privatdozenten Mollier zur Einrichtung des Instituts und Unterrichtes für

*) In mehrfachen Besprechungen mit Althoff mußte ich die Kleinschen Absichten und die Art ihrer Verwirklichung erörtern. Bei einem Besuche in München hatte Althoff versucht, mich zur Übersiedlung nach Berlin zu bestimmen, und v. Bezold (damals Direktor des meteorologischen Zentralinstituts) sekundierte später unter Hinweis darauf, daß der Kaiser die Aufnahme von Vertretern der technischen Wissenschaften in die Preußische Akademie der Wissenschaften verlangt habe. Ich stand indessen in München auf einem festen und fruchtbaren Boden, den zu verlassen ich mich nicht entschließen konnte.

technische Physik berufen werden. Da derselbe schon im nächsten Jahre als Zeuners Nachfolger nach Dresden ging, so folgte ihm Eug. Meyer und, nachdem auch dieser sehr bald an die Technische Hochschule in Charlottenburg berufen wurde, Lorenz. Während unter diesen drei Dozenten hauptsächlich in thermodynamischer Richtung gearbeitet wurde, so sind (nach Berufung von Lorenz an die Technische Hochschule in Danzig) durch den Eintritt Prandtls (1904) andere Gebiete der technischen Mechanik in den Vordergrund getreten, und neuerdings ist demselben auch die Errichtung und Leitung eines neuen Institutes für Hydro- und Aerodynamik übertragen worden, für welches erhebliche Mittel von seiten der Staatsregierung, der Kaiser-Wilhelm-Gesellschaft und der Göttinger Vereinigung aufgebracht werden. Bezüglich der weiteren inneren Erfolge (an denen ich persönlich weniger Anteil nehmen konnte) beschränke ich mich auf die Andeutung, daß ein elektrotechnisches Institut, theoretischer und praktischer Unterricht in darstellender Geometrie und Vermessungswesen, Übungen im astronomischen und geophysikalischen Institute, in Photogrammetrie und Navigationslehre u. a. eingerichtet sind und in blühendem Betriebe stehen.

Die Göttinger Vereinigung pflegte sich bis zum Ausbruche des Krieges alljährlich zweimal zu versammeln, das eine Mal je in Göttingen, das andere Mal je auf Einladung von Mitgliedern an deren Wohnsitz, wobei neben Beratung der Vereinsangelegenheiten die Betriebe der Einladenden unter fachkundiger Führung und Erläuterung besichtigt werden. So waren wir Gäste des Nordd. Lloyd in Bremen, von Krupp in Essen, der Farbenfabrik Bayer & Co. in Leverkusen usw. Alle diese Zusammenkünfte bieten, abgesehen von der Freude an dem gelungenen Werke, durch den persönlichen Verkehr mit den Teilnehmern und durch die Einblicke in große industrielle Betriebe reichen Ersatz für die aufgewendete Zeit*).

Die Jubiläumsstiftung der deutschen Industrie

ist im Jahre 1899 „aus Veranlassung der hundertjährigen Jubelfeier der Technischen Hochschule in Berlin“ mit einem Stiftungskapitale von 1¾ Millionen Mark errichtet worden, dessen Zinsen „zur Förderung der technischen Wissenschaften“ zu verwenden sind. An den alljährlichen

*) Nicht ohne Beschämung habe ich (1908) bei Gelegenheit des zehnjährigen Stiftungstages die „Große goldene Medaille für Wissenschaft“ von der Preußischen Regierung entgegengenommen, wie schon 1896 die philosophische Fakultät der Universität Göttingen Böttinger und mich durch Ernennung zu Ehrendoktoren ausgezeichnet hat.

Verhandlungen des Kuratoriums habe ich bis in die letzten Jahre teilgenommen. Auch war mir das Amt eines Obmannes der „Kommission für Maschineningenieurwesen einschließlich Elektrotechnik“ übertragen, welche die einlaufenden Anträge auf Bewilligung von Geldmitteln zu Forschungsarbeiten zu prüfen und dem Kuratorium Vorschläge zu solchen Bewilligungen zu machen hat. Da die Mehrzahl aller Anträge in diese Gruppe gehörte, so erwuchs aus dieser Prüfung und der Verständigung mit den übrigen Kommissionsmitgliedern bis zu schriftlicher Berichterstattung an das Kuratorium eine nicht geringe Arbeit, so daß ich nach drei Jahren um Enthebung von derselben bitten mußte, um so mehr, als sich daraus eine neue Aufgabe entwickelt hatte. Von dem Vorstande des Kuratoriums war an die Kommissionen die Aufforderung gerichtet worden, sich nicht auf die Begutachtung der einlaufenden Anträge zu beschränken, sondern für größere Forschungsunternehmungen selbst geeignete Vorschläge zu machen. Dieser Aufforderung entsprach ich (1904) durch den Antrag, für das „Studium des dynamischen Fluges“ Mittel bereitzustellen. Zum Verständnis dieses Antrages ist es notwendig, sich in den Zustand zu versetzen, in welchem damals die Frage des dynamischen Fluges — noch vor dem Wrightschen Erfolge mit dem Aeroplan — sich befand und wie derselbe dadurch gekennzeichnet ist, daß ein hervorragendes Mitglied sich gegen jede Bewilligung erklärte, weil es „den Flug mit einem Flugzeuge schwerer als Luft überhaupt für unmöglich“ halte. Das Kuratorium beschloß die Einsetzung eines Sonderausschusses unter meinem Vorsitze, welcher zunächst sich gutachtlich darüber aussprechen solle, ob es angezeigt sei, so erhebliche Mittel an die vorliegende Aufgabe zu binden, wie sie dafür in Aussicht zu nehmen seien. Der Ausschuß wurde wesentlich aus denselben Mitgliedern gebildet, welche vom Verein deutscher Ingenieure zur Prüfung der Zeppelinschen Pläne eingesetzt worden waren (s. S. 131). Derselbe sprach aus: 1. „Diese Aufgabe entspricht den Zwecken der Jubiläumsstiftung. 2. Nach Meinung hervorragender Physiker und Ingenieure ist das dynamische Fliegen nicht allein naturgesetzlich möglich, sondern auch mit den Mitteln der heutigen Technik durchführbar, weshalb die heutige Zeit zur Lösung dieser Aufgabe berufen erscheint.“

Es sind dann während einer Reihe von Jahren je 25000 Mark vom Kuratorium dem Sonderausschusse zur Verfügung gestellt worden. Mit diesen Mitteln wurde auf dem Areal des Aeronautischen Institutes in Lindenberg ein Versuchshaus errichtet, in welchem unter Leitung des Dr.-Ing. Bendemann die Wirksamkeit von Hubschrauben

Kaiser Wilhelm II. legte am 13. 11. 1906 den Grundstein zum Deutschen Museum (Gemälde von Georg Waltenberger 1916). Im Hintergrunde über dem Kaiser und Prinz Ludwig (dem späteren König Ludwig III.) ist C. Linde zwischen O. v. Miller u. W. v. Dyck zu erkennen. (Zu S. 139 ff.)

Auf dem Baugelände des Deutschen Museums (um 1910?). O. v. Miller mit den Architekten Gabriel u. Emanuel Seidl und anderen Herren des Bauausschusses. Links vorne C. Linde. (Zu S. 140f.)

1897 ließ sich C. Linde ein Wohnhaus in München – Prinz Ludwigshöhe bauen. Es diente 1935 als Erholungsheim für Mitarbeiter der Ges. Linde, seit 1957 als Gästehaus.
In parkartiger Umgebung gelegen bietet das Haus einen weiten Blick aufs Isartal bis zur Großhesseloher Brücke. (Zu S. 146)

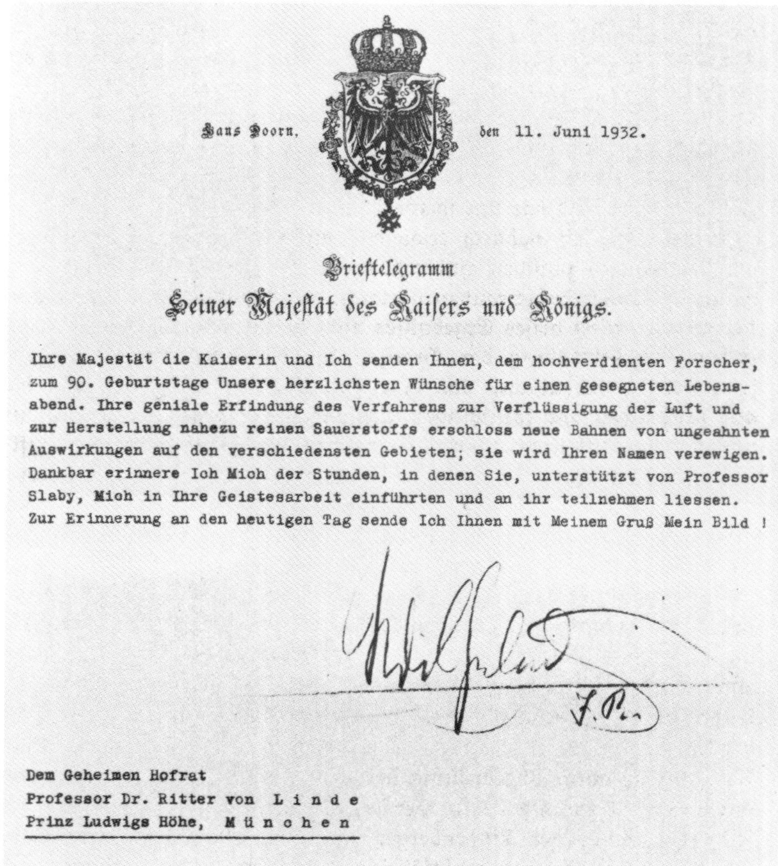

Haus Doorn, den 11. Juni 1932.

Brieftelegramm
Seiner Majestät des Kaisers und Königs.

Ihre Majestät die Kaiserin und Ich senden Ihnen, dem hochverdienten Forscher, zum 90. Geburtstage Unsere herzlichsten Wünsche für einen gesegneten Lebensabend. Ihre geniale Erfindung des Verfahrens zur Verflüssigung der Luft und zur Herstellung nahezu reinen Sauerstoffs erschloss neue Bahnen von ungeahnten Auswirkungen auf den verschiedensten Gebieten; sie wird Ihren Namen verewigen. Dankbar erinnere Ich Mich der Stunden, in denen Sie, unterstützt von Professor Slaby, Mich in Ihre Geistesarbeit einführten und an ihr teilnehmen liessen. Zur Erinnerung an den heutigen Tag sende Ich Ihnen mit Meinem Gruß Mein Bild !

Dem Geheimen Hofrat
Professor Dr. Ritter von L i n d e
Prinz Ludwigs Höhe, M ü n c h e n

Aus seinem holländischen Exil sandte Wilhelm II. dieses Glückwunschtelegramm zum 90. Geburtstag C. Lindes. Die darin erwähnte Erinnerung dürfte sich auf die durch Prof. Slaby vermittelte Vorführung der Luftverflüssigung in der Techn. Hochschule Charlottenburg beziehen. (Zu S. 89) aller Art untersucht worden ist. Ich hatte mich der Meinung angeschlossen, daß die Hubschraube vorläufig als das aussichtsreichste Mittel zur Lösung des Flugproblemes zu betrachten sei. Inzwischen haben die Brüder Wright durch ihre bahnbrechenden Leistungen als Erbauer und Lenker ihrer Aeroplane den Weg gewiesen, auf dem die heutigen Flugzeuge innerhalb eines Jahrzehntes zu ungeahnter Bedeutung sich erhoben haben. Mit kühnem und sieghaftem Griffe schwangen sie sich über die tastenden Versuche der Zeitgenossen hinweg. Die von mir angeregten Arbeiten haben dadurch ihr vornehmstes Ziel verloren, und das um so mehr, weil das Ergebnis insoferne ein negatives war, als dadurch erwiesen wurde, daß das derzeit erreichbare Verhältnis zwischen Hubkraft und Gewicht die Ausführung von Flugzeugen mit Hubschrauben vorläufig nicht zuläßt. Immerhin darf der relative Wert dieses Ergebnisses nicht gering angeschlagen werden. Schon die Feststellung der Grenzen für die Wirksamkeit der Hubschrauben ist bedeutsam. Als eine Frucht positiver Art aber ist die aus zahlreichen und sorgfältigen Messungen hervorgegangene Bestimmung des Einflusses gewonnen, welchen die Bauformen der Luftschrauben auf ihren Wirkungsgrad haben. Angesichts der Tatsache, daß die Flugtechnik eine der großen Aufgaben unserer Zeit darstellt, muß jeder einzelnen Förderung in der Erkenntnis ihrer Grundlagen ein besonderer Wert beigelegt werden.

Als im Jahre 1912 die „Deutsche Versuchsanstalt für Luftfahrt" mit großen Mitteln unter Mitwirkung des Reiches begründet wurde, wies ich im Kuratorium der Jubiläumsstiftung darauf hin, „daß damit eine Zentralstelle geschaffen sei, die auch die Aufgaben umfasse, welche seither dem Sonderausschusse für Flugtechnik übertragen waren", und beantragte die Angliederung der Lindenberger Anstalt an dieselbe. Dies geschah durch Überweisung der gesamten Versuchsapparate und durch Beitritt zur Deutschen Versuchsanstalt mit einem Anteile. Der seitherige Leiter der Lindenberger Arbeiten, Dr.-Ing. Bendemann, wurde auf Grund seiner mehrjährigen erfolgreichen Beschäftigung mit den Fragen der Flugtechnik zum Direktor der neuen Anstalt berufen, so daß auch hier jene Arbeit weitere Früchte bringt.

Deutsches Museum
von Meisterwerken der Naturwissenschaft und Technik.

Anfang des Jahres 1903 legte Oskar von Miller einer Anzahl von Regierungsvertretern und Berufsgenossen den Plan vor, ein Museum zu begründen, „in welchem die historische Entwicklung der naturwissenschaftlichen Forschung, der Technik und der Industrie in ihrer Wechselwirkung dargestellt und das Andenken an die hervorragendsten Förderer der technischen Wissenschaften der Nachwelt dauernd erhalten werden sollte". Die hier eröffnete Gedankenquelle hat sofort den Enthusiasmus ausgelöst, der dann in kräftigem Wellenschlage sich über ganz Deutschland ausgebreitet hat. Da im Juni jenes Jahres die Hauptversammlung des Vereines deutscher Ingenieure in München stattfinden sollte, so wünschte Miller die Begründung des Museums damit zusammenfallen zu lassen. Um die erforderlichen realen Grundlagen zu gewinnen, erbat er von der Staatsregierung die provisorische Überlassung des Gebäudes, aus welchem soeben das Nationalmuseum in sein neues Heim übergesiedelt war. Sie wurde zugesagt unter der Bedingung, daß eine Summe von mindestens 300000 Mark vorher aufgebracht sein müsse, eine Bedingung, welche in der kurzen Zeit bis zur Hauptversammlung dem aus Miller, Dyck, dem damaligen Rektor der Technischen Hochschule und mir bestehenden Komitee und späteren „Vorstand" kaum erfüllbar erschien. Ich ging zu Herrn Krauß und schlug ihm vor, mit einer Stiftung von 100000 Mark den Grundstein zu legen. Beglückt durch die sofortige Annahme dieses Vorschlags konnte ich den beiden Kollegen die Mitteilung machen, daß die Hälfte der geforderten Summe erreicht sei, da ich die Kraußsche Stiftung durch eine solche unserer Gesellschaft und durch meine eigene soweit ergänzen konnte. Es hat dann wenig Mühe gemacht, in München die ganze Summe aufzubringen.

Bei der feierlichen, unter dem Vorsitze des Prinzen Ludwig stattfindenden Gründungsversammlung zeigte schon deren Zusammensetzung und Vorbereitung das geniale Organisationstalent Millers. Vertreter der Staatsregierung, der Stadt München und der größten wissenschaftlichen und technischen Vereinigungen Deutschlands sprachen sich mit solchen Zusagen aus, daß dadurch sofort die großzügige Durchführung des Planes gewährleistet erschien. Es ist bekannt, wie es in beispielloser Weise Miller seither geglückt ist, Hunderte von Mitarbeitern und Millionenwerte in Stiftungen aller Art zu gewinnen. Am 13. Nov. 1906 konnte unter Teilnahme des Kaisers, der Kaiserin und des bayerischen Fürstenhauses die festliche Grundsteinlegung für den imposanten nach Gabr. Seidls Plänen zu errichtenden Neubau stattfinden.

Alljährlich versammeln sich im Herbste der aus nahezu hundert Mitgliedern bestehende Vorstandsrat und der rund fünfhundert Angehörige zählende Ausschuß zu Tagungen in München, denen stets überraschende Mitteilungen und Darbietungen einen lebensvollen und feierlichen Charakter geben. Auch nach seiner Thronbesteigung hat der „Protektor" des Museums den Vorsitz in den Versammlungen des Ausschusses beibehalten, und empfängt er denselben gastlich in der Residenz zu einem Festvortrage. Die Stadt München bietet in dem schönen alten Rathaussaale je einen Begrüßungsabend, der durch künstlerische, auf die Museumszwecke bezugnehmende Veranstaltungen eine besondere Anziehungskraft ausübt, und in der Regel schließt sich ein mit Extrazügen unternommener Studienausflug an. Einmal (1908) hat die Tagung „auf Einladung des Kaisers" in Berlin stattgefunden, wobei ich in dem Kongreßsaale des Reichskanzlerpalastes einen Vortrag über „Die Schätze der Atmosphäre" halten mußte*).

Obwohl nach den Satzungen der dreigliedrige Vorstand des Museums das ausführende und verantwortliche Organ ist und obwohl demgemäß auch ich zu einer umfangreichen und dauernden Arbeit verpflichtet erscheine, so geschieht in Wirklichkeit von meiner Seite fast nichts, denn „wie einst einer der drei Konsuln in Paris Napoleon Bonaparte hieß", so hält der Vater des Museums, O. von Miller, die Zügel allein in der Hand. Abgesehen davon, daß ich gleiche Kräfte und Aufwendungen an Zeit nicht einzusetzen vermöchte, so ist es geradezu unmöglich, daß in den schöpferischen Gedankengang einer so starken Persönlichkeit andere Gedanken eingreifen können. Abgesehen von den Beratungen, welche über Verwaltungsfragen stattfinden, und von der Unterzeichnung zahlreicher Schriftstücke, besteht meine Dienstleistung wesentlich darin, daß ich für die Ausgestaltung des Museums ohne wirklichen Anteil daran formell die Verantwortung mittrage als ein Glied in der Kette von Personen, deren starke und schwache Seiten der Meister zu der Wirkung anzuspannen weiß, wie sie einer der Ehrenpräsidenten, der Staatssekretär Delbrück, im Reichstage dadurch gekennzeichnet hat, daß er das Deutsche Museum „die großartigste Leistung" nannte, „die das deutsche Volk in der letzten Zeit geschaffen habe"**). Als ich die Altersgrenze von 70 Jahren überschritten hatte, glaubte ich diesen Dienst einem jüngeren Manne überlassen zu dürfen, bin aber bei meinen Kollegen einem unüberwindlichen Widerstande begegnet. Der Krieg hat die für 1916 ins Auge gefaßte Eröffnung des neuen Museums in unbestimmte Ferne gerückt und wird wohl erst der Tod mir das Vorstandsamt abnehmen.

---

*) Bei Tisch erzählte der Kaiser von seinem Besuche in unserer Stickstoffanlage in Odda (Norwegen).

**) München. Neueste Nachrichten v. 22. Jan. 1913.

Deutscher Kälteverein.

Aus Paris kam im Jahre 1908 die Ankündigung eines „Internationalen Kältekongresses", und zahlreiche deutsche Vertreter der Kältetechnik wurden von dort zur Teilnahme eingeladen. Diese Kundgebung ging von einem Komitee aus, welchem der frühere Handelsminister Lebon als Vorsitzender und ein „Generalsekretär" de Loverdo als Spiritus rector angehörten. Auch ich wurde begrüßt und mit Worten überströmender Anerkennung um eine aktive Teilnahme und um Übernahme des einleitenden Vortrages gebeten. Der Verein deutscher Ingenieure rief die bis dahin in keiner Weise organisierten deutschen Vertreter der Kältetechnik zu einer Zusammenkunft nach Berlin, in welcher ein Ausschuß zur Vorbereitung der deutschen Teilnahme an dem Kongresse gewählt und mir der Vorsitz übertragen wurde. Die Reichsleitung sowie die bayerische Regierung bestellten mich dann auch zu amtlicher Vertretung. Im Oktober 1908 fanden die Kongreßverhandlungen in Paris statt. Die ganze Unternehmung war mit besonderem Geschick und großem Aufwande eingeleitet und durchgeführt, und die Mitwirkung einer sehr großen Zahl von Delegierten und Teilnehmern aus allen Erdteilen gab ihr ein imposantes Gepräge. In der festlichen Eröffnungsversammlung unter dem Vorsitze des Landwirtschaftsministers in der Sorbonne traten die Vertreter von 41 Staaten mit Begrüßungsansprachen auf, und ich hielt dann meinen Vortrag über die Kühlung bewohnter Räume (s. S. 60). In der folgenden Woche fanden die gut organisierten Gruppensitzungen und eine Reihe von Festlichkeiten statt, worauf in feierlicher Schlußversammlung die Bildung einer „Association Internationale du Froid" mit dem Sitze in Paris und die Abhaltung eines zweiten internationalen Kongresses für 1910 in Wien beschlossen wurde. D'Arsonval beschloß diese Versammlung mit einem Überblick über die Entwicklung des Kältewesens, wobei die Weihrauchwolken auch reichlich über mich sich erstreckten.

Da weitere internationale Kongresse in Aussicht standen und eine dauernde Organisation in Deutschland nötig machten, so schritten wir zur Bildung des „Deutschen Kältevereins", in welchem ich den Vorsitz übernehmen mußte. Die Tatsache, daß dieser Verein nicht aus innerem Antriebe, sondern durch äußeren Anlaß entstanden ist, drückt sich darin aus, daß weder eine Beteiligung erzielt worden ist, welche zu der großen Zahl der mit Herstellung und Verwendung der Kälte beschäftigten Personen in richtigem Verhältnisse steht, noch auch von einzelnen Mitgliedern eine ausgiebige und nachhaltige Arbeit geleistet wird. Im wesentlichen besteht seine Tätigkeit darin, daß alljährlich während einer zweitägigen Hauptversammlung Vorträge und Beratungen an einem Orte abgehalten werden, wo Vereinsmitglieder die nötigen Veranstaltungen übernehmen.

Anfang 1909 erhielten wir aus Paris den Entwurf für die Satzung der Internationalen Assoziation und die Einladung zu einer konstituierenden Versammlung. Während ursprünglich der Zweck der Assoziation darin bestehen sollte, die internationalen Kongresse vorzubereiten, so wies der Entwurf ein Programm auf, welches eine Konzentration der gesamten wissenschaftlichen, technischen und industriellen Arbeit auf dem Gebiete der Kältetechnik bedeutete. Da wurde uns vollends klar, daß von Anfang an der leitende Gedanke in Paris gewesen war, Frankreich aus seiner unbedeutenden Rolle im Kältewesen zu einer führenden Stellung zu erheben*), und wir beschlossen, einer so weitgehenden Aneignung des gemeinsamen Besitzes uns zu widersetzen. Bei den österreichischen Delegierten fanden wir die gleiche Auffassung, und auch aus England kam uns eine Anfrage bezüglich unserer Stellungnahme zu mit der Mitteilung, man wolle in Paris beantragen, die Konstituierung der Assoziation bis zum Wiener Kongresse zu vertagen, um zwischen den beteiligten Ländern eine Verständigung möglich zu machen. So kam ich im Februar nach Paris in der Meinung, daß die drei europäischen Länder, welche im Kältewesen weitaus an erster Stelle stehen, sich gegen die Annahme des Pariser Statutenentwurfes aussprechen werden. Die Versammlung begann noch mit einer Captatio für mich, indem eine in drei Exemplaren zur Erinnerung an den Kongreß hergestellte Plakette an den Präsidenten und die beiden Hauptredner feierlich überreicht wurde. Alle mir vor, bei und nach dem Kongresse gezollten Auszeichnungen haben jedoch ein jähes Ende genommen, als ich erklärt hatte, daß der Deutsche Kälteverein wohl der Bildung einer Internationalen Assoziation in Paris zustimme, jedoch deren Zweckbestimmung nur innerhalb der vom Kongresse angenommenen Grenzen anerkenne und deshalb den vorgelegten Statutenentwurf ablehnen müsse. Der österreichische Delegierte schloß sich dieser Erklärung an, dagegen mußten wir die Enttäuschung erleben, daß der englische Delegierte uns im Stiche ließ. Von allen

*) Wir haben inzwischen bestimmte Beweise dafür erhalten, daß der Generalsekretär der Assoziation, de Loverdo, das Ansehen derselben als einer Weltzentralstelle für Beratung in kältetechnischen Fragen nicht nur zum Nutzen der französischen Industrie sondern auch zu seinem persönlichen Vorteile mißbraucht hat.

Seiten wurde das Statut angenommen und auf Grund desselben die Konstituierung vollzogen. Dann erhob sich gegen uns ein Sturm der Entrüstung, insbesondere von seiten des russischen und des italienischen Delegierten, welche verlangten, daß der nächste Kongreß nicht in Wien abgehalten werden dürfe, wenn Österreich sich nicht der Assoziation anschließe. Nach einigen Monaten ist dieser Anschluß erfolgt, da man in Wien nicht auf den Kongreß verzichten wollte. So blieb Deutschland allein ausgeschlossen, bis uns von seiten der Reichsleitung nahegelegt wurde, daß es aus politischen Gründen erwünscht erscheine, diese Ausnahmestellung nicht beizubehalten. So sahen wir uns zu der Erklärung veranlaßt, daß wir zwar nach wie vor dem Statut nicht zustimmen könnten, daß wir jedoch von einer unsere Berufsgenossen aller Völker umfassenden Vereinigung uns nicht dauernd ausschließen wollen.

Der Kongreß in Wien hat im Oktober 1910 einen ebenso glänzenden Verlauf genommen wie der Pariser. Eine Aufforderung des Organisationskomitees an mich, wieder den Hauptvortrag in der Eröffnungsversammlung zu übernehmen, hatte ich abgelehnt. Als sie später dringend mit der Angabe wiederholt wurde, daß man sich in Verlegenheit befinde, ließ ich mich zu dem Vortrage über „Rückblicke und Vorblicke auf dem Gebiete der Kältetechnik" bestimmen. Bei Beginn dieser Eröffnungsversammlung übergab der Regierungsvertreter den Vorsitz an Herrn Lebon. Mehrere deutsche Teilnehmer sprachen ihre Entrüstung darüber, daß in deutschen Landen der Kongreß in französischer Sprache geleitet würde, so laut aus, daß die österreichische Vertretung an mich die Bitte richtete, in der öffentlichen Schlußversammlung den Vorsitz zu übernehmen. Die französischen Teilnehmer und Parteigänger gaben ihrem Mißmute hierüber deutlichen Ausdruck, insbesondere in dem von der Assoziation herausgegebenen Berichte, der meinen Vortrag in kurzem und verstümmeltem Auszug wiedergab.

Dem dritten Kältekongresse in Chicago (1913) habe ich nicht beigewohnt. Der vierte sollte in St. Petersburg 1916 stattfinden. Inzwischen hat der Krieg dem Sturm im Glase Wasser ein Ende gemacht.

In die Körperschaften, auf welche die vorstehenden Berichte sich beziehen, war ich durch meinen Beruf geführt worden. Ebenso bin ich zu mehreren Vereinigungen ohne eigentliche Mitwirkung dadurch in Verbindung gekommen, daß sie mich mit Bezugnahme auf meine Berufsarbeiten zum Ehrenmitgliede ernannten: so die Deutsche

Chemische Gesellschaft, die technischen Vereine in Frankfurt und in Augsburg und der Österreichische Kälteverein. Der Verein zur Beförderung des Gewerbfleißes in Preußen hat mir seine große goldene Medaille verliehen.

In anderen, allgemeine Aufgaben verfolgenden Körperschaften habe ich dagegen Mitarbeit geleistet, die keinen beruflichen Charakter hatte: Die Geschäfte des prot. Kirchenbauvereins in Berchtesgaden habe ich als Vorsitzender von seiner Begründung bis zur Vollendung seiner Aufgabe besorgt. Ebenso habe ich während einer Reihe von Jahren in München als Vorsitzender des Vereins für innere Mission bei der Verwaltung und Errichtung von Wohltätigkeitsanstalten der prot. Gemeinde mitgewirkt. Als im Vorstande des Volkshochschul-Vereins die Abhaltung von Experimentalvorträgen wegen Geldmangel als unmöglich bezeichnet wurde, brachte ich im Kreise der Münchener Industrie zur Bildung eines „chemisch-physikalischen Instituts" einen Fonds von rund 40000 Mark auf, aus dessen Zinsen dauernd die Erfüllung jener Aufgabe eine feste Unterlage erhalten hat.

In den Jahren 1898 und 1899 habe ich dem Vorstand des Vereins Deutscher Naturforscher und Ärzte angehört und nahm in dieser Eigenschaft an den Versammlungen in Düsseldorf und München teil.

In politischen Vereinen bin ich nicht tätig gewesen, es sei denn, daß der Deutsche Flottenverein hinzu gerechnet wird, bei dessen Begründungsversammlung am 30. April 1898 ich teilnahm und in den Vorstand gewählt wurde. Ich muß zugestehen, daß ich mit der Mehrzahl meiner Berufsgenossen durch die Zurückhaltung vom eigentlichen politischen Leben eine Unterlassung begangen habe, die dadurch nicht zu rechtfertigen, sondern nur zu erklären ist, daß die übermäßige Hervorkehrung der Parteigegensätze und das Überwiegen der gegenseitigen Befehdung über die Erfüllung der positiven Reichs- und Landesaufgaben mich abgeschreckt hat.

14. Aus meinem häuslichen und persönlichen Leben.

Am Schlusse des zweiten Teiles habe ich erzählt, daß ich mit meiner Frau im September 1891 silberne Hochzeit feiern konnte, umgeben von unseren sechs Kindern. Bald danach fingen dieselben an, das Vaterhaus zu verlassen. Unsere älteste Tochter Maria (1893) als Frau des Psychiaters Dr. Karl Ranke, dem ich eine Heilanstalt in Obersendling (ganz nahe unserem jetzigen Wohnsitze) bauen half. Die zweite (Franziska) und die dritte (Anna) folgten (1896) ihren Männern (Pfarrer Seiler in Dillingen und Pfarrer Michaelis in Bielefeld) in deren Heimat. Die jüngste (Elisabeth) wurde 1904 die Frau des schon mehrfach genannten Ingenieurs Wucherer. Die Söhne Friedrich und Richard haben 1898 und 1910 geheiratet. Den sechs Hochzeiten sind bisher 22 Tauffeste gefolgt. Von den Enkeln stehen heute drei im Felde bei technischen Truppenteilen. Vier von den sechs Familien wohnen in ganz kurzer Entfernung von dem Hause, das ich 1897 in der Villenkolonie Prinz Ludwigshöhe ($7\frac{1}{2}$ km vom Zentrum der Stadt) als unser Altersheim gebaut habe. Es steht am Steilrande des Isartals mitten in Hochwald, der nach Süden mit der Aussicht talaufwärts bis zur Alpenkette sich öffnet. Hier empfangen die alten Großeltern die Gesellschaft der Kinder und Kindeskinder besonders an Sonntagen, wobei es an erfreulicher Hausmusik nicht fehlt, da die Violine und das Cello der Söhne mit dem Klavier von Friedrichs Frau gut eingespielt sind. Für meine inzwischen verstorbene Schwiegermutter und deren verwitwete Tochter Anna Rüthnick hatte ich ein zweites Haus in unserem Anwesen gebaut, welches jetzt von letzterer mit ihrer Tochter Elisabeth bewohnt wird. In einem dritten Hause nimmt meine Frau junge Mädchen zu je dreijährigem Unterrichte auf, bei dessen Erteilung sie selbst sowie meine bei uns wohnende verwitwete Schwester Gertrud Dardel und Elisabeth Rüthnick mitwirken*).

Bis zum Jahre 1905 hat der Landsitz Oberbaumgart auf dem Obersalzberg bei Berchtesgaden uns alljährlich für mehrere Monate als Sommeraufenthalt gedient, und verdanken wir ihm viele gute Tage in Gemeinschaft mit den Angehörigen unserer Familie und mit Freunden, die als unsere Gäste den Aufenthalt in so hervorragend schöner landschaftlicher Umgebung schätzten. Waren wir dadurch zwanzig Jahre lang davon abgehalten worden, an anderen Orten Sommerfrische zu suchen — vorher (1883 in Scheveningen) und nachher (1908 auf der Insel Wight) haben wir zweimal an der See Erholung gefunden —, so sind doch in diese Zeit mehrere Reisen gefallen, welche ich mit meiner Frau unternahm, um andere Länder zu sehen. Der Zug nach Italien hat dabei auch uns erfaßt. Viermal haben wir in Rom, Neapel, Florenz und Venedig mit vollen Zügen und tiefer Ergriffenheit die Meisterwerke der antiken Zeit und der italienischen Kunst genossen, und landschaftlicher Zauber wird in der Erinnerung lebendig bei Nennung der Namen Monte Cavo, Sorrent,

*) Nach Kriegsausbruch mußten die Kinder ein Jahr lang erholungsbedürftigen Kriegsteilnehmern das Haus überlassen.

Capri, Amalfi. Die erste Stelle aber nimmt unter allen Reiseerinnerungen ein mehrwöchiger Aufenthalt in Sizilien (Mai 1904) ein, wo mit der unvergleichlichen Schönheit des Landes (Taormina!) die gewaltigen Denkmäler altgriechischer Vergangenheit in Girgenti und Syrakus und maurischer und normännischer Zeit in Palermo sich zu unvergeßlichen Eindrücken vereinigen.

Bei dem Aufenthalte in Berchtesgaden hatte anfänglich neben der landschaftlichen Schönheit auch die Möglichkeit der Hochtouren einen besonderen Reiz geboten. Ausdauer im Gehen und Übung im Klettern ließen mich reichlichen Gebrauch von dieser Möglichkeit machen, bis infolge einer von dem Magenspezialisten Leube angeordneten Diät mein Körpergewicht so erheblich zunahm, daß nach und nach die Marschleistungen des alternden Fußgängers immer kleiner wurden. Eine Zeitlang wurden Pferde zu Hilfe genommen. Dann aber begann das Zweirad, dessen Benutzung mir Freund Schroeter empfohlen hatte, für mich eine wichtige Rolle zu spielen, und wurde bald das Mittel, welches ich jeder anderen Art der Fortbewegung vorzog, um so mehr, als es sich für mein körperliches Befinden äußerst nützlich erwies. Das auf dem Obersalzberge nicht verwendbare Zweirad ist denn auch eine der Ursachen dafür geworden, daß wir seit 1905 die Sommermonate in unserem schönen Heim in Prinz Ludwigshöhe zubringen und nur je für kürzere Besuche nach Berchtesgaden gehen, wo damals unser Haus zwei befreundeten Damen unter Hinzufügung eines Neubaues zur Begründung einer Pension überlassen worden ist. Mitbestimmend war natürlich für diese Änderung insbesondere der Umstand, daß unser Haus kinderlos geworden war und daß die zahlreich entstehenden Tochtergesellschaften mich zu sehr häufigen Reisen nötigten. Von unserem jetzigen Wohnsitze aus kann ich jede freie Zeit bei gutem Wetter zu kürzerem oder längerem Tagesausflug auf dem Rade benutzen, in der Regel begleitet von der Nichte Elisabeth, die in der Regel auch nach dem Abendessen zu einer Partie Billard herüberkommt. Bis zum Frühjahr 1914 haben sich je zur Osterzeit und im Herbste diese Ausflüge zu zwei- bis vierzehntägigen Radreisen mit Söhnen und Töchtern erweitert, welche im Frühjahr jenseits der Alpen in Oberitalien, Südfrankreich, Korsika oder Istrien, im Herbste diesseits oder innerhalb der Alpen ausgeführt worden sind und deren Beschreibung in einem Buche die Überschrift „Glückliche Tage" trägt.

Schlußwort.

Die schöne Zeit des Schaffens ist vorbei, und nur dafür reichen die Kräfte noch aus, bei der Verwaltung des früher Geschaffenen durch Beratung und Beschlußfassung mitzuwirken. — Wie ich einst die Fortführung der Wiesbadener Arbeit ruhig an Freund Schipper abtreten konnte, so habe ich jetzt die Genugtuung, das Schicksal der Abteilung B bei meinen Söhnen und meinem Schwiegersohne in guten Händen zu wissen als den nunmehrigen Trägern des technischen Fortschrittes, auf welchem die führende Stellung in dem von mir zuerst betretenen Gebiete beruht. Zur Erweisung solcher Fähigkeit hat der Krieg durch die großen Aufgaben beigetragen, welche derselbe — nach anfänglicher Ruhepause — an die junge Technik der tiefen Temperaturen gestellt hat. War ich durch jene Ruhepause veranlaßt worden, die vorstehenden Aufzeichnungen zu beginnen, so läßt seit anderthalb Jahren die Gewalt der Tagesereignisse und der großen Zukunftsfragen das Leben und die Arbeit des einzelnen so bedeutungslos erscheinen, und jedes der zahllosen Heldengräber spricht so viel Höheres aus als die Erzählungen der zu Hause Gebliebenen, daß ich nur zögernd meine Aufzeichnungen zu Ende geführt und dem Drucke übergeben habe, indem ich doch daran festhielt, daß ihre Entstehung durch das Verlangen von berufener Seite nach Darstellung der Arbeit verursacht ist, welche über die Dauer meines Lebens hinaus Spuren hinterlassen wird und jetzt in der Erfüllung der oben erwähnten Kriegsaufgaben dem Vaterlande Dienste zu leisten vermag. Daß ich bei meinen Aufzeichnungen mich nicht auf diese Arbeit beschränkt, sondern persönliche Erlebnisse eingefügt und angeschlossen habe, mag ihrer Lesbarkeit Eintrag tun. Es ist geschehen, um den mir Nahestehenden Blätter der Erinnerung zu hinterlassen.

Fünfzig Jahre sind in diesen Tagen abgelaufen, seitdem durch Berufung in meine erste Lebensstellung die Grundlage zu meinem häuslichen Glücke gelegt worden ist. Sollte es uns noch vergönnt sein, den Tag zu erleben, an welchem die Zukunft unseres Volkes durch einen Frieden gesichert wird, wie das Opfer vieltausendfachen Lebensglückes ihn wert ist, so darf im Sinne des Psalmisten mein Leben wohl „köstlich“ genannt werden. Die letzten Worte aber, die ich hier niederschreibe, sollen — auch im Andenken an teure Entschlafene — Worte des Dankes an alle diejenigen sein, von denen ich in diesem Leben Förderung, Freundschaft und Liebe empfangen habe.

München im Februar 1916.

Anhang.

Methyläther-Kompressor

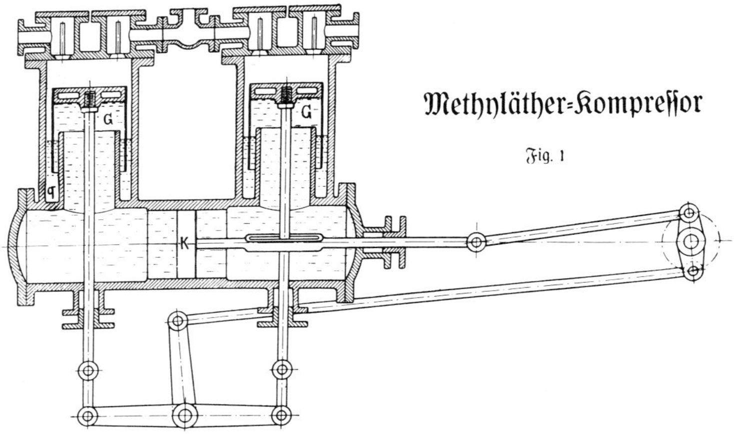

Fig. 1

Stehender Ammoniak Kompressor

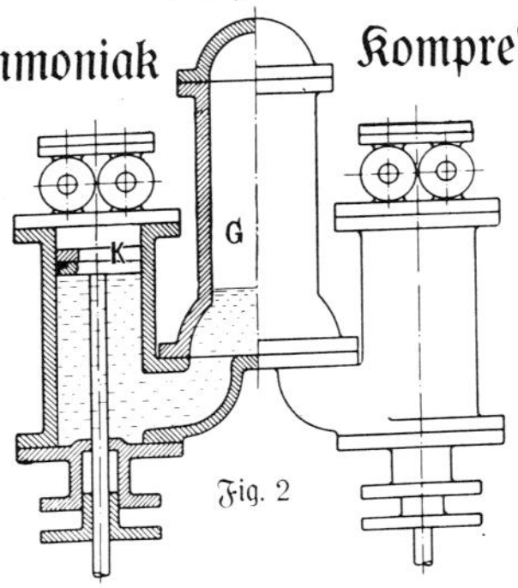

Fig. 2

Stopfbüchse

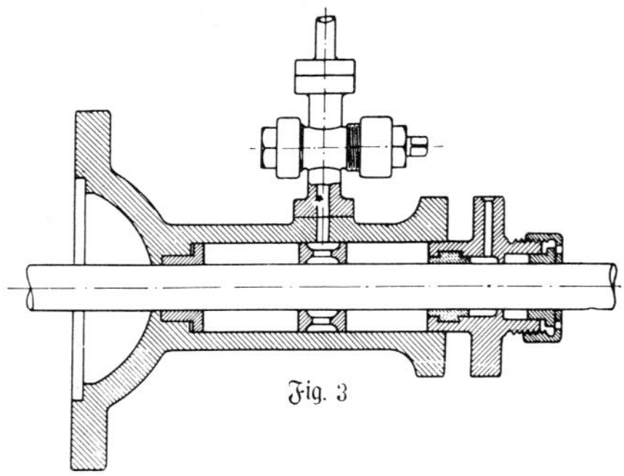

Fig. 3

Liegender Ammoniak-Kompressor

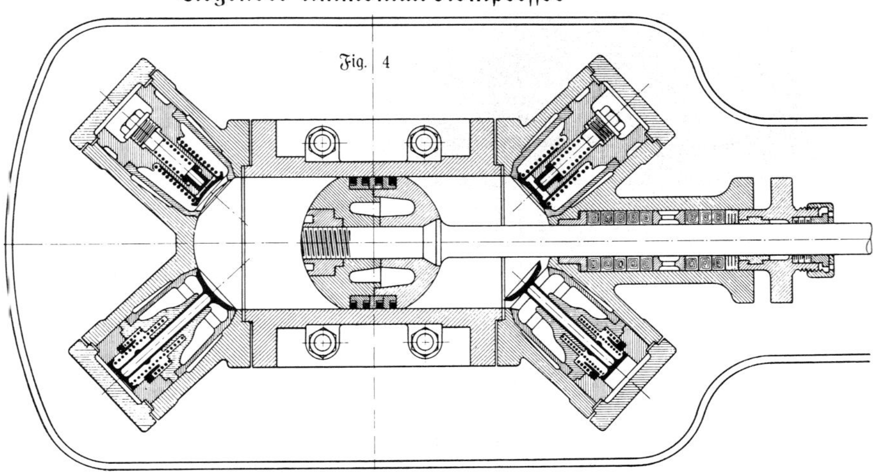

Fig. 4

Eiserzeuger

Fig. 5

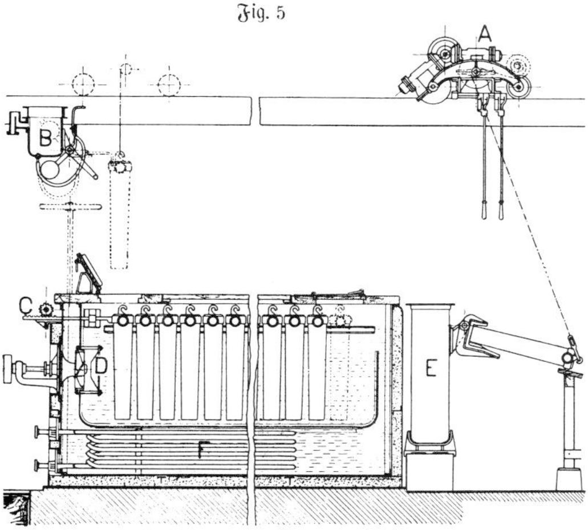

Fig. 5a

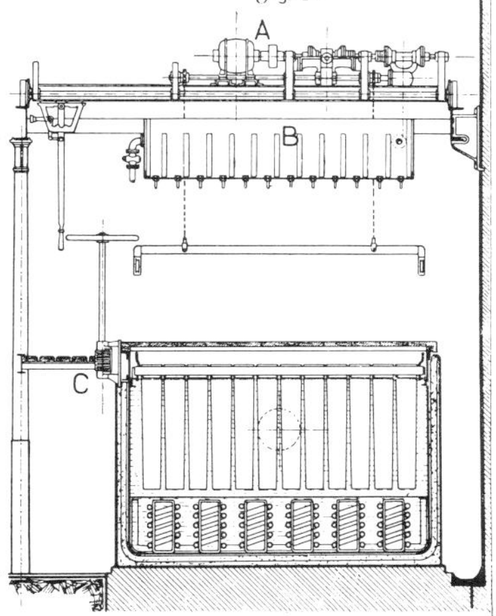

A. elektrischer Laufkran
B. mech. Füllvorrichtung
C. Vorschubmechanismus
D. Schraubenflügel
E. Austauer mit Kippapparat
F. Verdampferröhren

Fig. 6. Füllvorrichtung für Tagesleistung von 1000 Zentnern.

Rotierender Eiserzeuger

Fig. 7

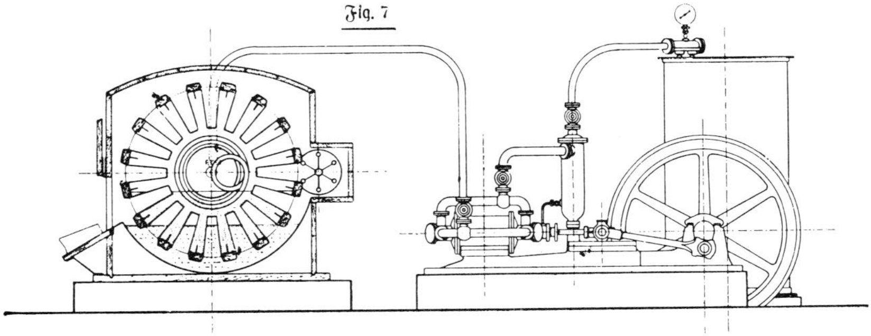

Klareiserzeuger mit Rührwerk

Fig. 8

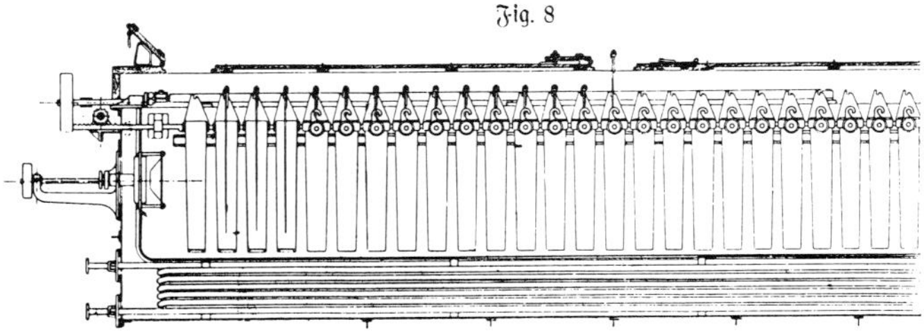

Fig. 8a

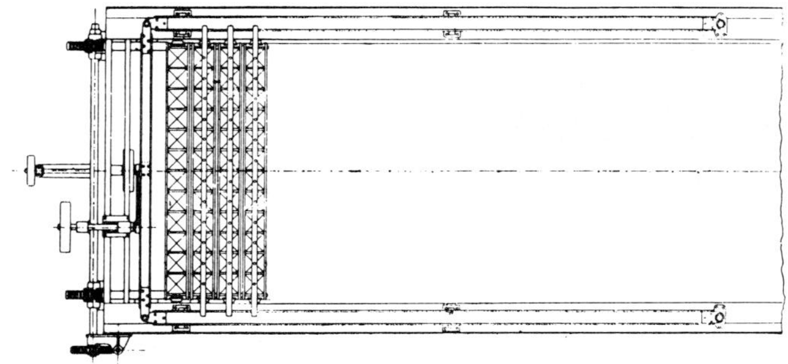

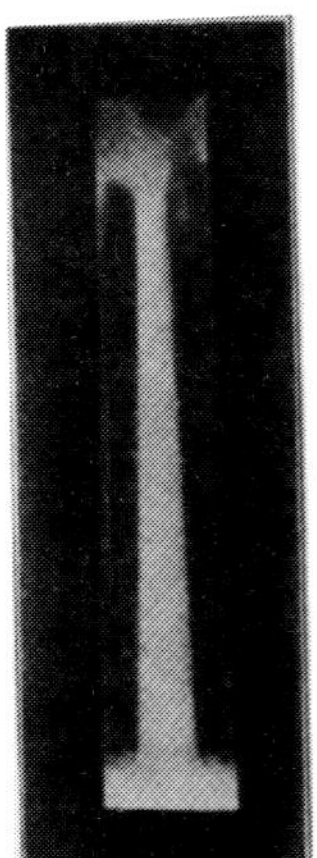

Fig. 9.

Klareis-Block

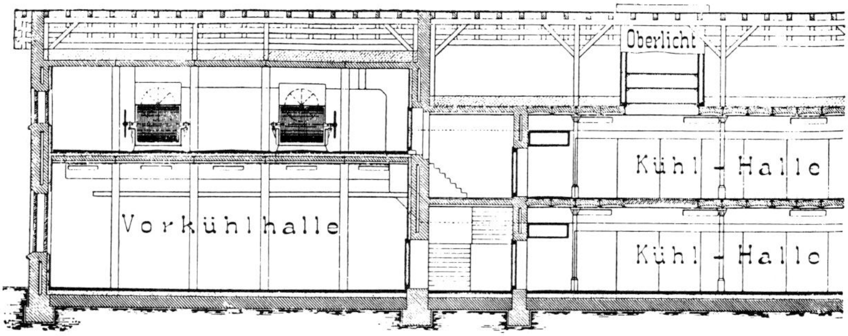

Oberlicht
Vorkühlhalle
Kühl - Halle
Kühl - Halle

Luftkühl-Apparate
Luftkühl-Apparate
m
n

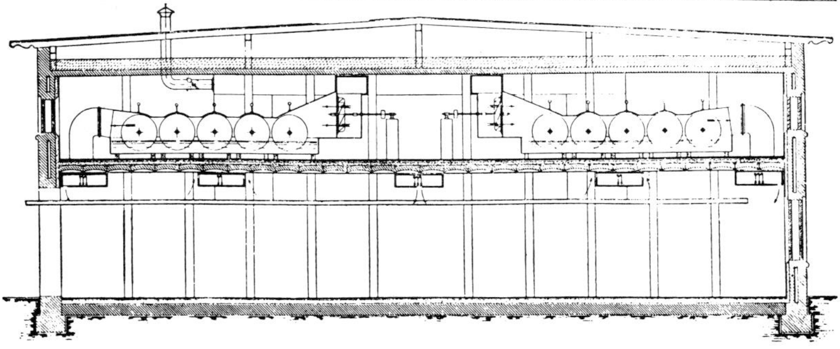

Verbreitung der Lindeschen Kältemaschinen.

Für	im Deutschen Reiche		im Auslande	
	Jan. 1890	Jan. 1915	Jan. 1890	Jan. 1915
Bierbrauereien	513	2260	234	1080
Fleischkühlanlagen und Kühlhäuser . .	34	783	53	1633
Eisfabriken	30	442	43	608
Chemische Fabriken	18	195	5	55
Butterfabriken und Molkereien	9	144	15	236
Gasverflüssigungsanlagen	—	65	—	54
Verschiedene Zwecke*)	21	605	25	740

*) Zucker-, Stearin-, Champagner-, Gummiwaren- und Schokolade-Fabriken, Bergwerke (Schachtabteufung), Wein-, Spirituskühlung, Leimfabrikation, Pelzkonservierung, Leichenhallen, Färbereien, Parfümerien, Bäckereien, Mineralwasser-, Seide- und Baumwollfabriken, Gärtnereien (Kalthäuser), Eisbahnen, Papierfabriken u. a. m.

Verbreitung der Gasverflüssigungs-Anlagen,
welche bis Ende 1915 von Gesellsch. f. Lindes Eism. geliefert sind.

Zur Herstellung von	im Deutschen Reiche		im Ausland	
	Anzahl	Stündl. Leistung	Anzahl	Stündl. Leistung
Flüssiger Luft in Laboratorien	35	—	37	—
Flüssigem Sauerstoff zu Sprengzwecken*)	12	363 l	3	30 l
Gasförmigem Sauerstoff	61	4700 cbm	41	1425 cbm
„ Stickstoff	27	29 500 „	10	4720 „
„ Wasserstoff	7	2 430 „	10	1040 „

*) Eine größere Anzahl ist von Lizenzabnehmern geliefert.

Ausgewählte Briefe

(An Bruder Hans. –
Die Zürcher Studienzeit war für C. Linde – wie sowohl aus den Schilderungen auf den Seiten 10ff als auch aus vielen begeisterten Briefen, von denen hier nur einige wenige wiedergegeben werden können, hervorgeht – eine zwar harte, seinen zukünftigen Lebensweg deutlich bestimmende, aber zugleich fröhliche Zeit.)

Herbst 1861

...
Du sagst, daß ich in Zürich nicht in die Fachschule würde aufgenommen werden. Allerdings verlangt man in Mathematik mehr, als ich am Gymnasium hier gelernt habe. Allein das läßt sich durch einige Privatstunden leicht nachholen. Ich habe jetzt in kaum 8 Tagen die Gleichungen höhern Grades, die Kettenbrüche, die Elemente der Combinationslehre, den binomischen Lehrsatz u. dessen Anwendung auf die Ausziehung höherer Wurzeln, die angenäherte numerische Auflösung höherer Gleichungen mittelst der „Regula Falsi" durchgenommen u. fehlen mir in der Algebra nur noch die Exponential-, die logarithmischen u. die einfacheren trigonometrischen Reihen u. der Moivresche Lehrsatz in der Algebra, ferner die Elemente der sphärischen Trigonometrie u. Einiges aus der analytischen Geometrie, um alle mathematischen Vorkenntniße zu besitzen, über die ich eine Prüfung zu machen habe. Ich habe mir das „Regulativ für die Aufnahmeprüfungen" mitgebracht, das ganz genau diese Vorkennntnisse bestimmt. Dann hat Leichtle mit dem Director der Anstalt, Bolley, meinetwegen gesprochen u. ist ihm gesagt worden, daß mir die Prüfung sogar größtentheils erlassen wird u. ich bestimmt aufgenommen werde, da sie bei der Aufnahme, wie das „Regulativ" sagt, „besonders die Frage in Betracht ziehen, ob der Kandidat die obligatorischen Fach- u. Berufscurse, die er zu besuchen hat, mit rechtem Verständniß verfolgen kann" u. daher Nachsicht üben „gegenüber Candidaten, die als Ersatz für einzelne Lücken in realistischen Fächern den Nachweis tüchtiger humanistischer Vorstudien leisten." Übrigens brauche ich, wie gesagt, diese Nachsicht gar nicht in Anspruch zu nehmen, da ich mich in meinen Vorbereitungen ganz an das Regulativ halte. Es wird also ganz von mir abhängen, ob ich in 3 Jahren die Schule absolvieren werde oder nicht resp. von meinen Leistungen. Mama sagt Dir von 3 Bedingungen, die Papa gemacht, als er mir die Erlaubniß gab. Es ist nicht ganz so. Ich selbst sagte Papa, er solle dieses erste Jahr oder Semester als ein Probejahr ansehen, u. wenn ich dann nicht in den zweiten Curs aufrücken dürfe, so verzichte ich auf Zürich. Er selbst hat nur die Bedingung gestellt, daß ich jetzt (das Schuljahr beginnt am 15. Oct.) in den ersten Kurs der Fachschule aufgenommen werde.

Wenn Du wüßtest, mit wie schwerem Herzen ich dem entscheidenden Momente entgegengegangen bin, welcher Schmerz es mir gewesen wäre, meinen Lebensplan (Mama träumt, wenn sie von umsatteln spricht) so theilweise zerstört zu sehen, wie frei u. froh mir aber jetzt zu Muthe ist, so würdest Du schon deßhalb Dich mit mir darüber freuen, daß dieser Wunsch mir in Erfüllung geht. In der Hoffnung, daß unser unterbrochener Briefwechsel wieder zu Leben komme, besonders da ich jetzt in Jahre trete, die mich in Bezug auf Studien und Arbeiten Dir näher führen u. mit tausend herzlichsten Grüßen

Dein treuer Br. u. Freund
Carl

(An Frau Grimm, seine spätere Schwiegermutter)

Zürich, 28.10.1861

Liebe, verehrte Tante!

Ich hoffe, Sie verzeihen mir, daß ich Sie ohne Ihre Erlaubniß belästige. Das Gefühl des Dankes für Ihre Güte gegen mich, ist so lebhaft, daß es mir Bedürfniß ist, ihm Ausdruck zu geben. Wieviel Sie mir mit Ihrer Einführung bei Professor Lübke boten, das wußten Sie natürlich schon im Voraus – doch nein, ganz konnten Sie es nicht wissen. Ich war durch den Abschied von den Meinen, vorzüglich von Mama, die mich ganz besonders schwer und ungern scheiden ließ, wie auch ihre Briefe voll der rührendsten, schwermüthigen Liebe sind, in trauriger Stimmung, die dadurch noch unbehaglicher wurde, daß ich mir ganz allein eine Wohnung suchen mußte, und nun in einem einsamen Stübchen, zu dem, hoher, häßlicher Hintergebäude wegen, kein Sonnenstrahl dringen kann*), fern von allem Familienleben wohne, so daß ich in einem Gefängniß zu sein glaube, wenn mir, der ich einen großen vollen Tisch mit lebhafter Unterhaltung gewöhnt bin, mein Essen hereingebracht wird und ich, mutterseelenallein mit Messer und Gabel klappere – kurz, ich war fast mißmuthig, als ich zu Lübke's gieng und Ihren Brief abgab. Die freundliche, herzliche Weise aber, mit der ich von diesen lieben Menschen willkommen geheißen wurde, hat mich so warm berührt und mir so wohl gethan, daß ich es Ihnen nicht aussprechen kann. Und ich genieße nun die Frucht von Allem, wodurch Sie, verehrte Tante, und Ihre Familie Jedermann fesseln und für sich enthusiasmiren. Ich bekomme recht die Verehrung und Liebe zu fühlen, die Lübke's für Sie haben, so daß ich ganz beschämt bin, da zu erndten, wo ich nicht gesäet habe. Nicht nur, daß sie mir erlauben, sie zu besuchen, wie ich denn schon ein paar köstliche

*) Dabei handelt es sich wohl nicht um das Haus in der Plattenstraße (Tafel 6). Das erwähnte Zimmer hat C. Linde offenbar bald wieder aufgegeben.

Abende dort zugebracht habe und daß mir der höchste Genuß, der Genuß einer geistvollen Unterhaltung wird, sie nehmen sich auch meiner Verhältniße aufs Freundlichste an, Herr Professor hat schon zweimal den weiten Weg zu mir gemacht, um meine Wohnung zu sehen, er hat sich beim Präsidenten, beim Director und beim Abtheilungsvorstand für mich verwendet, als es sich um meine Aufnahme handelte und steht mir überhaupt überall mit seinem Rathe bei. Und das Alles hätte ich nicht ohne Ihre Güte und wenigstens der Anfang meines Hierseins wäre ein trauriger. Jetzt nun fühle ich mich im Gegentheil froh und meine Arbeiten machen mir die größte Freude, vielleicht weil sie meine Kräfte ganz in Anspruch nehmen, indem mir das ganze Feld meiner jetzigen Studien doch eigentlich ein neues ist. Es ist mir ein wahres Vergnügen mich so mitten drin zu fühlen in den Arbeiten und zu denken, daß sie mir nie über den Kopf wachsen dürfen, sondern daß ich ihrer von Tag zu Tag Herr werden will und muß, um mit der Zeit und mit dem Zuwachs an Kräften mehr und mehr zu umfassen. Aber dem Sinne fürs Familienleben, der mir durch Mama recht lebhaft angestammt ist, würde etwas fehlen, wenn ich dieses nicht von Zeit zu Zeit in seiner lieblichsten und feinsten Gestalt finden könnte...

(An Frau Grimm)

Zürich, ohne Datum

Meine liebe verehrte Tante!

(Nachdem von der Bewunderung die Rede war, die alle Zürcher Studierenden für Prof. Lübke empfinden, fährt Linde fort:)

... Glücklich sind wirklich die jungen Leute, denen Männer zur Seite stehen, deren Beispiel sie zu hohem Streben und Wetteifer auffordert. Biographien großer Männer, die Schilderung ihrer geistigen und moralischen Entwicklung durch die Kämpfe u. Versuchungen des Lebens hindurch habe ich immer mit besonderem Vergnügen und mit inniger Theilnahme gelesen und mich dadurch zu hohen Entschlüssen u. Entwürfen begeistert gefühlt. In unserem unpoetischen Zeitalter ist doch gerade poetisch, wie ein junger Mann durch den Strom glücklicher und unglücklicher Verhältnisse hindurchschwimmt, wie er mit den gefährlichen Wogen, die ihm tausendmal den Untergang drohen, ringt und endlich im Siege ans andere Ufer gelangt. Ich werde mir jedenfalls die mir noch unbekannten Reisebriefe von Mendelssohn geben lassen, die Sie mir empfehlen, wofür ich Ihnen herzlich danke. Es ist so gut u. nützlich immer wieder angefeuert zu werden zum Streben nach dem Guten und Schönen und am beßten von denen, die man besonders liebt und deren Urtheil man besonders hochhält ...

(1862?)

Mein theurer Vater!

Über meine Arbeiten werden meine Briefe an die Geschwister Dir erzählt haben. Nicht ohne Beschämung kann ich zurückdenken an die vielen Jahre, die ich so ohne inneren Trieb zur Arbeit vertändelt u. Dir dadurch so viel Ärger bereitet habe. Jetzt, da ich endlich das Beglückende des „bete und arbeite" empfinde, verstehe ich erst den tiefen Widerwillen, den es in Dir erwecken mußte, mich kaum das Unumgängliche thun zu sehen, und ich freue mich in dem Gedanken an die Befriedigung, welche Dir mein endliches Ankommen und Eintreten auf den Weg der Pflicht u. der Ehre gewähren wird. In der That glaube ich jetzt das zu leisten, was zu verlangen ist von dem jungen Menschen, der seine schöne Aufgabe als solche erkannt hat, und nun wirklich in derselben sucht, was jedem Menschen unumgänglich nothwendig ist, geistige Beschäftigung, wenn er solche auch früher in zerstreuender Gesellschaft, in unterhaltender Lectüre oder wie immer zu finden dachte und wünschte.

In der Lust, die ich zu meinen Studien habe, sehe ich auch einen Beweis dafür, daß ich bei der Wahl meines Berufes keinen Fehlgriff gethan habe, daß im Gegentheil diese concreteren Wissenschaften, denen ich nun obzuliegen habe, concentrirend auf mich gewirkt haben, während die „gelehrten u. schönen Disciplinen" wahrscheinlich eher zerstreuende Momente für mich geworden wären. Dieß habe ich auch immer gefühlt u. nun ist mir die Wahrheit des Goethe'schen Satzes „Der Mensch muß ein Handwerk haben" ganz klar geworden. Für mich lag der richtige Weg nicht da, wo reine Gedankenarbeit allein geistige Speculation ist, ich brauchte einen Körper für die Gegenstände meiner Bestrebungen u. Arbeiten, u. nun ich in meinen Fachstudien mein Hauptgericht gefunden, sind mir die köstlichen Früchte jener Disciplinen wohlschmeckend und gesund...

(1863?)

Meine lieben Eltern!

Glücklich bin ich wieder angekommen und eingewöhnt! Aber ich könnte die Gelbsucht haben vor Ärger, daß ich nicht acht Tage länger bei Euch geblieben bin. Ein einziges u. einsames Colleglein in der ganzen Woche! Wir Mechaniker sind nemlich im Umzug nach dem Neubau begriffen u. der hält den Beginn unserer Collegien auf.

„Der faule Schlingel sollte froh sein, eine schöne Zeit für die Arbeit gewonnen zu haben" werdet Ihr denken, – aber das hat so seinen Haken; es wird eben doch gebummelt; nach Tisch sind gleich Leichtle u. Stockhausen da u. dann gehts hinaus in die prächtigen sommerlichen Nachmittage über die ganz herrlich grünen Wiesen unter den über u. über mit Blüthen bedeckten Bäumen hin. Und im Wald blühen die Waldmeisterlein u. singen die Vögel, daß es 'ne Freude ist; dann platzt ein Donnerwetter los u. jagt uns heim; da wird dann Thee gekocht, geplaudert, musicirt. Und nur der Vormittag bleibt schließlich für die Arbeit. Na, noch zwei, drei Tage dann gehts gehörig drauf los mit Bleistift u. Hammer u. Feile u. Feder. Aber wie schön hätte ich bei Euch bleiben können, hätte ich das geahnt. Ich hab' Euch aber mit den Vorlesungen etc. so viel Unruh ins Haus gebracht, daß Ihr froh sein werdet, mich überm Bodensee zu wissen. Besonders Du Papa wirst nicht recht zufrieden gewesen sein. Aber es ist nett von Dir, daß Du uns hast lustig sein lassen; die Jugendfrohheit, die weder großen Geldaufwand noch Abnützung der Kräfte beansprucht, ist auch einer der schönsten erlaubten Factoren des Lebens u. ich schreibe solchen Zusammenkünften von jungen Bekannten, wie wir sie neulich gehabt, für gesunde Gemüther einen sehr günstigen Einfluß zu u. glaube, daß das unmäßige u. wirklich so vielfach rohe Studentenleben für die Meisten allen Reiz verlieren würde, wenn sie das feinere u. eben so anregende Wesen des Verkehrs zwischen gleichstehenden Familien kennten. Welchen Vortheil hätte das z.B. für die jungen Leute Kemptens, wenn sie statt nur bei Tanzbelustigungen sich zu sehen u. außerdem im Wirthshaus oder beim Caffee getrennt von einander sich zu unterhalten, wenn sie in freiem Verkehr u. auf natürliche Weise öfters sich zu unterhalten Gelegenheit fänden. Wie bald würde das abgeschmackte Wesen der Meisten sich umwandeln! Es wären die Mädchen weder Zierpuppen, noch (die schlimmere andere Seite) gemein u. es würde sich bald eine Gesellschaft gebildet haben, in der das eine vom andern etwas lernen würde, die schönere Interessen hätte u. die durch gemeinsame Beschäftigung mit denselben veredelnd auf die Glieder wirkte. – Aber, das ist alles so verschieden von der Realität, daß ich lachen muß u. daß ich dächte, da Luftschlösser, die nirgends stehen, gebaut zu haben, wenn ich nicht selbst schon in solches Leben hineingeschaut hätte...

(An seine Schwester Florentine)

(1863?)

Meine liebe Florentine!

Ich fange gleich an, den Briefen an die Eltern für Dich ein paar Zeilen beizugeben u. hoffe auf Revanche.

Daß ich wütend bin, acht Tage zu früh gekommen zu sein, kannst Du Dir denken. Wir hätten uns noch köstlich amüsiert, hätten Hamlet u. Antonius u. Cleopatra u. Macbeth gelesen u. Vischers Commentar. Ich hätte den Weber arbeiten sehn, den Eugen spielen hören, wahrscheinlich den Hugo auf einen Augenblick gesprochen u. allerlei anderes.

Na ich will mich trösten u. mich daran erinnern, daß ich ein prächtiges Reiseabentheuer u. das Sechseläuten nicht erlebt hätte, wäre ich nicht am Sonntag gefahren. Laß Dir davon erzählen:

Mit uns fuhr ein oesterreichischer Cavallerieoffizier (Kroat), der sich flott und geistreich mit uns unterhielt. Er sei auf der Reise von Galizien nach Frankfurt, wo sein Regiment ein dort stationirtes ablösen sollte, erzählte er. Nach Augsburg zur Quartierbestellung vorausgeschickt benütze er ein paar freie Tage zu einem Sprung nach Zürich. Er frug uns dann um die Paß- u. sonstigen Grenzangelegenheiten u. wünschte sich in Lindau einen Civilanzug zu kaufen, um nicht als Offizier erkannt zu sein, weil es ordonnanzwidrig ist, von der Marschroute abzuweichen. Als wir ihm sagten, es sei nicht Zeit genug dazu, so zog er seine Reitstiefel aus, zog ein paar elegante Stiefeletten an, steckte seine eng behosten Beine in ein paar weite Leinwandbeinkleider, bat sich von einem von uns eine Mütze aus (Adolph gab ihm seine schwarze Samtmütze), bog seinen besternten Kragen um, hüllte sich in seinen schönen braunen Überrock u. verdeckte dessen Caputze mit meinem Plaid. Sein Säbel wurde ins Regenschirmfutteral gestopft u. Adolph nahm ihn in die Hand, ich ein paar prachtvolle silberbeschlagene Reitpeitschen u. so giengs unter frohem Gelächter aufs Dampfboot. Dort begab er sich sogleich in die Cajüte mit einem andern Herrn, dem Fürsten Windisch-Grätz (jüngsten Sohne des bekannten), welcher auf einer Reise nach Spanien ist, u. in Romanshorn zu großer Freude unseres Kroaten aufs Land zu einem Bekannten fuhr. Im Wartsaal in Romanshorn kommt der auf einmal auf uns zu u. ruft: „Ha jetzt ist mir wohl auf freiem Boden, meine Herrn jetzt kann ich es Ihnen sagen: ich gehe nicht mehr nach Oesterreich zurück, ich bin Flüchtling.“ Wir standen mit etwas dummen Gesichtern da, da pfiff's, wir stiegen ein; der Kroat setzte sich neben Adolph u. mich u. erzählte uns seine Geschichte. Er ist Sohn einer der ersten Familien Kroatiens – den Namen darf ich nicht nennen – sein Vater todt, er ein Wildfang u. jedenfalls auch liederlicher Tropf, der mit seiner Vormundschaft u. seinen Oberen nicht ausgekommen ist. Er wolle, sagte er, sobald er majorenn sei, um Generalpardon einkommen u. auf seine Güter zurückkehren. Er habe seine Fluchtvorbereitungen so getroffen, daß man ihn für erschossen halten müsse. „Drei Jahre werden sie die ganze Monarchie durchstöbern" meinte er lachend, „u. wenn sie's (seine Güter) in ihren Krallen zu haben denken, so werde ich plötzlich ans Licht kommen." In Zürich stieg er in einen Omnibus, Leichtle, Fickentscher u. ich in eine Droschke u. ich konnte ein lebhaftes Bedauern mit dem talentvollen aber schlecht erzogenen Jüngling nicht unterdrücken. Wie wirds dem armen Kerl gehn? Für die ersten Monate hat er Geld, „dann" sagte er, „nehme ich eine Stelle an, als Reitmeister, Fechtmeister, Lehrer, Hausknecht oder was es ist, gelernt habe ich was, (er sprach auch mehrere Sprachen erstaunlich geläufig, hat auch Gymnasium durchgemacht), das wird schon gehen." Wenn er nur gelernt hätte, mit seiner Arbeit zu leben, aber er ist einer von denen, die mit vollen Händen auswerfen. Ich bin begierig, ob ich nochmals was von ihm hören werde; ihn aufzusuchen haben wir uns schön gehütet...

Zürich, ...?

Meine liebe Mama!

...

Meine frohe Laune, mit der ich von dem Herrlichen spreche, das mir entgegentritt u. vor mir liegt, läßt Dich, liebe Mama, an eine dürre, dem Gewinne zugewendete Zukunft denken. Mir liegt das anders im Sinn. „Der Mensch muß ein Handwerk haben" u. muß es nicht nur als materielle sondern auch als moralische Nothwendigkeit ansehen, daß er mittelst seiner Kräfte u. Kenntnisse auf einem Gebiete sein Brod sich verdiene. Wie eine solche Beschäftigung einen frischen, durchbildeten, für wahrhaftes Edles offenen u. empfänglichen Geist dürr zu machen im Stande ist, kann ich mir nicht denken. Vielmehr hoffe ich nicht nur, daß etwas vom Idealen u. Schönen an mir hängen bleiben wird, sondern hoffe ich vielmehr selbst daran hängen zu bleiben...

2. Juni ...?

Meine liebe Mama!

...

Daß Dein Leben sich jetzt etwas einförmig gestaltet, kann ich mir recht gut denken. Die beßte Unterhaltung ist, denke ich mir eben doch, besonders für denjenigen, der nicht von einem großen gesellschaftlichen Kreise umgeben ist, der Verkehr mit der geistigen Welt, u. dieser vermittelt sich, wenn es mündlich nicht möglich ist, durch Lectüre guter neuer Bücher u. tüchtiger Blätter, die ein richtiges Bild des Zustandes u. der Bewegungen auf den verschiedenen geistigen u. künstlerischen Gebieten geben. Das macht mir das Zusammensein mit Lübke's besonders anziehend, daß er fortwährend eine Übersicht über all diese Dinge hat und uns davon mittheilt. Denn Interessanteres kann es doch nicht geben hauptsächlich für uns Männer, als das, was die ganze gebildete Welt augenblicklich beschäftigt u. man müßte einen Geist ohne Leben haben, wenn einem das gleichgültig wäre...

(Prof. Gust. Zeuner an C. Linde. –
Studentenunruhen hat es wohl gegeben, so lange es Universitäten gibt. C. Linde war 1864 in eine solche am Eidgenössischen Polytechnikum verstrickt, was zur vorzeitigen Beendigung seines Studiums führte (S. 15, 16). Welche Wunden dieser Konflikt auch auf der Seite der Professoren schlug, geht aus folgendem Brief Professor Zeuners hervor.)

Zürich 3. Oktober 1864.

Lieber Herr Linde!

Erst vor einigen Tagen kehrte ich von einer längeren Reise nach Zürich zurück. Vor meiner Abreise hatte ich meiner Frau aufgetragen, alle Briefe mit Ausnahme natürlich der Familienbriefe, der Kanzlei des Polytechnikums resp. Herrn Dir. Bolley zur Beantwortung zuzustellen; auf diese Weise kam Ihr Brief in die Hände meines Freundes Bolley, dessen Antwort ich aus dem Copirbuch kenne. Herr Bolley konnte in seiner Stellung als Director und in Ausführung der Schulrathsbeschlüsse nicht anders antworten und vor Allem mußte er hervorheben, daß das Ausstellen von Frequenz-Zeugnissen von Seiten einzelner Professoren nach unseren gesetzlichen Bestimmungen unzulässig ist.

Wäre ich bei Ankunft Ihres Briefes in Zürich gewesen, so hätte ich natürlich selbst geschrieben; es war auch meine Absicht das nachträglich noch zu thun; die Verzögerung hat ihren Grund darin, daß ich seit einigen Tagen seit meiner Rückkehr wegen Abwesenheit des Herrn Directors mit Arbeiten überlastet bin.

Jedenfalls können Sie überzeugt sein, daß ich keineswegs Sie habe durch Andere kalt abfertigen wollen. Ich habe Sie immer lieb gehabt und werde auch gerne jede Gelegenheit benützen, Sie in Ihrem Vorhaben zu unterstützen, wenn ich gleich mit Ihrem Verhalten in der letzten Zeit keineswegs einverstanden sein konnte. Ganz abgesehen von Ihrem Benehmen gegen Herrn Bolley, habe ich tief beklagt, daß Sie und alle Schüler Ihres Curses meinen Rathschlägen nach keiner Richtung hin Beachtung schenkten. Als Sie mir im Auftrage der Anderen, speziell der Schüler unseres 3. Curses die Anzeige machten, Sie würden keine Vorlesungen mehr besuchen, solange Bolley an der Spitze stehe, sah ich alles Folgende voraus, auch daß vor Allem die Schüler selbst die Folgen zu tragen haben würden.

Ich war in einer schrecklichen Lage, auf der einen Seite fast alle meine Schüler, voran diejenigen, die mir bei einem dreijährigen Zusammenleben lieb und werth geworden waren, auf der anderen Seite mein Freund Bolley, den ich achte wie Keinen, dessen tiefes Gemüth, dessen Sorge um das Wohl unserer Schule, um die Zufriedenheit unserer Schüler ich am besten kenne. Ich möchte den Mann kennen, der nach so unerhörten schauerlichen Angriffen, Verleumdungen und Anfeindungen seine Ruhe zu bewahren im Stande ist und nicht in das Tiefste verbittert wird! – Den Schluß des Ganzen bildete der Tod seines herzkranken, 14jährigen Knaben, den die schreckliche Aufregung, in welcher die Familie sich wochenlang befand, rasch dem Grabe zuführte!

Die Anstifter der ganzen Empörung haben eine erschreckende Verantwortlichkeit auf sich genommen; es ist mein Trost, daß wir dieselben nicht unter den Schülern zu suchen haben, Sie alle waren verführt!

Ich trage Keinem von Ihnen Allen die Sache nach und werde Jedem, den ich als strebsam und tüchtig kennen lernte, nützen wie ich kann. Durch Ertheilung von Frequenz-Zeugnissen kann ich es aber nicht, das verbietet mir meine amtliche Stellung, ich stehe aber nicht an, Ihnen Ihren und Ihrer Familie Wunsch durch Übersendung des anliegenden offenen Empfehlungsbriefes zu erfüllen. Ich bitte Sie aber, von dem Schreiben nur Gebrauch zu machen, wenn Sie um eine Stelle anhalten, sonst aber nicht weiter davon zu sprechen. Ich habe die Zeilen mit voller Überzeugung geschrieben, Sie begreifen aber, daß ich nicht Jedem meiner ehemaligen Schüler einen solchen Brief aushändigen kann.

Ich wünsche Ihnen, mein lieber Herr Linde von Herzen den besten Erfolg und erwarte, daß Sie mir von Ihren Bestrebungen und späterer Stellung Mittheilung machen.

Achtungsvoll
der Ihrige
Gustav Zeuner

(An Herrn Prof. Lübke in Zürich)

Berlin, den 16. Apr. 65

Hochverehrter Herr Professor!

S'ist Ostersonntag Morgen und gestern Abend habe ich die missa solemnis gehört! Mir ist also recht festlich zu Muth. Noch ein besonderes Fest mache ich mir aber, indem ich Ihnen schreibe. Wie empfindet man ihn doch so recht als Tag des Lebens, den Ostersonntag mit dem herrlichen Hintergrunde der

Ostergeschichte! Bei Ihnen wird ja auch der Frühling auferstanden sein und hoffentlich haben Sie beide den Stein abgewälzt, der Ihnen die Pforte ins Freie verschloß.

Ich scheue mich fast, Sie in die lärmvollen schmutzigen Räume zu führen, von denen ich Ihnen doch ein bischen erzählen möchte. Mir ist selbst so wohl, daß ich auf ein paar Tage von dem Gehämmer und der schwarzen Atmosphäre erlöst bin – ich arbeite nämlich in den Lokomotivwerkstätten Borsig's als Volontair. Nachdem ich mit sehr zweifelhaften Erfolgen und Aussichten die Berliner Maschinenfabriken abgesucht hatte, wandte ich mich an den Maschinenkönig, bei dem durch Marggraff's Abgang eine Stelle frei wurde. Am Schlusse einer längeren mir von der commercienräthlichen Majestät allergnädigst gewährten Audienz erklärte er sich bereit mich in sein Geschäft aufzunehmen, wenn ich mich einem Examen auf praktische Sachkenntniß unterziehen wolle, welches in mehrmonatlicher Beschäftigung in den Werkstätten zu bestehen habe. Die Chance schien mir günstig genug um darauf einzugehen und Reuleaux, der sich wirklich in freundlichster und aufmerksamer Weise mit Rath und That für mich interessiert, gratulierte mir zu diesem Erfolg. Das Glückliche beruht nämlich darin, daß ich den Eintritt in eine weite Bahn gewonnen habe, auf welcher ich in einer ganz von meinen Leistungen abhängigen Weise vorschreiten werde; es ist doch entschieden ein beruhigender Gedanke, seine Zukunft ganz auf sich selbst gestellt zu wissen, nichtwahr? Außerdem habe ich Einiges vor den meisten meiner Fachgenossen voraus; so schien es Borsig von Werth zu sein, daß ich das Abiturientenexamen gemacht. – So fühle ich mich trotz der gegenwärtig keineswegs lieblichen Tagesordnung u. ohne meinen Hoffnungsbaum in den Himmel wachsen zu lassen, durchaus glücklich u. zufrieden. Daß dazu meine lieben Verwandten ihr großes u. gutes Theil beitragen, versteht sich von selbst. Ich wohne Dessauer Straße u. merkwürdiger Weise in dem grünen Zimmer, das Prof. Simons sich hat tapezieren lassen. Morgens um 6 Uhr muß ich in der Chausseestraße sein, um 6 Uhr Abends ist Feierabend u. nun ist es köstlich für mich, – wieder einigermaßen zum Menschen zurechtgewaschen – zu Grimm's u. Noville's zu gehen u. den Abend zu verplaudern, was ich 3 bis 4 Mal wöchentlich thue. Ich habe hier noch eine Menge bekannter junger Leute getroffen, – u.A. Främbs u. Sommer –, mit denen ich aber als Antikneipianer sehr wenig verkehre. Almgren, der durch seinen Vater u. durch Reuleaux bei Borsig eine prächtige Ingenieurstelle bekommen hat, sehe ich öfter.

Heute ist Familientafel bei Noville's; ich muß dabei denken an die vielen reizenden Mittage bei Ihnen, von denen besonders die zu viert (d.h. den Kleinen mitgerechnet) köstlich für mich waren. Ich finde bei Durchsicht meiner Briefsachen eine Menge der lieben kleinen Blättchen, die Ihr Dienstmädchen mir immer brachte. Von meiner Zürcher Zeit ist mir so sehr nur das Schöne in der Erinnerung geblieben, daß sie mir ordentlich wie ein goldenes Zeitalter erscheint. Sie war so reich an großen und kleinen Freuden in den Hörsälen, in den Hottinger u. Flunterer Salons, im Freien, oben im Wald u. unten im Nachen! Den Tag über Zeuner, Reuleaux, Clausius p.p., Abends Vischer u. Lübke. Und wenn Sie Ihr Colleg beendet hatten, mit welchem Vergnügen wartete ich unten, begleitete Sie nach Hause und trug eine Ihrer großen Mappen. Wie allerliebst waren unsere Quartettabende mit Bleken, Stockhausen u. Bock, mit welchem Eifer präsidierte ich in unserm Gesangverein! Und dann die besonderen Feste, wie die Tour nach Schaffhausen, die Ufenaufahrt, die abendlichen Gondelfahrten, die Trios bei Ihnen! Bei all diesen Erinnerungen stehen Lübke's im Vordergrund u. haben den besten Theil daran. Das Gefühl davon ist so sehr viel lebhafter, als es sich sagen läßt. Und eine so schöne Zeit, die wirft doch wohl ihren Schimmer auf alle künftigen Tage und diese Erinnerungen, sie haben etwas immer bewegendes und erfreuendes!

Verehrter Herr Professor, die Woche mit ihrer harten absorbierenden Arbeit ist über mich und diesen Brief gekommen und es ist wieder Sonntag geworden. Nachdem ich ausgeschlafen und in aller Gemüthlichkeit mein Frühstück präpariert und genommen habe, ist es aber mein Erstes, ihn zu vollenden und zu expedieren. – Stockhausen ist hier auf ein paar Tage und Bock wird nächstens anrücken, um ein Semester hier zu sein. Ich freue mich natürlich sehr über Beides. Und ich freue mich mit Grimm's sehr über die uns durch Herrn Zöllner zugekommene Nachricht von dem Ihnen für Stuttgart gemachten Anerbieten und bin sehr begierig und gespannt auf Ihren Entscheid. Sie wären den Berlinern doch schon ein hübsches Stückchen näher, so daß wir – von den übrigen Rücksichten abgesehen – recht wünschen möchten, daß Sie acceptieren. Das Klima soll ja auch so sehr günstig sein. –

Ich denke für dieses Jahr gar nicht gern an die Sommermonate, die Verwandten fort und ich vielleicht bei der großen Hitze noch in den schwarzen Werkstätten! Grimm's haben noch keine definitiven Sommerpläne gemacht. Oberstdorf hat sehr wenig Chancen mehr. Sie behaupten, sie hätten kein Geld dafür, weil sie einen neuen Flügel anschaffen wollen. – Helene geht in der nächsten Woche, die Tante nach 4 Wochen an den Rhein und wahrscheinlich wird der Onkel mit Anna seine Ferien im Harz oder sonst irgend in der Nähe verbringen. – Meiner Mutter geht es entschieden besser, nachdem sie den ganzen Winter durch ein rheumatisches Leiden im Zimmer und meistens im Bett festgehalten war. Mein Bruder Hans hat einen sehr hübschen Posten. Er baut den Bahnhof in Reichenhall (bei Berchtesgaden, also in herrlichster Gegend) und einen kleineren in der Nähe. Es ist dieß der bedeutendste Hochbau, der jetzt auf den bayrischen Bahnen auszuführen ist, und er sah sich bei seiner Berufung dafür vielen älteren Collegen und Mitbewerbern vorgezogen. Er wird noch wenigstens zwei Jahre dort beschäftigt bleiben zu seiner großen Zufriedenheit.

Nun herzlich Adieu, verehrter Herr Professor; nehmen Sie und Frau Professor die hochachtungsvollsten Grüße

von Ihrem dankbar ergebenen
Carl Linde

(C. Linde an Eltern Linde)

Berlin, 10. April 1872

Meine lieben Eltern!

Ich habe jetzt den schweren Entschluß fassen müssen, zur Beseitigung meines Kopfleidens, das sich seit Neujahr sehr gesteigert und mich hier vollständig aufs Krankenlager hingestreckt hatte, ein ganzes Halbjahr auf dem Lande auszuruhen, also für die Dauer des Sommersemesters Urlaub zu nehmen. Ich habe hier 10 Tage zu Bett gelegen und bin noch viel zu schwach als daß in den nächsten Wochen das Lesen eine Möglichkeit für mich wäre. Übrigens liegt nach der bestimmten Aussage des Arztes Nichts Beunruhigendes in meinem Leiden. Bisher ist es lediglich Überreizung der Gehirnnerven, die durch Ruhe vollständig beseitigt werden kann. Fortgesetzte geistige Anstrengung allerdings könnte eine wirkliche Gehirn-Krankheit zur Folge haben und deßhalb glaube ich das Wagniß nicht verantworten zu können, während des Sommersemesters – wenn auch mit besonderer Schonung – zu arbeiten.

Ich habe mir nun hin und her überlegt, ob der Sommer nicht in der Nähe von Kempten zugebracht werden könnte. Aber ich kann mich auf keinen Ort besinnen, welcher den vorliegenden Anforderungen entspräche. Der Arzt verlangt einen kühlen, schattigen Ort für mich; es muß sich leicht an dem Orte menagieren lassen; es muß eine leidlich bequem eingerichtete, gut heizbare Wohnung mit ordentlich montierter Küche p.p. vorhanden sein; wir müssen einen guten Arzt zur Disposition haben; endlich muß die Gegend den nöthigen Reiz haben, um während eines halben Jahres jede anstrengende geistige Thätigkeit nicht vermissen zu lassen, sondern um das Herz soweit ausfüllen zu können, daß man nicht melancholisch wird. Allen jenen Anforderungen entsprechen sowohl Berchtesgaden als Tegernsee und so werden wir uns wohl für einen der beiden Orte entscheiden...

(C. Linde an Eltern Grimm)

München, 8.3.1876

Ihr lieben Eltern!

In Dresden habe ich mit Zeuner Besprechungen gehabt, die für unsere beiderseitigen Arbeiten sehr wichtig waren, ebenso habe ich mit Reuleaux allerlei verhandelt und meinte er, sie „müßten mich doch noch nach Berlin bekommen“. Ich widersprach nicht und habe gar Nichts dagegen, wenn einmal ein ordentlicher Antrag kommt, obwohl gar nicht anzunehmen ist, daß man sich in Berlin zu entsprechenden Anerbietungen je entschließen wird, da man die technischen Hochschulen noch nicht als solche und als Pflanzstätten der Wissenschaft neben den Universitäten betrachten mag. –

Bezüglich der Eismaschine hat Euch Helene im Allgemeinen auf dem Laufenden gehalten. Ich habe mehr u. mehr die Überzeugung gewonnen, daß ich nicht auf geistige und materielle Betheiligung bei einem directen Exploitationsgeschäft eingehen darf. Die angemessenste Weise der Verwerthung scheint mir darin zu bestehen, daß in den verschiedenen Ländern sehr tüchtige Maschinenfabriken gewonnen werden, welchen unter gewissen Bedingungen und gegen Bezahlung von Patenttaxen das Ausführungsrecht übertragen wird. Die Sache ist aber auch in dieser Form mit nicht geringen Schwierigkeiten verbunden. Für Deutschland ist der Vertrag dem Abschluß nahe. Die Maschinenfabrik Augsburg erhält zunächst für 5 Jahre das Ausführungsrecht gegen Abgabe von 15% des Verkaufspreises. Außerdem correspondiere ich mit Österreich, England und Frankreich und muß wohl oder übel mit derselben Energie, welche zur Überwindung der technischen Schwierigkeiten einzusetzen war, den geschäftlichen Theil bis zum Abschlusse der Verträge in die Hand nehmen. Entsprechen die geschäftlichen Resultate den technischen, so steht die Sache brillant. –

Ich verfolge Eure Fahrt mit rechter Theilnahme und freue mich dessen was Ihr genießt. Gott sei weiterhin mit Euch!

Mit tausend Grüßen

Euer dankbarer Sohn Carl

(C. Linde an seine Eltern)

München, 13. April 1876

Ihr lieben Eltern!

Eine glückliche interessante Reise und vor Allem eine fröhliche Wiederkehr in mein Haus ist mir beschieden gewesen seitdem ich Euch zuletzt geschrieben. Die Reise war ganz und gar Geschäftsreise und hat die gewünschten Resultate gehabt – in Frankreich und England verschiedene Leute und Etablissements soweit für unsere Sache zu interessieren, daß sie herkommen, um hier die Maschine zu studieren und wenn sie Alles meinen Mittheilungen entsprechend finden, die Ausführung der Patente unter ähnlichen Bedingungen übernehmen, wie die Maschinenfabrik Augsburg, mit welcher der Vertrag inzwischen perfect geworden ist. Natürlich fiel doch da und dort ein Stündchen ab, um etwas Schönes und Interessantes zu genießen.

Meine Überfahrt von Boulogne nach Folkstone fand bei wolkenlosem Himmel, ganz ruhiger See und gloriosem Sonnenuntergang statt. Von London bekam ich Nichts zu sehen, als etwas éxterieur ...

Ins Innere von England drang ich über Nottingham, Derby und Sheffield bis Leeds vor und sah allerlei, was den Techniker höchlichst anging – auch schönes Land mit prachtvollem Baumschlag, Alles im ersten grünen Frühlingshauch. Das Prächtigste auf der Reise war aber die Rückfahrt von Dover nach Calais bei stark bewegter See. Ich gieng unwohl an Bord, hatte die Nacht nicht geschlafen, und verkroch mich in einen Winkel in der Mitte des Schiffes. Doch wie wir heraus kamen und das Schiff seine großen Bewegungen begann, merkte ich bald, daß mir das wohl that. Ich stellte mich neben den Steuermann und dann, weil ich da zu naß wurde, auf die Brücke über die Radkästen. Auch hier wurde man über und über von der salzigen Fluth übergossen. Mir wurde in der herrlichen Seeluft und je mächtiger die Wogen anschwollen, desto wohler und in Calais war ich zwar patschnaß aber ganz erquickt. Ich fuhr dann auch direct durch nach München. Nur in Brüssel machte ich einen Rundgang durch die Stadt. Der Drang nach Hause hat mich wie schon oft auch dießmal verhindert, irgendwo zu rasten und zu genießen. –

Die Reise hat mir aber entschieden wohl gethan, ich fühle mich wohler, als vorher. Hoffentlich hören wir das, lieber Papa, auch bald von Dir!

Mit tausend herzlichen Grüßen

Euer dankbarer Sohn Carl

(Professor Theodor Billroth an C. Linde)

Wien, 17.2.1880

Mein lieber Linde!

Sie werden nun wohl auch schon die Erfahrung gemacht haben, daß man sich in den Mannesjahren weit weniger Freunde erwirbt als in der Jugend, und daß man später in der Erinnerung an alte Freunde und Bekannte eine Sehnsucht zugleich nach der Jugendzeit empfindet. Sie werden freilich lächeln, wenn ich von meiner Zürcher Zeit als „Jugend“ spreche, und doch ist es mir so; es war doch eine herrliche Zeit! Wie warm meine Frau und ich stets an Ihrem Geschick Antheil genommen haben, wissen Sie und ich finde in Ihrem lieben Briefe einen Beweis mehr, daß Sie es wissen. Gerade durch gemeinsam erlebte Trübsal wird man enger miteinander verbunden. Lassen wir diese Trübsal ruhen und sei Ihnen fortan ein ruhiges Glück und ein froher Genuß Ihres so arbeitsvollen Lebens beschieden!
Leben Sie wohl! Es wird mich stets freuen Sie wieder zu sehen! – Mit herzlichem Gruß

Ihr Th. Billroth

(C. Linde an Prof. Dr. Klein. –
Prof. Klein verfolgte den Plan, an der Universität Göttingen ein Laboratorium für angewandte Physik einzurichten und Carl Linde als Leiter eines solchen Instituts zu gewinnen (S. 134). Er stellte C. Linde damit vor eine folgenschwere Entscheidung: Bei Annahme des Angebots würde es heute bei der Linde AG wohl kaum die Werksgruppen Technische Gase und Tieftemperatur- und Verfahrenstechnik geben.)

Berchtesgaden, den 7. Juli 1895.

Lieber Freund!

Für Deinen Brief vom 1. d. Mts. habe ich Dir in mehrfacher Hinsicht zu danken. – Sehr erfreulich ist mir natürlich zunächst die Aussicht, Dich in Aachen zu sehen und mit Dir eingehend die Fragen zu besprechen, welche uns gemeinsam beschäftigen. Dadurch will ich mich übrigens nicht davon abhalten lassen, ohne Verzug die in persönlicher Weise an mich gerichteten Theile Deines Briefes ausführlich zu beantworten.

Du sprichst die Vermuthung aus, daß auch bei mir die Auffassung bestehe „als seien die Universitäten die schlimmsten Gegner der technischen Hochschulen bez. der auf die Entwicklung der letzteren gerichteten Pläne". Diese Vermuthung ist eine irrthümliche und beruht auf einem Mißverständnisse insoferne, als Du offenbar meine objective Meinung aus der persönlichen Stellungnahme zu der Frage der Mitwirkung herauslieset. Ich bin der ganz positiven und festen Meinung, daß die Verwirklichung Deiner Pläne nur gewinnbringend sein kann sowohl für die technische Verwerthung der wissenschaftlichen Forschungen, als für die wissenschaftliche Verwerthung der technischen Erfahrungen – sowohl für die Industrie wie für die technischen Hochschulen. Ich werde die möglichst vollkommene Durchführung Deiner Absichten mit ungetheilter Freude begrüßen und theile durchaus Deine Meinung, daß ein Gedeihen derselben auf den technischen Unterricht allgemein nur günstig einwirken kann. Ich fürchte auch keineswegs, daß die Gewährung von Staatsmitteln für Deine Zwecke die Zuwendung solcher Mittel für die technischen Hochschulen beeinträchtigen würde. Je deutlicher der Werth solcher Laboratorien bewiesen wird, desto besser für alle einzelnen. Auch die innere Concurrenz zwischen den Instituten kann nur als glücklich bezeichnet werden. Du siehst, der objektive Standpunkt, den ich Deinen Plänen gegenüber einnehme, ist so weit entfernt von Deiner Vermuthung, daß ich vielmehr sagen kann: ich stehe auf demselben Standpunkte wie Du.

Eine andere Frage aber ist nur die, ob ich – ganz abgesehen von der besonderen Andeutung Deines Briefes – mich in den Dienst der Unternehmungen stellen darf, oder ob ich nicht gebunden bin, meine sehr schwachen Kräfte ungetheilt denjenigen (wenn auch nicht gleichwerthigen) Unternehmungen zu widmen, die ich veranlaßt habe. Du sprichst aus, – so wenig Dich eine solche Aeußerung verpflichten kann, so bestimmt verpflichtet sie mich zu Vermeidung jeden Mißbrauches derselben –, daß ich Dir als Director des Göttinger Institutes willkommen sein würde. Ich drücke Dir mit warmem Danke die Hand für ein solches Vertrauensvotum. Durch dieses zwischen uns Beiden ausgesprochene Wort hast Du mir innerlich mehr Ehre erwiesen, als irgend eine äußere glänzende Kundgebung es vermöchte. Ich bin Dir schuldig, ohne Verzug auszusprechen und zu begründen, daß und warum ich nicht daran denken dürfte, einen Ruf anzunehmen, der an mich etwa hätte kommen können.

Es ist nicht nöthig, daß ich lange bei der wichtigsten Frage verweile, ob ich mich zu jener Stellung qualifiziert glaube. Thatsächlich hege ich ernstliche Bedenken darüber, ob meine mathematisch-naturwissenschaftliche Ausbildung nicht zu lückenhaft ist, um mich behaupten zu können als wirkliches Haupt des Institutes. Aber ich gehe wie gesagt darüber hinweg, weil ich auch dann nicht zugreifen dürfte, wenn jene Bedenken nicht bestünden. Ja, wäre ich völlig frei, etwa so wie es vor mehreren Jahren der Fall war, als ich mich von der Geschäftsführung der Gesellschaft in Wiesbaden freigemacht hatte und ehe ich die Versuchsstation in München eingerichtet und wiederum Anschluß an die technische Hochschule gesucht hatte – die Aussicht auf eine Thätigkeit in Euerem „stillen und ausschließlich wissenschaftlichen Kreise" würde jede andere Rücksicht bei Seite geschoben haben. Heute schaue ich wohl sehnsüchtig auf einen solchen Zustand, aber ich muß mir sagen, daß ich Untreue üben würde gegenüber Denjenigen, die mir die Errichtung der Versuchsstation (mit einem völlig auf meine Bedürfnisse zugeschnittenen Wohnhause) gewährt haben und fortlaufend reiche Mittel für die Durchführung der von mir gewünschten Arbeiten gewähren, wenn ich sie im Stiche ließe. Und hierbei noch Eines: Das Einzige, was ich der höheren Befriedigung einer wissenschaftlichen Thätigkeit im Verkehr mit hochstrebenden und productiven Männern an die Seite stelle, das ist das eigene Producieren im eigenen Berufsgebiete. Vor fünfzehn Jahren schon hat mich die Lust, mit großen Mitteln ganz nach eigener Ueberlegung ein neues technisches Gebiet zu gestalten, aus der akademischen und rein wissenschaftlichen Carriere herausgelockt. Gar Wenige haben den Schritt so aufgefaßt; zu meiner Verwunderung erst, dann mit tiefen Wunden im Herzen, schließlich mit einem besseren Verständniß für das Naheliegende der gemachten Schlußfolgerungen sah ich, daß die Meisten ganz einfach das Verlangen nach Geldgewinn als die Triebfeder zu jener Schwenkung betrachteten. Ich habe nur einen winzigen Theil des aus meiner Thätigkeit erwachsenen Geldgewinnes für mich selbst behalten, dennoch reicht dieser Theil aus, um weiterem Geldgewinne völlig jeden Werth zu nehmen. Aber die Lust, nach eigenen Ideen neue Verfahren und Maschinen zu combinieren, ist natürlich geblieben. Hiefür nun sind bedeutende Geldmittel erforderlich und diese Geldmittel kann ich von der Gesellschaft in unbeschränkter Weise in Anspruch nehmen, weil ihr die erzielten Resultate zu Gute kommen. Das würde in Göttingen nicht der Fall sein. Ich könnte dort nicht meiner Erfindungslust nachgehen, sondern müßte mich den Bedürfnissen und Zielen des Instituts anpassen, welche nur zu einem geringen Theile in der speziellen Richtung liegen, welche ich bearbeite. Ich glaube, daß mir dann auch nicht mehr die Elastizität und Frische eigen wäre, die zu solcher Anpassung erforderlich ist. So komme ich nach reiflicher Erwägung immer sicherer zu dem Ergebniß, daß ich einen gesicherten Weg, auf dem es mir vergönnt sein kann, noch Einiges zu erreichen, aufgeben würde, um einer höheren Aufgabe nachzugehen, deren Lösung mir mehr oder weniger mißlingen könnte und würde. Ich will im Uebrigen nicht sprechen von den mancherlei Wurzeln, die wir nun an dem alten und neuen Wohnort geschlagen haben, Verheirathung der zwei ältesten Töchter in Münchens Nähe etc.

Nochmals herzlichen Dank für Deine gute Meinung, die mir wahrhaft wohlgethan hat. Steht es in meiner Macht, etwas zu thun, was zur Förderung Deiner Pläne dienen kann, ohne im Widerspruch mit den Aufgaben zu stehen, in deren Dienst ich mich schon früher gestellt habe, so verfüge über mich.

Und nun auf Wiedersehen in Aachen und da ein Weiteres. Inzwischen verbleibe ich mit herzlicher Begrüßung von Haus zu Haus

Dein C. Linde.

(Die im folgenden dargelegte Meinung zur Ausbildung von Ingenieuren an Technischen Hochschulen und Industrieschulen (neuerdings spricht man statt dessen von Technischen Universitäten und Fachhochschulen) ist auch heute von großer Bedeutung.)

8. April 1895

Sehr geehrter Herr Lismann!

Sehr entschieden möchte ich mich dagegen aussprechen, daß man die Industrieschulen zu bloßen Vorschulen für die technische Hochschule umgestaltet. Ich betrachte es als einen ernsten Mißstand, daß heute die Mehrzahl unserer Techniker auf der Hochschule ihre Studien machen. Nur ein relativ kleiner Theil derselben kommt während des Berufslebens in die Lage, von der wissenschaftlichen Ausbildung einen Gebrauch zu machen, für welche die technische Hochschule bestimmt und eingerichtet ist – dies gilt speziell für die Maschinen-Ingenieure. Berechtigt sind in diesem Sinne die vielfachen Klagen darüber, daß die Absolventen der technischen Hochschulen für die im praktischen Leben an sie herantretenden Erfordernisse unrichtig vorbereitet und durch unnötiges theoretisches Wissen verbildet seien. Es sollte eben das Gros der Techniker – namentlich derjenigen, welche ihr Leben als Zeichner oder Werkmeister zubringen oder sich mit der Leitung eines einfachen industriellen Betriebes beschäftigen – auf Industrieschulen eine Ausbildung erhalten, welche den praktischen Erfordernissen nach Inhalt und Umfang angepasst ist. Und nur eine höher qualifizierte Minderheit, welche aus der vollen Beherrschung des ganzen wissenschaftlichen Materials in selbständiger Weise Nutzen zu ziehen versteht und in die Lage kommt, sollte die technische Hochschule besuchen. Somit erscheint es angezeigt, alles zu thun, was den Besuch der Industrieschulen zu fördern und den der Hochschulen einzuschränken geeignet ist.

Später zu jeder ferneren Auskunft bereit
zeichne ich hochachtungsvoll

ergebenst
C. Linde.

(An Herrn Geheimrat G. Zeuner)

München, 3. Mai 97.

Hochverehrter Herr Geheimrat!

Wie freudig und wie traurig hat mich wieder Ihr gütiger Brief v. 11. c. bewegt! Ihr Abschied von einer Wirksamkeit, welche (für mich wie) für Tausende von entscheidender Bedeutung gewesen ist und deren Einfluß auf die Entwickelung des Maschinenwesens ein so tiefgreifender war, rückt nun ernstlich heran und es fehlt nicht an Menschen und an Bestrebungen, welche beim Abschlusse eines Berufslebens von einem (im Gebiete des technischen Unterrichtes) so beipiellosen Erfolge den eingeschlagenen und gangbar gemachten Weg verlassen möchten. Ich habe eine so feste Ueberzeugung davon, daß die von Ihnen in Zürich inaugurirte Theilung des Lehrstoffes die richtige ist, daß ich an einen allgemeinen Sieg der neuen (Stuttgart – Berliner) Richtung nicht glauben kann und annehme, es werde diese – durch laute Wortführer jetzt im Vordergrunde vertretene – Richtung durch die innere Kraft der besseren Gründe immer wieder rectificirt werden, insbesondere eben durch die Erfahrung, welche man an gewissen Schulen bei Vernachlässigung des theoretischen Theiles wird machen müssen.

Tief gerührt hat es mich, daß Sie bei der Frage nach Ihrem Nachfolger, wenn auch nur akademisch, an mich gedacht hatten. Ich wollte ich wäre einer solchen Ehre würdig. Allein es steht für mich außer Frage, daß ich – von allem Anderen abgesehen – mir eine solche Aufgabe nicht zutrauen darf, weil mir die sichere mathematische Grundlage fehlt. Wenn ich s.Z. (in Ermangelung sonstiger Reflectanten) hier in München den Lehrstuhl der theoretischen Maschinenlehre zu besteigen wagte, so durfte ich als 26 jähriger annehmen, daß ich durch Selbst-Studium das Fehlende ergänzen würde – jetzt da ich seit 18 Jahren die allgemeine wissenschaftliche Fühlung verloren und mich in einen („kalten") Winkel zurückgezogen habe, darf ich daran gar nicht mehr denken. – Aber aus vollem dankbaren Herzen drücke ich Ihnen die Hand dafür, daß Sie mir die Ehre erwiesen, nur an mich gedacht zu haben. – Möge doch die ganze Angelegenheit recht nach Ihrem Sinn und Wunsche zum Abschluß kommen und Ihnen ein freundlicher Lebensabend anbrechen! Wie immer in lebendiger Verehrung

Ihr dankbarer Schüler

C. Linde.

München, 13. Mai 1897

(An Herrn Geheimrat G. Zeuner)

Hochverehrter Herr Geheimrath!

Ich beeile mich die in Ihrem Briefe v. 11. c. enthaltenen Fragen zu beantworten, so gut ich es vermag. ...

(Zunächst empfiehlt C. Linde Herrn Prof. Dr. Richard Mollier wärmstens als Nachfolger Zeuners, um dann fortzufahren:)

... Er (Mollier) würde damit gewiß im Stande sein, gegenüber allen Anforderungen sich zu behaupten, auch gegenüber denjenigen, welche sich heute gegen selbständige Lehrstühle für die Maschinen-Dynamik aussprechen – eine Forderung, deren Erfüllung mir für die Zukunft unserer technischen Hochschulen verhängnisvoll erscheinen würde. Mag auch zugegeben werden, daß einzelne Maschineningenieure existieren können, welche gleichzeitig nach der constructiven und nach der physikalisch-dynamischen Seite hin als Meister und wissenschaftliche Vertreter gelten können, so wird doch nach den bisherigen Erfahrungen ein Beweis hierfür kaum erbracht werden können. Insbesondere stellt die volle Beherrschung des ganzen Materials auf dem Gebiete der Thermodynamik solche Anforderungen, daß nur ganz ausnahmsweise dieselbe sich bei Männern finden wird, welchen derjenige Schatz von besonderen praktischen Erfahrungen zu Gebote steht, wie er neben der allgemein ingenieurwissenschaftlichen und neben der besonderen statisch-theoretischen Ausbildung für den Lehrer des Maschinenbaues erforderlich ist. Ich bin davon überzeugt, daß immer eine der beiden Richtungen – entweder die Wissenschaft und Kunst des Bauens, oder die physikalische Durchdringung der Arbeitsvorgänge – zu Ungunsten der anderen dominieren würde und daß die überhaupt erreichbare Gewähr für die Vermeidung solcher Einseitigkeit eben darin liegt, daß man (nach Analogie der Anatomie und Physiologie) die beiden Lehraufgaben in verschiedene Hände legt.

Ihnen, hochverehrter Herr Geheimrat, haben die Mehrzahl der deutschen technischen Hochschulen eine dem Vorstehenden entsprechende Organisation des Lehrplanes zu danken. Möge es in Dresden und möge es an anderen hervorragenden Hochschulen gelingen, in demselben Geiste weiterhin Lehrkräfte zu suchen und zu gewinnen. Das wünscht einer unter der großen Schaar, welche das Glück hatte, aus diesem Geiste unmittelbar zu schöpfen. Mit unveränderlicher Verehrung.

Ihr dankbarer Schüler
C. Linde

Den 5. Februar 1900.

Hochverehrter Herr Heinrich!

Für die ehrenvolle Einladung zur Abhaltung eines Vortrages bei dem 9. deutschen Brauertage in Hannover spreche ich Ihnen zunächst meinen verbindlichen Dank aus.

Der Annahme dieser Einladung stehen meinerseits einige Bedenken im Wege, so daß ich bitten muß, mir noch eine Woche Zeit für die Entscheidung zu geben.

Nachdem ich s. Z. hier, sodann in Frankfurt und in Berlin Vorträge über mein Verfahren der Luftverflüssigung gehalten hatte, wobei am letztgenannten Orte durch die Theilnahme des Kaisers die öffentliche Aufmerksamkeit in fast unliebsamer Weise auf die Sache gelenkt wurde, kamen an mich so zahlreiche Aufforderungen zu solchen Vorträgen, daß ich nur durch die grundsätzliche Erklärung mir helfen konnte, keinen Vortrag mehr über denselben Gegenstand halten zu wollen.

Nun fühle ich mich freilich durch den besten Theil meiner Berufstätigkeit und durch die dabei erfahrene vertrauensvolle Aufnahme und Unterstützung in solchem Maße den deutschen Bierbrauern verbunden, daß ich an jene Erklärung mich in diesem Falle nicht absolut gebunden halten möchte, sondern etwa mit der Modification eine Ausnahme machen könnte, daß die ,,Verflüssigung der Gase" (nicht speziell der Luft) zum Gegenstand des Vortrages gemacht würde.

Vielleicht könnte hiedurch auch einem zweiten und wichtigeren Bedenken die Spitze abgebrochen werden, nämlich dem Bedenken, daß die Luftverflüssigung für die Bierbrauerei keinerlei Bedeutung hat und wahrscheinlich nie eine solche gewinnen wird, während die Verflüssigung von Ammoniak, Kohlensäure etc. bekanntlich eine nicht unwichtige Rolle spielt. Vielfach (in Kreisen außerhalb des Brauerbundes insbesonders) wird man den Eindruck haben, als hätte ich das Bedürfnis, den (schon weidlich vorgerittenen) alten Gaul nochmals vorzureiten, ein Gedanke, der mir ein höchst unangenehmer ist.

Zu diesem persönlichen Grunde kommt hinzu, daß mein altes Kopfleiden mich häufig tagelang arbeitsunfähig macht, so daß bei etwaigem unglücklichen Zusammentreffen mit dem Termin für den Vortrag (besonders, wenn heißes Wetter einfällt) die Zuhörer recht enttäuscht sein könnten.

Bei alledem fällt es mir so schwer, Ihre Einladung abzulehnen, daß ich mir – wie oben gesagt – eine Woche Bedenkzeit ausbitte.

Mit vorzüglicher Hochachtung

Ihr ganz ergebener
C. Linde.

(An den Direktor eines mit Ges. Linde verbundenen Unternehmens)

15. Dez. 1902.

Sehr geehrter Herr Director!

Aus einigen mir zugehenden Mittheilungen entnehme ich, daß die für die Verwertung der flüssigen Luft gemachte Propaganda vielfach Anstoß erregt, was mich neuerdings veranlasst – leider habe ich bei meiner neulichen Anwesenheit nicht eingehender darüber gessprochen – Sie auf das Dringendste zu bitten, daß Sie sich auf die bloße Ankündigung beschränken möchten, es sei flüssige Luft zum Preise von M 1,50 p. Liter bei uns zu haben und es der thatsächlichen Entwicklung etwaiger Verwendung überlassen, für die Ausbreitung der Kenntniß von dieser Verwendung zu sorgen. Insbesondere ist die Bezugnahme auf das Interesse des Kaisers ein Reklamemittel, welches in den ernsten geschäftlichen Kreisen nicht gebilligt wird. Von drei verschiedenen mir näher stehenden Seiten werde ich hierauf aufmerksam gemacht. Sie geben sich zweifellos einer Täuschung hin, wenn Sie für unser Unternehmen einen Gewinn und eine Erhöhung des Ansehens darin erblicken. Unser Aufsichtsrath würde auch sicherlich nicht damit einverstanden sein, daß für diese Propaganda Aufwendungen gemacht werden, da unser Prinzip überhaupt aller äußeren Reklame abhold ist und sich nur auf innere Leistungen stützt. Ich will gar nicht davon sprechen, daß für mich persönlich die Reklame für flüssige Luft außerordentlich peinlich ist, weil ich wiederholt sowohl als der Vorsitzende der Gesellschaft, wie auch als der Erfinder hereingezogen bin. Ich erleide dadurch in den Augen derjenigen Kreise, welche mir die werthvollsten sind, eine Einbuße, die mich lebhaft schmerzt und die ich nicht verschuldet habe.

Beispielsweise soll nach Ihrem Besuch beim Kaiser veröffentlicht sein: „Nachdem nunmehr die Verwendung flüssiger Luft zur Kühlung von Räumen, sowie für Haushaltungszwecke dargethan ist, hat die Gesellschaft die fabrikmäßige Herstellung übernommen.“

Damit ist zweifellos etwas gesagt, was der Wirklichkeit im eigentlichen Sinne nicht entspricht, und es ist nicht zu verwundern, wenn einsichtige Leute uns der „Marktschreierei“ und „Effecthascherei“ beschuldigen – das sind Bezeichnungen, wie sie mir mitgetheilt sind. Sie haben wahrscheinlich keine Gelegenheit derartiges zu hören, werden vielmehr durch allerlei Besuch in Ihrer Meinung bestärkt. Deßhalb halte ich es für meine Pflicht, Sie recht eindringlich und ernstlich darauf aufmerksam zu machen.

Mit hochachtungsvollem Gruß
Ihr ergebener
C. Linde.

27. Nov. 04.

(C. Linde an Herrn Geheimrat Fischer, Hannover – Das Schreiben bildet eine Ergänzung zu S. 138.)

Sehr geehrter Herr Geheimrat!

Ich wage es, unserer Kommission vorzuschlagen, daß sie dem Kuratorium der Jubiläumsstiftung die Bewilligung größerer Mittel (zunächst etwa M 40000) zur Förderung eines sehr übel beleumundeten und sehr degradirten Problems empfehlen möge, nämlich des Problems des dynamischen Fluges.

Ich begründe diesen Vorschlag, wie folgt:
1. Er entspricht der Zweckbestimmung der „Jubiläums-Stiftung" („Förderung der technischen Wissenschaften").

Ich denke mir die etwaige Durchführung der Aufgabe so, daß eine Kommission von hervorragenden Fachleuten aus den einschlägigen Gebieten der Technik in erster Linie über diejenigen technischen Mittel beraten sollte, welche in Anwendung zu kommen haben und daß alsdann (durch ad hoc engagirte Techniker) auf experimentellem, konstruktivem und rechnerischem Wege ein genaues Studium dieser Mittel durchgeführt werde, wobei es sich insbesondere handeln dürfte um a) die Mittel zum Aufsteigen, Schweben und Fortbewegen, b) Gewinnung und Uebertragung der Antriebs-Arbeit, c) Herstellung genügender Stabilität auf statischem und dynamischem Wege, d) absolute Steuerbarkeit und e) statische Verbindung aller Teile untereinander. Erst nachdem diese Durchbildung der einzelnen Elemente zu befriedigendem Ziele geführt haben werden, sollte zum Bau ganzer Versuchs-Flugapparate geschritten werden. Es dürfte kein Zweifel darüber bestehen, daß aus der Gesammtheit der geschilderten Arbeiten bei richtiger Durchführung derselben eine Förderung der technischen Wissenschaften erwartet werden darf und zwar selbst dann, wenn das eigentliche Endziel nicht erreicht werden sollte.
2. Nach Meinung hervorragender Gelehrter und Praktiker ist die erfolgreiche Lösung der vorliegenden Aufgabe nicht bloß naturgesetzlich möglich, sondern auch durch die heutige Technik erreichbar, welche zur Ueberwindung der entgegenstehenden Schwierigkeiten befähigt und deßhalb auch dazu berufen erscheint.
3. Die bedeutenden materiellen und geistigen Mittel, welche zu solcher Lösung erforderlich sind, können nicht aus der Initiative einzelner Personen oder Industriezweige erwartet werden, vielmehr erscheint hiezu die gesammelte Kraft einer großen Vereinigung erforderlich.

Die vereinzelten Versuche und zahlreichen Mißerfolge einzelner Erfinder und Enthusiasten haben bisher meist dazu beigetragen, das ganze Problem in

Mißkredit zu setzen, weil es sowohl an der unbefangenen Kritik und Voraussicht, als an der nachhaltigen Schwerkraft der Unternehmungen gefehlt hat.

Ich habe mich erst nach langer Prüfung und Erwägung aller Umstände dazu entschlossen, diesen Antrag zu stellen.
Er geht aus der Ueberzeugung einer inneren Verpflichtung hervor. Sollten die Herrn Kollegen geneigt sein, ihrerseits die etwaigen sonstigen Anträge mit mir mündlich zu beraten, so möchte ich mir den Vorschlag erlauben, daß wir vielleicht in Frankfurt a/M. zusammenkämen, wobei mir besonders passende Termine wären: 1. Nachmittag des 14. oder Vormittag oder Nachm. d. 15. Dezbr. 2. nöthigenfalls Vormittag des 18. Dezbr..

Mit vorzüglicher Hochachtung
Ihr ergebener
C. Linde.

(Zustandsdiagramme für Wasserdampf (als dem wichtigsten Medium bei der Umwandlung von Primärenergie in elektrischen Strom und andere Formen von Sekundärenergie) gehören heute zum normalen Rüstzeug des Ingenieurs. Die im folgenden Brief behandelte Forschungsarbeit ist ein wesentlicher Beitrag zur Entstehung von Wasserdampftabellen und -diagrammen.)

12. Nov. 05.

An die technisch wissenschaftliche Kommission des Vereins deutscher Ingenieure.

Ich habe in einer der letzten Sitzungen berichtet, daß in dem Laboratorium für technische Physik in München der ursprünglich nur zur Feuchtigkeitsbestimmung des Dampfes ausgeführte Apparat zur Ermittlung der spezifischen Wärme des überhitzten Wasserdampfs benützt worden sei und Resultate liefere, welche mit den aus einer anderen (inzwischen in einem Forschungshefte ,,über die thermischen Eigenschaften des Wasserdampfes" bekannt gewordenen) Untersuchungsreihe ermittelten Werte übereinstimmen und zur endgiltigen Feststellung dieser wichtigen Größe dienen könnten. Sie haben zur Fortsetzung dieser Versuche die Bewilligung von M 2500 befürwortet. Die hiedurch ermöglichten Versuche haben nun Ergebnisse geliefert, welche einerseits für die dadurch berührten praktischen Fragen, andererseits aber auch für die allgemeine physikalische Erforschung der Veränderlichkeit der spez. Wärme der Gase und Dämpfe so bedeutungsvoll sind, daß ihre weitere Fortsetzung mir höchst wünschenswert erscheint, obwohl die bewilligten Mittel verbraucht sind, ja schon darüber hinausgegangen wurde. (Die Kosten fallen aus dem Grunde hoch aus, weil mit großen Dampfmengen und dementsprechend auch mit großen Mengen electrischer Energie u.s.w. gearbeitet wird und weil große Thermostaten nöthig sind.) Aus der Anlage bitte ich zu entnehmen 1. daß die spezifische Wärme bei zunehmender Temperatur zunächst eine Abnahme, dann aber von einer bestimmten „Inversions"-Temperatur ab eine Zunahme erfährt und 2. daß diese Veränderlichkeit um so stärker hervortritt, je höher der Druck (und damit die Dichte) ist, endlich 3. daß die Inversionstemperatur mit dem Drucke abnimmt.

Ich vermuthe, daß hier zum ersten Male ein allgemeines Gesetz für die Veränderlichkeit der spez. Wärme von Gasen und Dämpfen aufgedeckt ist, welches den Physikern bisher deßhalb entgangen ist, weil sie immer nur bei niedrigem (atmosphärischen) Drucke gearbeitet haben, wobei die Veränderungen so klein sind, daß sie innerhalb der Fehlergrenze bleiben.

Es wäre nun wünschenswert, daß die Versuche auf höhere Temperaturen und auch auf höhere Drücke ausgedehnt werden könnten. Für ersteres würde die Beschaffung eines neuen Thermostaten erforderlich sein. Die Gelegenheit zum Experimentiren mit höheren Drücken werden wir in der Versuchstation des Bayer. Revisionsvereins finden können.

Ich erlaube mir zu beantragen, daß beim Vorstande unseres Vereins eine weitere Bewilligung von M 5000 zur Fortsetzung dieser Untersuchung befürwortet werden möchte.

Hochachtungsvoll
C. Linde.

(An Herrn Cecil Lightfoot.–
In der Weihnachtszeit 1906/07 wurde das Fundament für das wohl auch heute noch größte Unternehmen für den Verkauf von Sauerstoff und Stickstoff auf der Welt gelegt (S. 110). Mietverträge für Sauerstoff-Anlagen gehören zur Geschäftspraxis in der Großindustrie. Der Kampf gegen die „roten Zahlen" in den ersten Geschäftsjahren des amerikanischen Unternehmens gibt C. Linde Anlaß, von seinen Erfahrungen in Deutschland zu berichten und seinen amerikanischen Partnern Mut zu machen.)

4. März 08.

Lieber Herr Lightfoot!

Ich habe Ihnen sehr lange nicht geschrieben und habe seither viele Briefe von Ihnen erhalten, speziell v. 7., 9. u. 12. Dezbr., v. 7. u. 13. Jan. und v. 1. u. 18. Febr. Der Grund meines langen Schweigens ist wesentlich der, dass meine Gesundheit in diesem ganzen Winter keine gute ist, so dass ich mit vielen Anstrengungen nur gerade das Allerdringendste von Tag zu Tag erledigen konnte. Den Monat Januar habe ich in Neapel zugebracht.

Ihre Briefe enthielten auch im Wesentlichen Nachrichten ohne dass bestimmte von mir zu beantwortende Fragen darin enthalten waren ausser den nachstehend behandelten.

Am 9. Dez. teilen Sie mir mit, dass Sie bei Lieferung von Sauerstoff- und Stickstoff-Anlagen eine Art von Miet-Vertrag mit dem Besteller abschließen wollen, welcher dem Letzteren nur ein beschränktes Verfügungsrecht über die Maschine einräumt, um dadurch vor konkurrierender Nachahmung besser geschützt zu sein. Sie wünschten meine Ansicht darüber zu hören. Ich bin nun mit den dortigen Geschäftsverhältnissen und Rechtszuständen zu wenig vertraut, um darüber urteilen zu können, ob ein solches Verfahren mit Erfolg durchführbar sei. Ich muß aber sagen, dass ich nicht glaube, dass wir hier in Europa im Stande sein würden es durchzuführen.

Am 1. Febr. schreiben Sie mir, daß Herr Brush die Meinung vertritt, die Vorkühlung der kompr. Luft würde sich ersetzen lassen durch eine Verlängerung der Gegenstromspirale. Wenn ich recht verstehe, so ist Herr Brush der Meinung, daß gar keine Kühlmaschine notwendig wäre, wenn diese Verlängerung vorgenommen würde. Es ist aber doch einleuchtend, daß die Temperaturen am oberen Ende der Gegenstromspirale (wo die kompr. Luft eintritt und die Verdampfungsprodukte austreten) durch eine Verlängerung der Spirale überhaupt nicht bestimmt (verändert) werden. Die Temperatur der kompr. Luft vor dem Eintritt in die Gegenstromspirale muß aber möglichst tief erniedrigt werden 1. um möglichst viel Wasserdampf zurückzuhalten (d.h. um eine möglichst kleine Teilspannung des Wasserdampfes zu erzielen) und 2. weil die Kälteleistung des Thomson-Joule-Processes umgekehrt proportional mit dem Quadrat der Temperatur T wächst, mit welcher die kompr. Luft in den Gegenstromapparat eintritt. Daß das Letztere der Fall ist (und warum), habe ich in einem Artikel nachgewiesen, welcher englisch im „Engineer" 1896 Nov. 13 bzw. 20 erschienen ist und von welchem ich ein deutsches Exemplar gleichzeitig an Sie absende.

Daß vorläufig die monatlichen Abschlüsse noch so außerordentlich ungünstig sind, bedaure ich zwar sehr, besonders in der Befürchtung, daß mancher sich dadurch entmutigen lassen wird, aber es muß eben berücksichtigt werden, daß eine ganz neue Industrie in das Land gebracht wird und zwar in einem Zeitpunkt, welcher durch eine allgemeine Finanzkrisis ein unglücklicher ist. Ich sehe deßhalb vorerst getrost Ihren weiteren Berichten entgegen.

Es wird bei Ihnen und den dortigen Freunden den Mut stärken, wenn ich Ihnen mitteile, daß hier in Europa (vor allem in Deutschland) die Entwicklung der Sauerstoff- und Stickstoff-Industrie weitere große Fortschritte gegen das vergangene Jahr gemacht hat. Während nach dem Berichte, welchen wir im Jan. 1907 in Cleveland vorgelegt haben, der Gewinn unseres deutschen Sauerstoff-Syndikats pro 1903/04 mit M 95000, für 1904/05 mit M 145000 und für 1905/06 mit M 185000 angegeben werden konnte, beträgt derselbe für 1906/07 M 200000

An Sauerstoff- und Stickstoff-Anlagen sind bis heute 42 (gegenüber 26) im Gesamtwerte von M 1760000.– gegenüber M 800000.– abgeliefert und im Bau.

In England, Frankreich, Italien u.s.w. hat der Sauerstoffhandel sich ebenfalls weiter entwickelt und nimmt die Verwendung der autogenen Schweissung und des Schneideverfahrens große Dimensionen an.

Diese Tatsachen werden auch Denen Geduld und Mut einflößen welche etwa jetzt durch die langsame Einführung mutlos werden könnten.

Wie bewährt sich technisch Ihre Anlage? Insbes. die Luft-Kompressoren? Es wird allerdings lange dauern, ehe Sie über Dauerversuche Erfahrungen haben werden.

Mit herzlichen Grüssen
Ihr
C. Linde.

(An Herrn Geheimrat Brentano. –
Aus den Zeilen des folgenden Briefes wird C. Lindes Einstellung zu sozialen Fragen im Unternehmen deutlich. Er spricht von den „einfachsten und rein menschlichen Beziehungen zwischen Arbeitgebern und Arbeitnehmern", die – leider – häufig zu wenig beachtet wurden und werden.)

1. Februar 1910

Hochgeehrter Herr Geheimrat!

Dem in der „Münchner Post" veröffentlichten Aufrufe der „Vereinigung für exakte Wirtschaftsforschung" bin ich tatsächlich durch meine Unterschrift beigetreten, weil die positiven Ziele, welche hier verfolgt werden, mir der Unterstützung wert erschienen. Dasselbe habe ich in Bezug auf mancherlei Unternehmungen und Absichten von sozialer Seite getan, welche gegen Mißbräuche des Unternehmertums gerichtet waren.

Daß es unglücklicher Weise auf diesem Gebiete, wie auf dem gesamten Gebiete der Politik unmöglich ist, sich der Verfolgung bestimmter Ziele anzuschließen, ohne dadurch in eine negative Konflikt-Stellung zu Anderen zu geraten, ist mir eine neue schmerzliche Erfahrung. Ferne liegt mir die Absicht, an Angriffen gegen Männer und Richtungen mich zu beteiligen, welche eine entgegenstehende Meinung mit ehrlicher Überzeugung vertreten – abgesehen davon, daß mir zu einer wissenschaftlichen Kontroverse alles Rüstzeug fehlen würde.

Als mir von einer für mich absolut vertrauenswürdigen Seite die Notwendigkeit dargelegt wurde, mancher schädlichen Wirkung spekulativer Sozialwissenschaft durch die Methode exakter Tatsachenfeststellung zu begegnen, habe ich mich dieser Bestrebung um so lieber angeschlossen, als diese Methode an sich absolut einwandfrei ist und bei richtiger Durchführung für die Erlangung gesicherten Materials für jede wissenschaftliche Behandlung fruchtbringend erschien. Daß überhaupt schädliche Wirkungen spekulativer Sozialwissenschaft existieren, war mir gerade damals aus der Stellung klar geworden, welche unter Anderen auch Sie, verehrter Herr Kollege, zu der Frage der Wohlfahrtseinrichtungen industrieller Unternehmungen eingenommen haben. Ich selbst habe viele harte Kämpfe gegen Dividendenjäger für die Dotierung von Wohlfahrtseinrichtungen geführt und es erbitterte auch geradezu zu sehen wie hier guten und ehrlichen Absichten in den Rücken gefallen wurde durch Auseinandersetzungen, bei welchen wegen des möglichen (und gewiß vielfach auch tatsächlichen) Mißbrauchs der Wohlfahrtseinrichtungen deren positive Errungenschaften und deren Fortbildung in Frage gestellt werden. Ich erlebte da ganz unmittelbar, wie die erfreulichsten und einfachsten rein menschlichen Beziehungen zwischen Arbeitgebern und -nehmern durch solche Spekulationen kompliziert, erschwert und vergiftet wurden. Wie oft habe ich gewünscht, über solche Fragen mich aussprechen zu können, aber das Gefühl hielt mich immer zurück, daß mir Zeit und Kraft dazu fehlten mich soweit einzuarbeiten, um in die Diskussionen eingreifen zu können. Ich spreche auch hier nicht davon, um zu sagen, daß ich an irgend welchen Angriffen auf die Vertreter entgegengesetzter Meinungen auch nur indirect teilnehmen wollte, sondern um zu belegen, warum jene Bestrebung nach exakter Wirtschaftsforschung mir unterstützungswürdig erscheint.

Ich vermag in solcher Unterstützung – auch bei nochmaliger Prüfung des Aufrufes – nichts zu erkennen, was mir als Mensch und als Mann der Wissenschaft zur Unehre gereichen könnte. Wenn dieß in Ihren Augen der Fall ist, so sehen Sie dabei Dinge und Zusammenhänge, die ich nicht im Auge habe und wahrscheinlich überhaupt nicht kenne. Sollten bei der Tätigkeit der „Vereinigung für exakte Wirtschaftsforschung" solche Dinge und Zusammenhänge zutage treten, so werde ich mich nicht damit verbinden – wie ich es bereits z. B. abgelehnt habe in der Leipziger Professorenfrage (von welcher ich erst aus den Zeitungen Kenntniß erhalten hatte) eine rechtfertigende Erklärung zu unterzeichnen.

Mit hochachtungsvoller Begrüßung

Ihr ergebener
C. Linde

Bildnachweis

Taf. 1, 7(rechts), 8, 9, 11(oben), 14(rechts), 15, 16, 17, 24, 31(rechts), 34, 36: Dr. H. Linde, Pullach; Taf. 2, 20(oben), 21, 22(oben), 25, 26(links), 27, 28, 29(oben), 31(links), 35: Linde AG Werksgruppe TVT; Taf. 3: Ev. Luth. Dekanat, Kempten; Taf. 4, 5, 7(links): Festschrift zur Feier des 25jähr. Bestehens der Gesellschaft ehemaliger Studierender der Eidgenössischen Polytechnischen Schule Zürich, Zürich 1894; Taf. 6(oben): Arnold Huber, Theodor Billroth in Zürich 1860–1867, Zürich 1924; Taf. 6(unten): Photoatelier Brigitte Weiß, Birmensdorf bei Zürich; Taf. 10: Festschrift A. Borsig, Tegel 1902; Taf. 11(unten), 12: Festschrift G. Krauß, München 1905; Taf. 13(oben), 23(unten): Albert und Felicitas Köhler-Schröter, München-Solln; Taf. 13(unten): Die Technische Hochschule München, Sonderausgabe „Bayerland" 1959; Titelbild und Taf. 14(links): Julie Linde, München-Solln; Taf. 18: Denkschrift zum 50jähr. Bestehen der K.B. Technischen Hochschule München, München 1917; Taf. 19: Fritz Sedlmayr, Geschichte der Spatenbrauerei II. Teil, Nürnberg 1951; Taf. 20(unten): Technisches Museum für Industrie und Gewerbe, Wien; Taf. 22(unten): Gerhard Ranke, Pöcking bei Starnberg; Taf. 23(oben): Moritz Schröter, Essais Comparatifs de machines à froid, München 1891; Taf. 26(rechts): Prof. Ernst Mönch, München; Taf. 29(unten): Bildarchiv Union Carbide, New York; Taf. 30: Elisabeth und Selma Seiler, München-Solln; Taf. 32(oben): „Die Naturwissenschaften" 7. Jahrg. Heft 17; Taf. 32(unten): Chronik des Deutschen Museums, München 1927; Taf. 33: Deutsches Museum München.